普通高等院校电子信息类系列教材

现代数字电路与逻辑设计实验教程

（第 2 版）

袁东明　史晓东　陈凌霄　编著

北京邮电大学出版社
www.buptpress.com

内容简介

本书主要介绍数字电路及逻辑设计实验的相关内容。包括数字实验基础知识、数字逻辑器件等，重点介绍数字可编程器件(PLD)、EDA工具、硬件描述语言(VHDL)和数字综合系统设计。本书还将介绍几种数字实验装置，并配有丰富的实验内容，包括数字电路基本实验、EDA基础实验和数字系统综合实验。

本书既介绍了数字电路的基本元件、基本实验方法和实验技巧，又介绍了可编程器件、硬件描述语言(VHDL)及EDA工具和技术，把新技术、新器件及时引入教学实践环节，体现了现代数字系统的设计方法。实验内容循序渐进，能引导、启发学生的主动性和创新性。

本书可以作为大学本科和专科院校通信、电子工程类各专业的实验教材，也可供相关领域的工程技术人员参考。

图书在版编目(CIP)数据

现代数字电路与逻辑设计实验教程/袁东明，史晓东，陈凌霄编著. --2版. --北京：北京邮电大学出版社，2013.4（2024.7重印）

ISBN 978-7-5635-3428-9

Ⅰ. ①现… Ⅱ. ①袁…②史…③陈… Ⅲ. ①数字电路—逻辑设计—实验—高等学校—教材 Ⅳ. ①TN79-33

中国版本图书馆CIP数据核字（2013）第047376号

书　　　名：现代数字电路与逻辑设计实验教程(第2版)
著作责任者：袁东明　史晓东　陈凌霄
责 任 编 辑：赵玉山　时友芬
出 版 发 行：北京邮电大学出版社
社　　　址：北京市海淀区西土城路10号(邮编：100876)
发　行　部：电话：010-62282185　传真：010-62283578
E-mail：publish@bupt.edu.cn
经　　　销：各地新华书店
印　　　刷：河北虎彩印刷有限公司
开　　　本：787 mm×1 092 mm　1/16
印　　　张：14.75
字　　　数：362千字
版　　　次：2011年3月第1版　2013年4月第2版　2024年7月第7次印刷

ISBN 978-7-5635-3428-9　　定　价：29.00元

· 如有印装质量问题，请与北京邮电大学出版社发行部联系 ·

前言

作为电子信息类专业的重要技术基础课程,“数字电路与逻辑设计”是一门实践性很强的课程。与此相对应的“数字电路与逻辑设计实验”课程在学生学习和掌握相关技术和知识的过程中起到至关重要的作用。所以,在“数字电路与逻辑设计实验”课程中合理设置相关知识点和实验内容,既注重基础知识和基本技能的学习,又不断引入新技术、新器件,紧跟电子技术的发展,能够充分利用有限的学时,使学习者产生学习兴趣,较好地掌握相关基本原理以及基础知识和方法;并能够实际接触并掌握本学科的最新技术,为今后的学习和工作打下良好的基础。

基于以上认识,本书在内容安排上有以下特点。

1. 层次化教学体系

本书构建了层次化实验教学体系,精心设计了一系列典型、实用、层次分明、覆盖面广的实验项目,可以满足不同专业、不同兴趣的学生学习的需要。以扎实的理论知识和良好的基本实验技能为基础,以EDA软件和可编程器件为工具,以硬件描述语言为主导,实验教学分级分层、循序渐进,使学生在课程结束时具备数字系统的设计能力。

2. 注重规范性

对任何知识的掌握程度都取决于对其认识的程度,同样,正确深入认识课程本身和其中的各个知识点是学好这门课程的前提,学习的过程就是各种,规范掌握的过程。为此,书中介绍了学习“数字电路与逻辑设计实验”课程时,一个完整的实验过程是怎样的,使学习者了解学习这门课程规范的流程和方法,为进一步学习打下基础。

本书在介绍VHDL语言时,通过各种例子强调,作为一种高级语言,VHDL可能与其他高级编程语言如C++等有貌似相同的外在特征,但是作为硬件描述语言,VHDL与C++有着完全不同的使用规范和使用场合,所以初学者必须严格按照其规范进行使用,这样才能透彻理解并掌握它。

3. 完整性与独立性相结合

全书在尽量压缩篇幅的情况下力求内容的完整性,使学习者通过本课程的学习,既能了解和掌握中小规模集成逻辑电路的使用方法,还能学习和掌握运用EDA手段,使用可编程逻辑器件进行数字系统的设计和实现。同时,各部分的内容又具有相对独立性,读者可以根据情况有针对性地选用一章或几章,这样有利于学时的安排和不同专业和学制选用。

感谢北京邮电大学电子工程学院电路中心的教师们,他们在长期的实验实践教学中积累了丰富的经验和素材,为本书的出版打下良好的基础,在此表示衷心的感谢!

希望本书能对广大读者有所帮助。另外,由于作者学识有限,有些问题难免挂一漏万,期待读者批评指正。

编　者

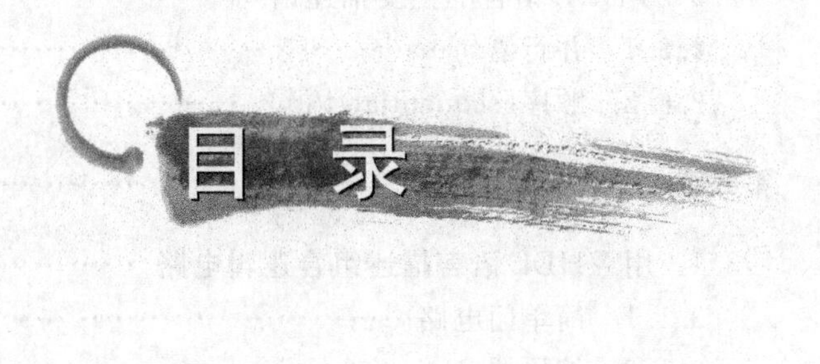
目 录

第1章 概 述

1.1 数字集成电路

1.1.1 数字集成电路发展

采用一定的工艺，将一个电路中所需的晶体管、电阻、电容等元器件及连线互连在一起，制作在一小块或几小块半导体晶片或介质基片上，然后封装在一个管壳内，成为具有所需电路功能的微型结构，这种微型结构称为集成电路(Integrated Circuit)，简称IC。在集成电路中，所有元器件在结构上已经形成一个整体，所以，即使与最紧凑的分立元件电路相比，集成电路的体积和重量都要小数个数量级，而且引出线和焊接点的数目也大为减少，可靠性也得到很大提高。集成电路技术使电子电路向着微小型化、低功耗和高可靠性方面迈进了一大步。

集成电路具有体积小、重量轻、引出线和焊接点少、寿命长、可靠性高、性能好等优点，同时成本低，便于大规模生产。它不仅在工业民用电子设备中得到广泛的应用，同时在军事、通信、遥控等方面也应用广泛。用集成电路来装配电子设备，其装配密度比晶体管可提高几十倍至几千倍，设备的稳定工作时间也可大大提高。随着集成电路和微电子技术的发展，出现完整的大规模集成系统，能实现多种功能，集成电路的优势更为显著。

集成电路技术的发展史上，重要的事件有：

1947年：贝尔实验室W. Shockley等人发明了晶体管，这是微电子技术发展中第一个里程碑；

1950年：结型晶体管诞生；

1951年：场效应晶体管发明；

1959年：仙童公司Robert Noyce与德州仪器公司J. kilby间隔数月分别发明了集成电路，这又是一个里程碑式的发明，从此开创了世界微电子技术的新历史；

1962年：包含12个晶体管的小规模集成电路(SSI:Small-Scale Integration)问世；

1963年：F. M. Wanlass和C. T. Sah首次提出互补型金属氧化物半导体(CMOS)技术，目前95%以上的集成电路芯片都基于CMOS工艺；

1964年：R. Moore提出摩尔定律，预测晶体管集成度将会每18个月增加1倍；

1966 年:集成度为 100～1 000 个晶体管的中规模集成电路(MSI:Medium-Scale Integration)问世;

1971 年:Intel 推出 1 KB 动态随机存储器(DRAM),标志着集成度为 1 000～100 000 个晶体管的大规模集成电路(LSI:Large-Scale Integration)出现;

1977 年:在 30 mm^2 的硅晶片上集成 15 万个晶体管的超大规模集成电路(VLSI:Very Large-Scale Integration)研制成功,这标志着电子技术从此真正迈入了微电子时代;

1993 年:随着集成了 1 000 万个晶体管的 16 MB FLASH 和 256 MB DRAM 的研制成功,电子技术进入了特大规模集成电路(ULSI: Ultra Large-Scale Integration)时代;

1994 年:由于集成 1 亿个元件的 1 G DRAM 的研制成功,进入巨大规模集成电路(GSI:Giga Scale Integration)时代;

1999 年:Intel 推出奔腾Ⅲ,主频 450 MHz,采用 0.25 μm 工艺,后采用 0.18 μm 工艺;

2003 年:Intel 推出奔腾 4 E 系列,采用 90 nm 工艺;

2005 年:Intel 推出酷睿 2 系列,采用 65 nm 工艺;

2009 年:Intel 推出酷睿 i 系列,创纪录地采用了领先的 32 nm 工艺,并且下一代 22 nm 工艺正在研发中。

1.1.2 逻辑器件的选择和使用

1. 逻辑器件的选择

在实际应用中,应根据实际需要结合市场供应情况来选择所需电路的型号,在选择的过程中还要兼顾集成电路的性价比。

首先根据总体方案确定选用集成电路的功能,然后进一步考虑其具体性能,再根据市场的供应和价格情况决定选用器件的具体型号,所以应熟悉逻辑器件的品种类型以及典型产品的型号和性价比。前面已经介绍过,同一功能的逻辑器件,可能既有 TTL 产品,又有 CMOS 产品,还有 ECL 产品,而 TTL 产品中又分为中速、高速、甚高速、低功耗和肖特基低功耗 5 种,CMOS 逻辑器件也有普通型和高速型两种不同产品,如何进行选择呢?一般应从所需实现的数字系统对逻辑器件的工作频率、功耗、抗干扰能力、使用可靠性以及成本等方面考虑。

ECL 器件的速度很高,工作频率 $f \geqslant 700$ MHz,但功耗大、抗干扰能力弱,一般仅在工作频率很高的情况下才被采用。CMOS 器件功耗低、抗干扰能力强、集成度高,但速度比较低,在要求功耗低但速度要求不高的情况下,可选用 CMOS 器件,CMOS 除了功耗低以外,驱动同类逻辑电路的能力也比较强,随着技术的发展,速度更快的新型 CMOS 电路也不断出现。而 TTL 器件中,综合速度、功耗、可靠性以及性价比等因素,LSTTL 系列器件在频率和功耗的要求不是很高的情况下使用最为普遍。

另外,根据数字系统的复杂程度,还应合理选用 SSI、MSI 及 LSI,使 PCB 的设计制作简便,并使调测、排除故障以及检修更加简便易行。但选择板内驱动器件,不能盲目追求大驱动能力和高速的器件,选择能够满足设计要求,同时有一定的余量的器件即可,这样可以减少信号过冲、改善信号质量。在设计时还必须考虑信号的匹配。

2. 逻辑器件的使用注意事项

逻辑器件因其功能及结构的特点,如果使用不当极易损坏,因此使用前必须了解相关的

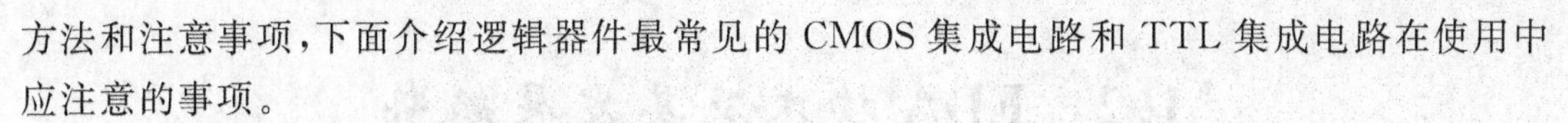

方法和注意事项，下面介绍逻辑器件最常见的CMOS集成电路和TTL集成电路在使用中应注意的事项。

(1) CMOS集成电路使用注意事项

CMOS集成电路由于其结构上的特点，具有很高输入阻抗和很小的输入电容，因此当不太强的静电加在栅极上时，就可以产生很强的电场，这样极易造成栅极击穿，导致集成电路永久性损坏，因此防止静电对保护CMOS集成电路是很重要的，所以在使用CMOS集成电路时应注意：

① 尽量不要用手接触CMOS电路的引脚，人体能感应出几十伏的交流电压，衣服的摩擦也会产生上千伏的静电，这种程度的静电足以损坏CMOS集成电路。

② CMOS集成电路中的V_{DD}表示漏极电源电压，一般接电源的正极。V_{SS}表示源极电源电压，一般接电源的负极或接地。电源极性不得接反，否则将会导致CMOS集成电路损坏。

③ 输入信号V_i必须满足$V_{SS} \leqslant V_i \leqslant V_{DD}$，所有不使用的输入端不得悬空，应按电路逻辑功能要求接电源或接地。

④ CMOS集成电路必须先接通电源V_{SS}和V_{DD}，再接入输入信号V_i，不允许在尚未接通电源的情况下将输入信号加到电路的输入端；断开时应先去掉输入信号V_i，再断掉电源。

⑤ CMOS集成电路各输出端之间不允许短路，输出端也不允许与电源或地相连接。

⑥ 更换或移动集成电路时应先切断电源，否则电流的冲击会对电路造成永久损坏。

⑦ 使用的仪器及工具应良好接地。

⑧ 接线时，外围元件应尽量靠近所连引脚，引线应尽量短，避免使用平行的长引线，以防引入较大的分布电容形成振荡。若输入端有长引线和大电容，应在靠近CMOS集成电路输入端接入一个10 kΩ的限流电阻。

⑨ 焊接时宜使用20 W内热式电烙铁，电烙铁外壳应接地。为安全起见，也可先拔下电烙铁插头，利用电烙铁余热进行焊接。焊接的时间不要超过5 s。

⑩ 长期不使用的CMOS集成电路，应用锡纸将全部引脚短路后包装存放，使用时再拆除包装。

(2) TTL集成电路使用注意事项

① TTL集成电路典型电源电压V_{CC}为+5 V，74系列允许范围为4.75～5.25 V。54系列允许范围为4.5～5.5 V，使用时不得超出，否则会损坏集成电路。

② 输入信号不得高于V_{CC}，也不得低于地(GND)电位。

③ TTL集成电路输入端悬空时等效于接逻辑“1”，但在时序逻辑电路或数字系统中，不用的输入端悬空容易接收干扰，破坏电路的功能，所以不用的输入端应根据电路逻辑功能要求接电源或接地。

④ TTL集成电路各输出端之间不允许短路(三态门和OC门除外)。

⑤ TTL集成电路输出端不允许与电源或地相连接。

⑥ 更换或移动集成电路时应先切断电源，否则电流的冲击会对电路造成永久损坏。

1.2 EDA技术及其发展趋势

1.2.1 EDA技术

EDA是电子设计自动化的英文 Electronic Design Automation 的缩写，是20世纪90年代初从计算机辅助设计(CAD)、计算机辅助制造(CAM)、计算机辅助测试(CAT)和计算机辅助工程(CAE)的概念发展而来的。EDA技术就是以计算机为工具，设计者在EDA软件平台上，用硬件描述语言(HDL)完成设计文件，然后由计算机自动地完成逻辑编译、化简、分割、综合、优化、布局、布线和仿真，直至对于特定目标芯片的适配编译、逻辑映射和编程下载等工作。EDA技术的出现，极大地提高了电路设计的效率，减轻了设计者的劳动强度。20世纪90年代，国际上电子和计算机技术较先进的国家，一直在积极探索新的电子电路设计方法，并在设计方法、工具等方面进行了彻底的变革，取得了巨大成功。在电子技术设计领域，可编程逻辑器件(如CPLD、FPGA)的应用，已得到广泛普及，这些器件可以通过软件编程而对其硬件结构和工作方式进行重构，从而使得硬件的设计可以如同软件设计那样方便快捷。这一切极大地改变了传统的数字系统设计方法、设计过程和设计观念，促进了EDA技术的迅速发展。

利用EDA工具，电子设计师可以从概念、算法、协议等开始设计电子系统，大量工作可以通过计算机完成，并可以将电子产品从电路设计、性能分析到设计出IC版图或PCB版图的整个过程在计算机上自动处理完成。

现在对EDA的概念或范畴用得很宽，在机械、电子、通信、航空航天、化工、矿产、生物、医学、军事等各个领域，都有EDA的应用。EDA在教学、科研、产品设计与制造等各方面都发挥着巨大的作用。

在教学方面，几乎所有理工科(特别是电子信息)类的高校都开设了EDA课程。主要是让学生了解EDA的基本概念和基本原理、掌握用HDL语言编写规范、掌握逻辑综合的理论和算法、使用EDA工具进行电子电路课程的实验并从事简单系统的设计。一般学习电路仿真工具(如EWB、PSPICE)和PLD开发工具(如Altera或Xilinx公司的开发系统)，为今后的工作打下基础。

科研方面主要利用电路仿真工具进行电路设计与仿真；利用虚拟仪器进行产品测试；将CPLD/FPGA器件实际应用到仪器设备中；从事PCB设计和ASIC设计等。

在产品设计与制造方面，包括前期的计算机仿真，产品开发中的EDA工具应用、系统级模拟及测试环境的仿真，生产流水线的EDA技术应用、产品测试等各个环节。如PCB的制作、电子设备的研制与生产、电路板的焊接、ASIC的流片过程等。

1.2.2 EDA技术的优势

1. 手工设计方法

传统的数字电子系统或IC设计中，手工设计占了较大的比例。手工设计一般先按电子系统的具体功能要求进行功能划分，然后对每个子模块写出其真值表，用卡诺图进行简化，写出布尔表达式，画出相应的逻辑线路图，再据此元器件，设计电路板，最后进行实测与调试。手工设计方法的缺点是：

（1）复杂电路的设计、调试十分困难；

（2）由于无法进行硬件系统仿真，如果某一过程存在错误，查找和修改十分不便；

（3）设计过程中产生大量文档，不易管理；

（4）对于集成电路设计而言，设计实现过程与具体生产工艺直接相关，因此可移植性差；

（5）只有在设计出样机或生产出芯片后才能进行实测。

2. EDA 技术

与手工设计相比，EDA 技术有很大不同：

（1）用 HDL 对数字系统进行抽象的行为与功能描述以及具体的内部线路结构描述，从而可以在电子设计的各个阶段、各个层次进行计算机模拟验证，保证设计过程的正确性，可以大大降低设计成本，缩短设计周期。

（2）EDA 技术之所以能完成各种自动设计过程，关键是有各类库的支持。

（3）某些 HDL 也是文档型的语言（如 VHDL），极大地简化了设计文档的管理。

（4）EDA 技术中最为瞩目的功能，即最具现代电子设计技术特征的功能是日益强大的逻辑设计仿真测试技术。EDA 仿真测试技术只需通过计算机，就能对所设计的电子系统从各个不同层次的系统性能特点完成一系列准确的测试与仿真操作，在完成实际系统的安装后，还能对系统上的目标器件进行所谓边界扫描测试。这一切都极大地提高了大规模系统电子设计的自动化程度。

（5）设计者拥有完全的自主知识产权。用 HDL 完成的设计在实现目标方面有很大的可选性，既可以用各种通用的 CPLD/FPGA 实现，也可以直接以 ASIC 来实现，设计者拥有完全的自主权。

（6）开发技术标准化、规范化，具有良好的可移植与可测试性。EDA 技术的设计语言是标准化的，不会由于设计对象的不同而改变；它的开发工具是规范化的，EDA 软件平台支持任何标准化的设计语言；它的设计成果是通用的，IP 核具有规范的接口协议。

（7）从电子设计方法学来看，EDA 技术最大的优势就是能将所有设计环节纳入一个统一的自顶向下的设计方案中。

（8）EDA 不但在整个设计流程上充分利用计算机的自动设计能力，在各个设计层次上利用计算机完成不同内容的仿真模拟，而且在系统板设计结束后仍可利用计算机对硬件系统进行完整的测试。

1.2.3　EDA 工具

面对当今飞速发展的电子产品市场，电子设计人员需要更加实用、快捷的开发工具，使用统一的集成化设计环境，改变优先考虑具体物理实现方式的传统设计思路，将精力集中到设计构思、方案比较和寻找优化设计等方面，以最快的速度开发出性能优良、质量一流的电子产品。开发工具的发展趋势如下。

1. 具有混合信号处理能力

由于数字电路和模拟电路的不同特性，模拟集成电路 EDA 工具的发展远远落后于数字电路 EDA 开发工具。但是，由于物理量本身多以模拟形式存在，实现高性能复杂电子系统的设计必然离不开模拟信号。20 世纪 90 年代以来，EDA 工具厂商都比较重视数模混合信号设计工具的开发。美国 Cadence 、Synopsys 等公司开发的 EDA 工具已经具有了数模混合设计能力，这些 EDA 开发工具能完成包括模数变换、数字信号处理、专用集成电路宏单元、数模变换和各种压控振荡器在内的混合系统设计。

2. 高效的仿真工具

在整个电子系统设计过程中，仿真是花费时间最多的工作，也是占用 EAD 工具时间最多的一个环节，可以将电子系统设计的仿真过程分为两个阶段，即设计前期的系统级仿真和设计过程中的电路级仿真。系统级仿真主要验证系统的功能，如验证设计的有效性等；电路级仿真主要验证系统的性能，决定怎样实现设计，如测试设计的精度、处理和保证设计要求等。要提高仿真的效率，一方面是要建立合理的仿真算法；另一方面是要更好地解决系统级仿真中，系统模型的建模和电路级仿真中电路模型的建模技术。在未来的 EDA 技术中，仿真工具将有较大的发展空间。

3. 理想的逻辑综合、优化工具

逻辑综合功能是将高层次系统行为设计自动翻译成门级逻辑的电路描述，做到了实际与工艺的独立。优化则是对于上述综合生成的电路网表，根据逻辑方程功能等效的原则，用更小、更快的综合结果替代一些复杂的逻辑电路单元，根据指定目标库映射成新的网表。随着电子系统的集成规模越来越大，几乎不可能直接面向电路图做设计，要将设计者的精力从繁琐的逻辑图设计和分析中转移到设计前期算法的开发上。逻辑综合、优化工具就是要把设计者的算法完整高效地生成电路网表。

1.3 数字可编程器件及其发展

1.3.1 数字可编程器件概述

逻辑器件从功能上可以划分成通用型器件和专用型器件。常用的 74 系列等逻辑器件就属于通用型数字集成电路。为了完成一些特定的功能，在一片集成电路芯片里面集成了大量的通用逻辑电路，这样的芯片称为专用型数字集成电路（Application Specific Intergrated Circuit，ASIC）。

可编程逻辑器件（Programmable Logic Device，PLD）是一种通用器件，但是它不同于 74 系列芯片，没有固定的逻辑功能。可编程逻辑器件的逻辑功能是由使用者对器件进行编程来设定的。

由于可编程器件具有可自定义的逻辑功能、芯片集成度高、保密性好等特点，在最近 20 年有了飞速的发展，在一些需要复杂、高速逻辑控制的电路上得到了广泛的应用。可以预计，在今后的数字电路设计中将大量采用可编程器件，传统的通用逻辑器件将只起黏合逻辑（Glue Logic）的作用，用于接口及电平的转换。

目前，有十几家生产可编程器件 CPLD/FPGA 的公司，最大的两家是 Altera 和 Xilinx，根据 iSuppli 的数据，2005 年 Xilinx 和 Altera 合起来在 PLD 市场占 83.4%的份额。

• Altera：20 世纪 90 年代以后发展很快，是最大可编程逻辑器件供应商之一。主要产品有 MAX,MAX Ⅱ,Cyclone,Cyclone Ⅱ,Stratix,Stratix Ⅱ等。开发软件为 Quartus Ⅱ。

- Xilinx:FPGA 的发明者,是老牌 FPGA 公司,它是可编程逻辑器件最大供应商之一。产品种类较全,主要有 XC9500,Coolrunner,Spartan,Virtex 等。开发软件为 ISE。

1.3.2 可编程器件的发展趋势

可编程逻辑器件已经成为当今世界上最富吸引力的半导体器件,在现代电子系统设计中扮演着越来越重要的角色。过去的几年里,可编程器件市场的增长主要来自大容量的可编程逻辑器件 CPLD 和 FPGA,其未来的发展趋势如下:

1. 向高密度、高速度、宽频带方向发展

在电子系统的发展过程中,工程师的系统设计理念要受到其能够选择的电子器件的限制,而器件的发展又促进了设计方法的更新。随着电子系统复杂度的提高,高密度、高速度和宽频带的可编程逻辑产品已经成为主流器件,其规模也不断扩大,从最初的几百门到现在的上百万门,有些已具备了片上系统集成的能力。这些高密度、大容量的可编程逻辑器件的出现,给现代电子系统(复杂系统)的设计与实现带来了巨大的帮助。设计方法和设计效率的飞跃,带来了器件的巨大需求,这种需求又促使器件生产工艺的不断进步,而每次工艺的改进,可编程逻辑器件的规模都将有很大的扩展。

2. 向在系统可编程方向发展

在系统可编程是指程序(或算法)在置入用户系统后仍具有改变其内部功能的能力。采用在系统可编程技术,可以像对待软件那样通过编程来配置系统内硬件的功能,从而在电子系统中引入了“软硬件”的全新概念。它不仅使电子系统的设计和产品性能的改进和扩充变得十分简便,还使新一代电子系统具有极强的灵活性和适应性,为许多复杂信号的处理和信息加工的实现提供了新的思路和方法。

3. 向可预测延时方向发展

当前的数字系统中,由于数据处理量的激增,要求其具有大的数据吞吐量,加之多媒体技术的迅速发展,要求能够对图像进行实时处理,这就要求有高速的硬件系统。为了保证高速系统的稳定性,可编程逻辑器件的延时可预测性是十分重要的。用户在进行系统重构的同时,担心的是延时特性会不会因为重新布线而改变,延时特性的改变将会导致重构系统的不可靠,这对高速的数字系统而言将是非常可怕的。因此,为了适应未来复杂高速电子系统的要求,可编程逻辑器件的高速可预测延时是非常必要的。

4. 向混合可编程技术方向发展

可编程逻辑器件为电子产品的开发带来了极大的方便,它的广泛应用使得电子系统的构成和设计方法均发生了很大的变化。但是,有关可编程器件的研究和开发工作多数都集中在数字逻辑电路上,直到 1999 年 11 月,Lattice 公司推出了在系统可编程模拟电路,为 EDA 技术的应用开拓了更广阔的前景。其允许设计者使用开发软件在计算机中设计、修改模拟电路,进行电路特性仿真,最后通过编程电缆将设计方案下载至芯片中。已有多家公司开展了这方面的研究,并且推出了各自的模拟与数字混合型的可编程器件,相信在未来几年里,模拟电路及数模混合电路可编程技术将得到更大的发展。

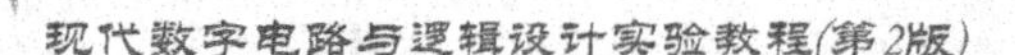
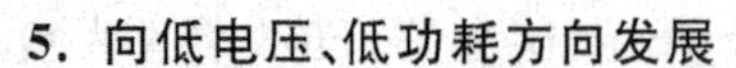

5. 向低电压、低功耗方向发展

集成技术的飞速发展,工艺水平的不断提高,节能潮流在全世界的兴起,也为半导体工业提出了要向降低工作电压、降低功耗的方向发展的要求。

1.4 实验的基本过程

实验的基本过程应包括明确实验内容;选定最佳的实验方法和实验线路;拟出较好的实验步骤;合理选择仪器设备和元器件;进行设计和调试;最后写出完整的实验报告。

在进行现代数字电路设计实验时,熟练地使用设计工具,理解硬件的一些基本特性,可以收到事半功倍的效果,对于完成每一个实验,都应做好实验预习、实验记录和实验报告等环节。

1.4.1 实验预习

认真预习是做好实验的关键,预习好坏,不仅关系到实验能否顺利进行,而且会直接影响实验效果。在每次实验前首先要认真复习有关实验的基本原理,掌握有关器件的使用方法,对如何着手实验做到心中有数,通过预习还应做好实验前的准备,写出一份预习报告,其内容包括:实验目的、实验设备、实验任务及要求、设计思想、实验电路或编写程序。

注意:未完成预习报告不能进行实验。

提示:

(1) 电路图很重要,它能够指导你快速、正确地完成实验。有了电路图,就可以很方便地进行连线、测试以及查错。同时在现在的数字系统设计里面,随着大规模可编程芯片的使用,电路图上的元件数量越来越少,也使得电路图的设计更简单了。

(2) 实验室的资源有限,一定要充分利用好在实验室做实验的时间。事先设计好电路,可以使你在实验室里有更多时间用于熟悉仪表的使用以及与教师进行交流。带着问题到实验室来,才能在实验课上学到更多的知识。

1.4.2 实验过程

实验过程中应积极思考、认真操作、如实记录实验结果。实验记录是实验过程中获得的第一手资料,测试过程中所测试的数据和波形必须与理论基本一致,所以记录必须清楚、合理、正确,若不正确,则要现场及时重复测试,找出原因。实验记录应包括以下内容:

(1) 实验任务、名称及内容。

(2) 实验数据和波形以及实验中出现的现象,从记录中应能初步判断实验的正确性。

(3) 记录波形时,应注意输入、输出波形的时间相位关系,在坐标中上下对齐。

(4) 实验中实际使用的仪器型号和编号以及元器件的使用情况。

注意:

(1) 严禁带电连线,以免损坏实验设备。

(2) 严禁互相复制实验文件。

(3) 在实验结束后,关闭仪器仪表电源,将实验台收拾整齐,方可离开实验室。

提 示:

实验中做记录是一种良好的习惯。实验是一个探索、发现的过程,记录实验中遇到的问题是一种能力的培养,可以提高你的观察能力和思考能力。

1.4.3 实验报告

实验报告是培养科学实验的总结能力和分析思维能力的有效手段,也是一项重要的基本功训练,它能很好地巩固实验成果,加深对基本理论的认识和理解,从而进一步扩大知识面。

实验报告是一份技术总结,要求文字简洁,内容清楚,图表工整。报告内容应包括实验目的、实验内容和结果、实验使用仪器和元器件以及分析讨论等,其中实验内容和结果是报告的主要部分,它应包括实际完成的全部实验,并且要按实验任务逐个书写,每个实验任务应有如下内容:

(1) 实验课题的名称、任务要求、方框图、逻辑图(或测试电路)、状态图,真值表以及文字说明等,对于设计性课题,还应有整个设计过程和关键的设计技巧说明。

(2) 实验记录和经过整理的数据、表格、曲线和波形图,其中表格、曲线和波形图应充分利用专用实验报告简易坐标格,并且用三角板、曲线板等工具描绘,力求画得准确,不得随手示意画出。

(3) 实验结果分析、讨论及结论,对讨论的范围,没有严格要求,一般应对重要的实验现象、结论加以讨论,以使进一步加深理解,此外,对实验中的异常现象,可作一些简要说明,实验中有何收获,可谈一些心得体会。

(4) 前面几点是实验报告的基本内容,针对我们这门课程,实验报告要求有以下几个具体部分:

① 实验名称;
② 设计任务要求;
③ 设计思路和设计框图;
④ 电路图或源程序;
⑤ 仿真波形图及波形分析;
⑥ 实验中所遇到问题的分析及解决方法;
⑦ 总结和结论。

注 意: 实验报告严禁抄袭。

提 示: 实验报告是给别人展示你自己成果的一个途径,在某些情况下这是唯一的途径。所以在写报告时要了解你的报告的阅读对象,这决定了你的报告的被接受程度。对于本课程的报告来说,你的报告应该能够被其他同学以及老师所理解。对于你的报告里面涉及的在这个领域大家都了解的知识点、关键词可以不用解释,但是对于一些比较生僻、特殊的知识点,需要详细地解释。

第2章 VHDL语言介绍

2.1 什么是VHDL

VHDL是VHSIC Hardware Description Language(超高速集成电路硬件描述语言)的缩写,其中VHSIC又是Very High Speed Integrated Circuit(超高速集成电路)的缩写。VHDL语言是一种用于电路设计的高级语言,其发展始于1981年,最初是由美国国防部开发出来供美军用来提高设计的可靠性和缩减开发周期的一种使用范围较小的设计语言。1987年年底,VHDL被IEEE和美国国防部确认为标准硬件描述语言,IEEE公布了VHDL的标准版本——IEEE-1076(简称87版)。此后VHDL在电子设计领域得到了广泛的认可,并逐步取代了原有的非标准的硬件描述语言。1993年,IEEE对VHDL进行了修订,从更高的抽象层次和系统描述能力上扩展VHDL的内容,公布了新版本的VHDL,即IEEE标准的1076—1993版本(简称93版)。现在,VHDL和Verilog作为IEEE的工业标准硬件描述语言,得到众多EDA公司的支持,在电子工程领域,已成为事实上的通用硬件描述语言。

VHDL具有功能强大的语言结构,可以用简洁明确的源代码来描述复杂的逻辑控制。它具有多层次的设计描述功能,层层细化,最后可直接生成电路级描述。VHDL支持同步电路、异步电路和随机电路的设计,这是其他硬件描述语言所不能比拟的。VHDL还支持各种设计方法,既支持自底向上的设计,又支持自顶向下的设计;既支持模块化设计,又支持层次化设计。

VHDL是一种标准化的硬件描述语言,同一个设计描述可以被不同的工具所支持,具有很强的可移植性。并且,VHDL设计独立于器件,与工艺无关,因此设计人员用VHDL进行设计时,不需要首先考虑选择完成设计的器件,可以集中精力进行设计的优化。当设计描述完成后,可以用多种不同的器件结构来实现其功能。

VHDL采用基于库(Library)的设计方法,可以建立各种可再次利用的模块。这些模块可以预先设计或使用以前设计中的存档模块,将这些模块存放到库中,就可以在以后的设计中进行复用,可以使设计成果在设计人员之间进行交流和共享,减少硬件电路设计。

2.2 VHDL 文字规则

VHDL 除了具有类似于计算机高级语言所具备的一般文字规则外，还包含许多特有的在编程中需认真遵循的文字规则和表达方式：

- VHDL 语言不区分大小写，但在单引号(' ')和双引号(" ")中的字母大小写有区别；
- 可以使用英文字母、数字和下画线"_"构成标识符；
- 标识符的第一个字符必须是英文字母；
- 不能连续使用下画线，最后一个字符也不能使用下画线；
- VHDL 定义的保留字或称关键字，不能用做标识符。

正如许多程序语言一样，VHDL 语言也定义了注释语句，用于注解。VHDL 中注释从"--"开始，到该行末尾结束，没有块注释形式。注释语句不影响具体的设计，但是加上注释后，可以使得这个模块的可读性更好，也便于版本的管理等，所以好的注释是优秀设计的一部分。在语法检查时，VHDL 编译器直接忽略注释语句。编写代码时，每个 VHDL 文件应该包括一个头，其中通常包括：

- 该文件中设计单元的名字；
- 文件名；
- 设计描述，如功能等；
- 限制及已知的错误；
- 任何相关的操作系统和工具；
- 作者信息；
- 版本信息，包括日期。

2.3 VHDL 设计实例

这里通过一个完整的 VHDL 语言例子介绍 VHDL 语言的结构及其特点。

图 2-1 所示的是一个由两个与门和一个或非门构成的电路，其中 a、b、c、d 是输入，f 是输出。其 VHDL 语言描述如下：

```
--------------------------------------------------------------
--Design Unit   :  AND-OR-INVERT gate(Entity and Architecture)
--File Name     :  aoi.vhd
--Description   :  4 input AND-OR-INVERT gate
--Limitations   :  None
--System        :  VHDL´93
--Author        :  YuanDongming
--Revision      :  Version 1.0, 2010-10-12
--------------------------------------------------------------
```

使用的库和程序包

```
LIBRARY IEEE;
    USE IEEE.STD_LOGIC_1164.ALL;
```

AOI的外部说明，PORT相当于器件的引脚

```
    ENTITY AOI IS
    PORT (
      a,b,c,d: IN STD_LOGIC;
      f : OUT STD_LOGIC
    );
    END AOI;
```

AOI的内部工作逻辑

```
    ARCHITECTURE V1 OF AOI IS
    BEGIN
      f <= NOT ( (a AND b)OR( c AND d));
    END V1;

    -- end of VHDL code
```

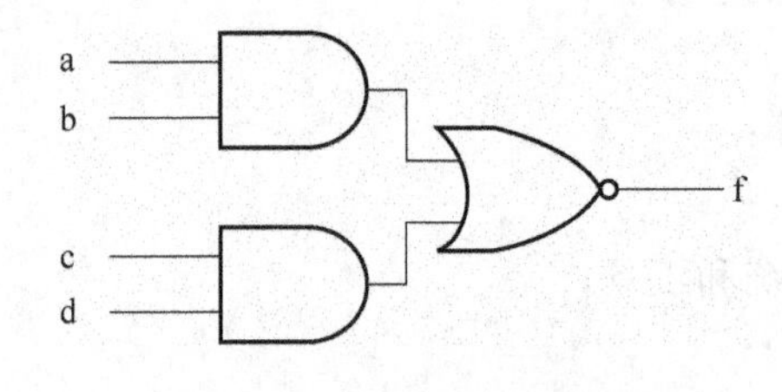

图 2-1　AOI 实验电路

下面逐行解释这个 VHDL 程序的结构：

最上面的注释部分是文件头，用于描述设计的一些基本信息。

```
LIBRARY IEEE;
USE IEEE.STD_LOGIC_1164.ALL;
```

定义库和程序包的使用。定义这两句话使得本设计可以直接使用 IEEE 库里面的 STD_LOGIC_1164 包里的所有元件。特别是后面用到的 STD_LOGIC 类型就是定义在里面的。

```
ENTITY AOI IS
```

设计实体的名称定义。其中的 ENTITY 和 IS 是 VHDL 语言的关键字，AOI 是我们给实体起的一个名称。

```
PORT (
  a, b, c, d: IN STD_LOGIC;
  f : OUT STD_LOGIC
);
```

实体定义除了实体名称之外还有端口(PORT)定义。端口可以看做芯片的管脚。端口定义包括了每个端口的名称(a,b,c,d,…)，数据流的方向(IN,OUT)和端口的数据类型

(STD_LOGIC)。

```
END AOI;
```

表示实体定义结束。

```
ARCHITECTURE V1 OF AOI IS
```

结构体定义开始,结构体的名称(V1)是由用户起的,AOI是前面定义的实体名称,表明这是一个AOI实体的结构体实现。

```
BEGIN
```

表示结构体定义结束以及实际描述语句的开始。在这个例子里面,我们直接使用端口定义的内容,所以本例子里面没有结构体定义的内容。

```
f <= NOT ( ( a AND b) OR ( c AND d));
```

在这个例子的结构体里面包含一条并行信号赋值语句。它描述了我们需要的电路的功能结构,当a,b,c,d四个输入信号中的任意一个变化时,整个电路就会工作,这正是我们想要的电路结构。

```
END V1;
```

表示结构体的结束。

```
-- end of VHDL code
```

另外一句注释语句。

2.4 VHDL的基本结构

一个完整的VHDL语言程序通常包含实体(Entity)、结构体(Architecture)、配置(Configuration)、程序包(Package)和库(Library)5个部分。前4个部分是可分别编译的源设计单元。实体用于描述所设计的系统的对外接口信号;结构体用于描述系统内部的结构和行为;程序包用于存放各种设计模块都能够共享的数据类型、常数和子程序等;配置用于从库中选取所需结构体来组成系统设计的不同版本;库存放已经编译的实体、结构体、程序包和配置。库可由用户生成或由ASIC芯片制造商提供,以便于在设计中为大家所共享。

2.4.1 实体(Entity)

实体是VHDL设计中最基本的模块。它定义了该设计模块的外部接口特征。实体类似于电路原理图中的符号(Symbol),它并不描述模块的具体功能实现。实体按照层次结构可以分为顶层实体(Top Level)和底层实体(Bottom Level)。一个设计必须有且仅有一个顶层实体设计。

实体的接口是端口(port)。当实体为顶层实体时它的端口就是硬件的引脚,当实体为底层实体时它的端口就是模块间的连线。实体的语法定义为:

```
ENTITY  实体名  IS
     [类属参数说明;]
     [端口说明;]
END [实体名];
```

1. 类属参数说明

类属参数说明为设计实体和其外部环境的静态信息提供通道，特别是用来规定端口的大小、实体中子元件的数目、实体的定时特性等。

2. 端口说明

端口说明为设计实体和其外部环境的动态通信提供通道，是对基本设计实体与外部接口的描述，即对外部引脚信号的名称、数据类型和输入/输出方向的描述。其一般格式如下：

```
PORT(端口名：方向 数据类型；
        ⋮
    端口名 ：方向 数据类型)；
```

端口名是赋予每个外部引脚的名称，在一个实体定义里面不能够有相同的端口名；方向用来定义外部引脚的信号方向是输入还是输出；数据类型用来说明流过该端口的数据类型。

IEEE1076 标准包中定义了以下常用的端口模式：

```
IN          输入，只可以读
OUT         输出，只可以写
INOUT       双向，可以读或写
BUFFER      输出(构造体内部可再使用)
```

对于 IN 的端口，只能够放在信号赋值语句的右边；对于 OUT 的端口，只能够放在信号赋值语句的左边；其余两种端口既可以放在信号赋值语句的右边，又可以放在信号赋值语句的左边。

3. 数据类型

VHDL 语言中的数据类型有多种，但在端口的定义中经常用到的只有两种，即 STD_LOGIC 和 STD_LOGIC_VECTOR。当端口被说明为 STD_LOGIC 时，该端口的信号宽度为 1 位，即位逻辑数据类型；而当端口被说明为 STD_LOGIC_VECTOR 时，该端口的信号宽度是一个二进制数组，即多位二进制数。STD_LOGIC 定义在 IEEE.STD_LOGIC_1164 库里面。

由于实体与实体相连接时，端口的数据类型必须是相同的类型及宽度，所以一旦在底层实体的端口上定义了某种数据类型，它将一直传递到顶层实体的端口定义。

两个输入端与非门的实体描述示例：

```
LIBRARY IEEE;
USE IEEE.STD_LOGIC_1164.ALL;
ENTITY nand IS
  PORT( a : IN  STD_LOGIC ;
        b : IN  STD_LOGIC;
        c : OUT STD_LOGIC);
END nand;
```

图 2-2 是上面两个输入端与非门的端口描述示意图，从图中可以看出，端口定义描述的是器件的外部接口，并没有描述这个电路的具体功能。

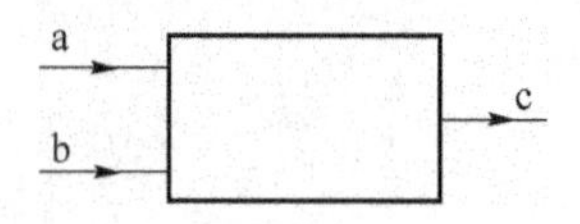

图 2-2　端口描述示意图

2.4.2 结构体(Architecture)

实体(Entity)只描述了电路的外部接口特征,结构体(Architecture)用于描述一个设计的具体行为功能。一个实体可以有多个结构体,每个结构体对应着实体不同的实现方案,例如一种结构体可能为行为描述,而另一种结构体可能为设计的结构描述。在没有指定使用哪个结构体时,综合器按照其默认规则选择一个结构体进行电路综合。

结构体对其基本设计单元的输入输出关系可以用三种方式进行描述,即行为描述、寄存器传输描述和结构描述。不同的描述方式,只是体现在描述语句的不同上,而结构体的结构是完全一样的。

结构体分为两部分:结构说明部分和结构语句部分,其具体的描述格式为:

```
ARCHITECTURE  结构体名  OF  实体名  IS
      --说明语句
BEGIN
      --描述语句
END  [结构体名];
```

1. 说明语句

说明语句用于对结构体内部使用的信号、常数、数据类型和函数进行定义。例如:

```
ARCHITECTURE  behav  OF  mux  IS
   SIGNAL  a  : STD_LOGIC;
     ⋮
BEGIN
     ⋮
END  behav;
```

信号定义和端口说明一样,应有信号名和数据类型的说明。因它是内部连接用的信号,故不需有方向的说明。

全加器的完整描述示例如下:

```
LIBRARY  IEEE;
USE  IEEE.STD_LOGIC_1164.ALL;
ENTITY  adder  IS
PORT( cnp :IN   STD_LOGIC;
      a,b :IN   STD_LOGIC;
      cn  :OUT STD_LOGIC;
      s   :OUT STD_LOGIC);
END  adder;

ARCHITECTURE  one  OF  adder IS
  ISGNAL n1,n2,n3:STD_LOGIC;
BEGIN
  n1 <= a XOR b;
```

```
    n2 <= a AND b;
    n3 <= n2 AND cnp;
    s  <= cnp XOR n1;
    cn <= n1 OR n2;
END one;
```

上述程序所对应的电路原理图如图 2-3 所示。

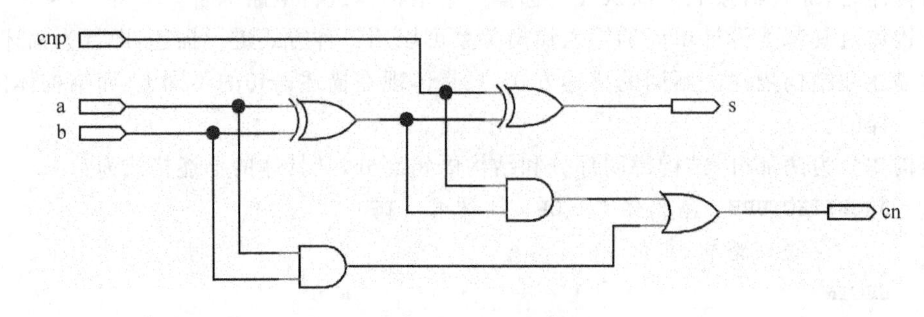

图 2-3　全加器电路图

2. 描述语句

结构体(Achitecture)包含两类描述语句。

(1) 并行语句(Concurrent):并行语句总是处于进程语句(process)的外部。所有并行语句都是并发执行的并且与它们出现的先后次序无关。

(2) 顺序语句(Sequential):顺序语句总是处于进程语句(process)的内部,并且从仿真的角度来看是顺序执行的。

2.4.3　配置(Configuartion)

配置语句一般用来描述层与层之间的连接关系以及实体与结构之间的连接关系。在分层次的设计中,配置可以用来把特定的设计实体关联到元件实例(component),或把特定的结构体(architecture)关联到一个实体。当一个实体存在多个结构体时,可以通过配置语句为其指定一个结构体,若省略配置语句,则 VHDL 编译器将自动为实体选一个最新编译的结构体。

配置的语句格式如下:

```
CONFIGURATION 配置名 OF 实体名 IS
    [语句说明]
END [配置名];
```

若用配置语句指定结构体,配置语句放在结构体之后进行说明。

这是一个 RS 触发器实例:

```
LIBRARY IEEE;
  USE IEEE.STD_LOGIC_1164.ALL;
  ENTITY rsff IS
PORT ( set,reset: IN STD_LOGIC;
    q,qb:BUFFER STD_LOGIC);
```

```
END rsff;
ARCHITECTURE Netlist OF rsff IS
   COMPONENT Nand2
      PORT( a,b : IN STD_LOGIC;
         c : OUT STD_LOGIC);
   EMD COMPONENT;
BEGIN
    u1:nand2 PORT MAP ( a =>eet , b =>qb , c =>q );
    u2:nand2 PORT MAP ( a =>reset , b =>q , c =>qb );
END netlist;
ARCHITECTURE behave OF rsff IS
BEGIN
    q <= NOT ( qb AND set );
    qb <= NOT ( q AND reset );
END Behave;
```

在上述的实例中，实体 rsff 拥有两个结构体 netlist 和 behave，那么实体究竟对应于哪个结构体呢？配置语句(configuration)很灵活地解决了这个问题：

如选用结构体 netlist，则用

```
CONFIGURATION rsffcon1 OF rsff IS
   FOR netlist
   END FOR;
END;
```

如选用结构体 behave，则用

```
CONFIGURATION rsffcon1 OF rsff IS
   FOR behave
   END FOR;
END;
```

对于一个实体(entity)只能够有一个配置(configuration)语句。

2.4.4 子程序

子程序由过程(Procedure)和函数(Function)组成。函数只能用于计算数值，而不能用于改变与函数形参相关的对象的值。因此，函数的参量只能是方式为 IN 的信号与常量，而过程的参量可以为 IN，OUT，INOUT 方式。过程能返回多个变量，函数只能有一个返回值。

函数和过程不能够放到结构体的 begin…end 之间。它们可以出现在结构体的说明语句即 begin 之前，也可以放在包(Package)里面。关于包见后面的介绍。

(1) 函数举例：此函数返回两数中的较小数

```
FUNCTION min(x,y : INTEGER) RETURN INTEGER IS
BEGIN
```

```
    IF x < y THEN
      RETURN x;
    ELSE
      RETURN y;
    END IF;
  END min;
```

(2) 过程举例:此过程将向量转换成整数类型

```
USE WORK.STD_LOGIC_1164.ALL
PROCEDUre Vector_To_Int
        (z :IN STD_LOGIC_VECTOR;
        x_flag :OUT BOOLEAN;
        q :INOUT INTEGER) IS
BEGIN
    q := 0;
    x_flag := FALSE;

    FOR i IN z'RANGE LOOP
        q := q*2;
        IF z(i) = '1' THEN
            q := q+1;
        ELSIF z(i) /= '0' THEN
            x_flag := TRUE;
        END IF;
    END LOOP;
END Vector_To_Int;
```

2.4.5 库和程序包

库和程序包是 VHDL 的设计共享资源,一些共用的、经过验证的模块放在程序包中,实现代码重用。一个或多个程序包可以预编译到一个库中,使用起来更为方便。

1. 库(Library)

库是经编译后的数据的集合,用来存放程序包定义、实体定义、结构体定义和配置定义,使设计者可以共享已经编译过的设计结果。在 VHDL 语言中,库的说明总是放在设计单元的最前面:

```
LIBRARY 库名;
```

这样在设计单元内的语句就可以使用库中的数据。VHDL 语言允许存在多个不同的库,但各个库之间是彼此独立的,不能互相嵌套。常用的库如下:

(1) STD 库

逻辑名为 STD 的库为所有设计单元隐含定义,即"LIBRARY STD;"子句隐含存在于任意设计单元之前,而无须显式写出。

STD库包含预定义程序包STANDARD与TEXTIO。

(2) WORK库

逻辑名为WORK的库为所有设计单元隐含定义，用户不必显式写出“LIBRARY WORK;”。同时设计者所描述的VHDL语句不须作任何说明，都将存放在WORK库中。

(3) IEEE库

最常用的库是IEEE。IEEE库中包含IEEE标准的程序包，包括STD_LOGIC_1164、NUMERIC_STD_LOGIC、NUMERIC_STD以及其他一些程序包。其中STD_LOGIC_1164是最主要的程序包，大部分可用于可编程逻辑器件的程序包都以这个程序包为基础。

(4) 用户定义库

用户为自身设计需要所开发的共用程序包和实体等，也可汇集在一起定义成一个库，这就是用户库，在使用时同样需要说明库名。

2. 程序包(Package)

程序包说明像C语言中的include语句一样，用来罗列VHDL语言中所要用到的常数定义、数据类型、函数定义等，是一个可编译的设计单元，也是库结构中的一个层次。要使用程序包时可用USE语句说明，例如：

```
USE  IEEE.STD_LOGIC_1164.ALL;
```

程序包由标题和包体两部分组成，其结构如下：

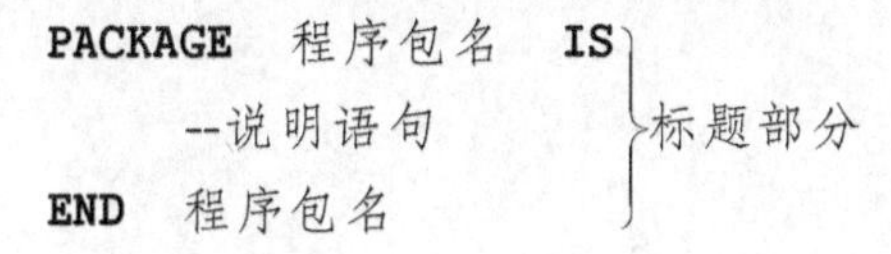
PACKAGE 程序包名 IS
--说明语句
标题部分
END 程序包名

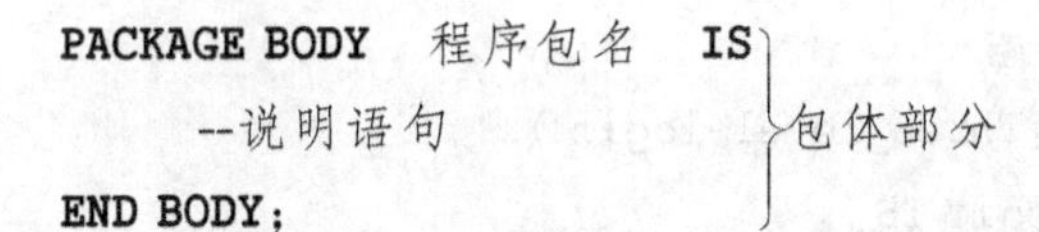
PACKAGE BODY 程序包名 IS
--说明语句
包体部分
END BODY;

标题是主设计单元，它可以独立编译并插入设计库中。包体是次级设计单元，它可以在其对应的标题编译并插入设计库之后，再独立进行编译并也插入设计库中。

包体并不总是需要的。但在程序包中若包含有子程序说明时则必须用对应的包体。这种情况下，子程序体不能出现在标题中，而必须放在包体中。若程序包只包含类型说明，则包体是不需要的。

常用的程序包如下：

(1) STANDARD程序包

STANDARD程序包预先在STD库中编译，此程序包中定义了若干类型、子类型和函数。IEEE1076标准规定，在所有VHDL程序的开头隐含有下面的语句：

```
LIBRARY WORK.STD;
USE STD.STANDARD.ALL;
```

因此不需要在程序中使用上面的语句。

(2) STD_LOGIC_1164程序包

STD_LOGIC_1164预先编译在IEEE库中，是IEEE的标准程序包，其中定义了一些常用的数据和子程序。

此程序包定义的数据类型 STD_LOGIC、STD_LOGIC_VECTOR 以及一些逻辑运算符都是最常用的，许多 EDA 厂商的程序包都以它为基础。

(3) STD_LOGIC_UNSIGNED 程序包

STD_LOGIC_UNSIGNED 程序包预先编译在 IEEE 库中，是 Synopsys 公司的程序包。此程序包重载了可用于 INTEGER、STD_LOGIC 和 STD_LOGIC_VECTOR 三种数据类型混合运算的运算符，并定义了一个由 STD_LOGIC_VECTOR 型到 INTEGER 型的转换函数。

(4) STD_LOGIC_SIGNED 程序包

STD_LOGIC_SIGNED 程序包与 STD_LOGIC_UNSIGNED 程序包类似，只是 STD_LOGIC_SIGNED 中定义的运算符考虑到了符号，是有符号的运算。

下面是一自定义程序包的例子：

```
--包头说明
PACKAGE Logic IS
   TYPE Three_Level_Logic IS ('0','1','X');
   CONSTANT Unknown_Value : Three_Level_Logic:='0';
   FUNCTION Invert(input : Three_Level_Logic) RETURN
   Three_Level_Logic;
END Logic;

--包体说明
PACKAGE BODY Logic IS
--下面是函数 Invert 的子程序体
    FUNCTION Invert ( Input :Three_level_logic )
       RETURN Three_level_logic IS
    BEGIN
       CASE Input IS
           WHEN '0' =>RETURN '1';
           WHEN '1' =>RETURN '0';
           WHEN 'X' =>RETURN 'X';
       END CASE;
    END Invert;
ENDLogic;
```

一个程序包所定义的项对另一个单元并不是自动可见的，如果在某个 VHDL 单元之前加上 USE 语句，则可以使得程序包说明中的定义项在该单元中可见。如下例：

```
--假定上述程序包 Logic 的说明部分已经存在
--下面的 USE 语句使得 Three_level_logic 和 Invert
--对实体说明成为可见
USE work.Logic.Three_Level_Logic;
  USE work.Logic.Invert;
```

```
ENTITY Inverter IS
PORT(x :IN Three_Level_Logic;
      y :OUT Three_Level_Logic);
END Inverter;
--结构体部分继承了实体说明部分的可见性,所以不必再使用 USE 语句
ARCHITECTURE Three_Level_Logic OF Inverter IS
BEGIN
  PROCESS
  BEGIN
    y <= Invert ( x ) AFTER 10ns;  --一个函数调用
  WAIT ON x;
  END PROCESS;
END;
```

USE 语句后跟保留字 ALL,表示使用库/程序包中的所有定义。

2.5 VHDL 语言的数据类型和运算操作符

2.5.1 VHDL 语言的对象

VHDL 语言中可以赋值的对象有三种,即常量(Constant)、变量(Variable)和信号(Signal)。数据对象类似于一种容器,它接受不同数据类型的赋值。变量和常量可以从软件语言中找到对应的类型,然而信号的表现比较特殊,它具有更多的硬件特征,是 VHDL 中最有特色的语言要素之一。

1. 常量

常量的定义和设置主要是为了使程序更容易阅读和修改。例如,将逻辑位的宽度定义为一个常量,只要修改这个常量就能很容易地改变宽度,从而改变硬件结构。常量在设计描述中保持某一规定类型的特定值不变,定义之后在程序中不能再改变,因而具有全局性。

VHDL 要求所定义的常量数据类型必须与表达式的数据类型一致。常量定义语句所允许的设计单元有实体、结构体、程序包、块、进程和子程序。

常量定义的一般表述如下:

```
CONSTANT  常量名 :  数据类型 [ := 值];
```

例如:

```
CONSTANT width : INTEGER := 8;  --Width 是整数类型的常数,其值为 8
CONSTANT addr : STD_LOGIC_VECTOR(3 DOWNTO 0) := "0010";
--addr 是 4 位位宽的矢量数组,其值为"0010"
```

2. 变量

在 VHDL 语法规则中,变量是一个局部量,只能在进程和子程序中使用。变量主要用在高层次的建模和运算中,它的赋值是一种理想化的数据传输,是立即发生的,不存在任何

延时行为。变量的主要作用是在进程中作为临时的数据存储单元。

变量定义和赋值的一般表述如下：

```
VARIABLE 变量名 : 数据类型 [ := 初始值]; --变量定义
变量名 := 表达式或值 ; --变量赋值
```

例如：

```
PROCESS(s)
    VARIABLE result : INTEGER := 12;
BEGIN
    ⋮
    result := 0 ;
    ⋮
end process;
```

上例中，result是初始值为12的整数类型的变量，该初始值只在仿真器里面有效，由于硬件电路上电后的随机性，综合器并不支持设置初始值。result值在进程中被修改为0。

3. 信号

信号是描述硬件系统的基本数据对象，它代表硬件连线，可以作为设计实体中并行语句模块间的信息交流通道。

信号作为一种数值容器，不但可以容纳当前值，也可以保持历史值(这取决于语句的表达方式)，这一属性与触发器的记忆功能有很好的对应关系。

信号的使用和定义范围是实体、结构体和程序包，在进程和子程序中不允许定义信号。与变量相比，信号的硬件特征更为明显，它具有全局特性。例如，在实体中定义的信号，在其对应的结构体中都是可见的。

事实上，除了没有方向说明以外，信号和端口(Port)的概念是一致的。对于端口来说，其区别只是输出端口不能读入数据，输入端口不能被赋值。在实体中对端口的定义实质上是做了隐式的信号定义，并附加了数据流动的方向，因此，在实体中定义的端口，在其结构体中都可以看成是一个信号，并加以使用。

信号定义和赋值的一般表述如下：

```
SIGNAL 变量名 : 数据类型 [ := 初始值]; --信号定义
信号名 <= 表达式或值 ; --信号赋值
```

例如：

```
ARCHITECTURE behavior OF example IS
    SIGNAL Count:STD_LOGIC_VECTOR(3 downto 0);
    SIGNAL a,b,f : INTEGER RANGE 0 TO 15;
    --  在结构体中定义信号
BEGIN
    count <= "0101";
    f <= a + b;
```

信号也可在状态机中表示状态变量，例如：

```
ARCHITECTIURE behavior OF example IS
```

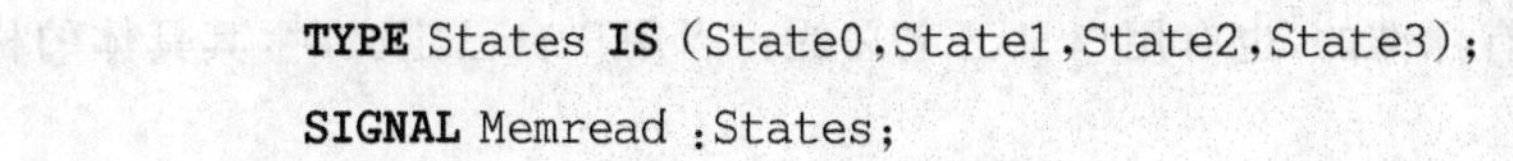

```
    TYPE States IS (State0,State1,State2,State3);
    SIGNAL Memread :States;
GEGIN
    --每个状态(State0,State1,State2,State3)代表一个独有的状态。
```

与变量一样，信号的初始值也只在仿真器里面有效，综合器并不支持设置初始值。并且信号赋值不是立即生效，而是要经历一个特定的延时，即δ延时。因此，赋值号“<=”两边的数值并不总是一致的，这与实际器件的传播延迟特性是吻合的。

信号赋值可以出现在一个进程中，也可以直接出现在结构体的并行语句结构中，但它们运行的含义是不一样的。前者属于顺序信号赋值，这时的信号赋值操作要视进程是否已被启动，并且允许对同一目标信号进行多次赋值；后者属于并行信号赋值，其赋值操作是各自独立并行发生的，且不允许对同一目标信号进行多次赋值。在同一进程中，虽然允许对同一信号进行多次赋值，但由于信号是在进程结束时被赋值，因此只有最后一个赋值语句起作用。例如：

```
SIGNAL d : STD_LOGIC;      --d定义为信号
PROCESS(a,b,c)
BEGIN
  d <= a;                  --被忽略
  x <= c XOR d;
  d <= b;                  --有效赋值
  y <= c XOR d;
END PROCESS;
```

该进程运行实际的结果是 x=c XOR b，y=c XOR b。

变量的赋值是直接的、非预设的，变量将保持其值直到对它重新赋值，例如：

```
PROCESS(a,b,c)
VARIABLE d : STD_LOGIC;--d定义为变量
BEGIN
  d := a;
  x <= c XOR d;
  d := b;
  y <= c XOR d;
```

该进程运行实际的结果是 x=c XOR a，y=c XOR b。

因此，准确理解和把握一个进程中的信号和变量赋值行为的特点以及它们功能上的异同，对正确地利用 VHDL 进行电路设计十分重要。

2.5.2　VHDL 语言的数据类型

1. 数据类型的种类

在 VHDL 语言中，信号、变量、常数都是需要指定其数据类型的，VHDL 提供的数据类型有：整型、实数、记录、数组等。

在上述数据类型中,有标准的,也有用户自己定义的。当用户自己定义时,其具体的格式如下:

```
TYPE  数据类型名  数据类型的定义;
```

下面对常用的几种数据类型作一些说明。

(1) 标准逻辑位数据类型(STD_LOGIC)

标准逻辑位(STD_LOGIC)是标准 BIT 数据类型的扩展,共定义了 9 种值('U'——初始值,'X'——不定,'0'——逻辑 0,'1'——逻辑 1,'Z'——高阻,'W'——弱信号不定,'L'——弱信号 0,'H'——弱信号 1,'—'——不可能情况),这意味着其取值的可能性已非传统的 BIT 那样只有逻辑 0 和 1 两种取值,在编程时应当特别注意。因为在条件语句中,如果未考虑到 STD_LOGIC 所有可能的取值情况,有的综合器可能会插入不希望的锁存器。

(2) 标准逻辑矢量数据类型(STD_LOGIC_VECTOR)

标准逻辑矢量(STD_LOGIC_VECTOR)是定义在 STD_LOGIC_1164 程序包中的标准一维数组,数组中的每一个元素的数据类型都是 STD_LOGIC。在使用上,向 STD_LOGIC_VECTOR 数据类型的数据对象赋值时,位宽、数据类型必须相同才能进行赋值。

(3) 整型(Integer)

VHDL 中的整型与数学中的整形定义相似,可以使用加、减、乘、除等运算符。整数的最大范围从-2147483647 到+2147483647,即 32 位有符号的二进制数。如果定义时不使用 range 字句限定其取值范围,默认将使用 32 位宽度。

(4) 实数(Real)

实数即浮点数,有正有负,书写时一定要有小数点。实数的最小范围从-1.0E+38 到+1.0E+38。

(5) 记录(Record)

记录是异构复合类型,也就是说,记录中的元素可以是不同的类型。记录类型的格式如下:

```
TYPE 记录名 IS RECORD
    记录中元素的类型说明;
END RECORD
一个具体的实例如下:
TYPE month_name(jan, feb, apr, may, jun, jul, aug, sep, oct, nov, dec);
TYPE date IS RECORD
   day   : INTEGER RANGE 0 TO 31;
   month: month_name;
   year  : INTEGER RANGE 0 TO 3000;
END RECORD;
```

(6) 数组(Array)

数组用于定义同一类型值的集合。数组可以是一维的(有一个下标),也可以是多维的(有多个下标)。此外,数组还可分为限定性数组和非限定性数组,限定性数组下标的取值范围在该数组类型定义时就被确定;而非限定性数组下标的取值范围随后才确定。其具体格式如下:

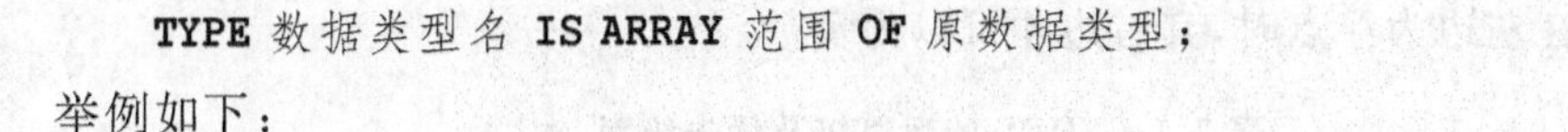

```
TYPE 数据类型名 IS ARRAY 范围 OF 原数据类型；
```

举例如下：

```
TYPE word IS ARRAY(1 TO 8)OF STD_LOGIC;
```

“STD_LOGIC_VECTOR”也属于数组，因它在程序包“STD_LOGIC_1164”中被定义成数组。

(7) 子类型

所谓子类型是用户对定义的数据类型作一些范围限制而形成的一种新的数据类型。子类型定义的一般格式为：

```
SUBTYPE 子类型名 IS 数据类型名［范围］；
```

子类型可以是对其父类型施加限制条件，也可以是简单地对其父类型重新起个名字，而没有增加任何新的意义。

2. 数据类型的转换

VHDL 语言是一种强数据类型的语言，在编译过程中要严格地检查类型匹配，不同类型数据是不能进行运算和直接赋值的。为了实现正确的运算和赋值操作，必须将数据进行类型转换。数据类型的转换是由转换函数完成的，VHDL 的标准程序包提供了一些常用的转换函数，例如：

◇ **FUNCTION** TO _ STD _ LOGIC （s ： STD _ ULOGICL； xmap ： STD _ LOGIC ：=′0′） **RETURN** STD_LOGIC;

◇ **FUNCTION** TO_STD_LOGIC_VECTOR（ s ：STD_LOGIC_VECTOR; xmap ：STD_LOGIC ：=′0′） **RETURN** STD_LOGIC_VECTOR;

等函数。

2.5.3 VHDL 语言的运算操作符

如同别的程序设计语言一样，VHDL 中的表达式是由运算符将基本元素连接起来的式子。VHDL 的运算符可分为算数运算符、关系运算符、逻辑运算符和其他运算符 4 组。

算数运算符、关系运算符、逻辑运算符和其他运算符以及它们的优先级别如表 2.1 所示。

通常，在一个表达式中有两个以上的运算符时，需要使用括号将这些操作分组。如果一串操作的运算符相同，且是 AND、OR、XOR 这三个运算符中的一种，则不需要使用括号，如果一串操作中的运算符不同或有除这三种运算符之外的运算符，则必须使用括号。例如：

```
a AND b AND c AND d
(a OR b) NAND c
```

关系运算符＝、/＝、＜、＜＝和＞＝的两边类型必须相同，因为只有相同的数据类型才能比较，其比较的结果为 Boolean 型。

正(＋)负(－)号和加减号的意义与一般算术运算相同。连接运算符用于一维数组，“&”符号两边的内容连接之后形成一个新的数组，也可以在数组后面连接一个新的元素，或将两个单元素连接形成数组。连接操作常用于字符串。

乘除运算符用于整形、浮点数与物理类型。取模、取余只能用于整数类型。

取绝对值运算用于任何数值类型。乘方运算的左边可以是整数或浮点数，但右边必须

为整数,且只有在左边为浮点时,其右边才可以为负数。

表 2.1 VHDL 的运算符及优先级别

优先级顺序	运算符类型	运算符	功 能
低	逻辑运算符	AND	与
↓		OR	或
		NAND	与非
		NOR	或非
		XOR	异或
		XNOR	异或非
	关系运算符	=	等于
		/=	不等于
		<	小于
		>	大于
		<=	小于等于(*)
		>=	大于等于
		+	加
		—	减
		&	连接
		+	正
		—	负
		*	乘
		/	除
		MOD	求模
		REM	取余
		**	指数
高		ABS	取绝对值
		NOT	取反

* 其中"<="操作符也用于表示信号赋值操作。

2.6 VHDL 语言的主要描述语句

VHDL 常用语句分为并行(Concurrent)语句和顺序(Sequential)语句两种。

2.6.1 并行语句

并行语句之间的先后顺序与结果无关,它描述的是功能相互独立的电路模块,靠信号连接各个功能块。并行语句包括:

1. 并行赋值语句

```
x <= ( a AND ( NOT sel1 ) ) OR ( b AND sel1 );
g(0) <= NOT ( y AND sel2 );
```

2. 条件赋值语句

(1) WITH-SELECT-WHEN 语句

用于并行的信号赋值,例如,四选一多路开关(mux)

```
LIBRARY IEEE;
USE IEEE.STD_LOGIC_1164.all;
ENTITY mux IS
   PORT(
   a,b,c,d:   IN STD_LOGIC;
   s:         IN STD_LOGIC_VECTOR (1 DOWNTO 0 );
   x:         OUT STD_LOGIC);
END mux;
ARCHICHITECTURE archmux OF mux IS
   BEGIN
   WITH s SELECT
      x<= a WHEN"00",      --x 根据 s 的不同而赋值
      b WHEN"01",
      c WHEN"10",
      d WHEN"11";
   END archmux;
```

WITH-SELECT-WHEN 必须指明所有互斥条件。

(2) WHEN-ELSE 语句

同为并行语句,但无须指明所有互斥条件。例如:

```
ARCHITECTURE archmux OF mux IS
BEGIN
   x <= a WHEN ( s = "00" ) ELSE
   b WHEN ( s = "01" ) ELSE
   c WHEN ( s = "10" ) ELSE
   d;
END archmux;
```

3. 进程(process)语句

进程用于描述顺序(sequential)事件。进程包含在结构体中。一个结构体可以包含多个进程语句。进程语句之间是并行执行的。进程不能嵌套,即进程内部不能够再包含进程。

一个进程我们可以看做是具有一定电路功能的单元电路。多个进程通过信号连接起来完成一个系统的描述。进程一般用于行为描述。进程语句的格式如下:

```
[进程标号:] PROCESSS (敏感信号表) [IS]
      [说明区]
```

```
BEGIN
        顺序语句
END PROCESS [进程标号];
```

敏感信号表(Sensitivity List):包括进程的一些信号,当敏感表中的某个信号变化时进程被激活。

进程语句的说明区中可以说明数据类型、子程序和变量。在此说明区内说明的变量,只有在此进程内才可以对其进行存取。

顺序语句:对行为的描述。

结束语句:描述进程的结束。

如果进程语句中含有敏感信号表,则等价于该进程语句内的最后一个语句是一个隐含的 WAIT 语句,其形式如下:

```
WAIT ON 敏感信号表;
```

一旦敏感信号发生变化,就可以再次启动进程。必须注意的是,含有敏感信号表的进程语句中不允许再显式出现 WAIT 语句。

进程的简单实例:

```
mux:PROCESS(a,b,s)              --敏感表
BEGIN
    IF(s='0')THEN
        x<=a;
    ELSE                        --定义一段进程
        x<=b;
    ENDIF;
END PROCESS mux;
```

这里进程 mux 对于信号 a、b 和 c 敏感。无论何时信号 a、b 或 c 发生变化,进程中的语句将被重新赋值计算。

4. 元件(Component)定义和元件例化(port map)语句

Component 语句一般在 Architecture、Package 及 Block 的说明部分中使用,主要用来指定本结构体中所调用的元件是哪一个现成的逻辑描述模块。元件例化语句一般用于结构描述法,指定各个元件之间的连接关系。Component 语句的基本格式如下:

```
COMPONENT 元件名
    GENERIC 说明;               --参数说明
    PORT 说明;                  --端口说明
END COMPONENT;
```

在上述格式中,GENERIC 通常用于该元件的可变参数的代入或赋值;PORT 则说明该元件的输入输出端口的信号规定。

Port Map 语句是结构化描述中不可缺少的基本语句,它将现成元件的端口信号映射成高层次设计电路中的信号。Port Map 语句的书写格式为:

```
标号名:元件名 PORT MAP(信号,…)
```

标号名在该结构体的说明中应该是唯一的,下一层元件的端口信号和实际信号的连接

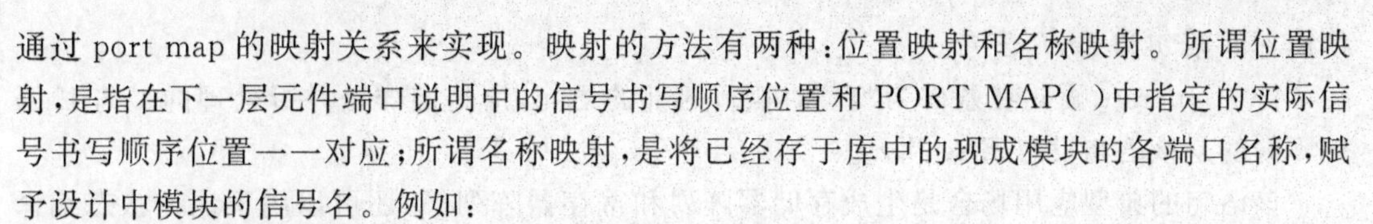

通过 port map 的映射关系来实现。映射的方法有两种:位置映射和名称映射。所谓位置映射,是指在下一层元件端口说明中的信号书写顺序位置和 PORT MAP( )中指定的实际信号书写顺序位置一一对应;所谓名称映射,是将已经存于库中的现成模块的各端口名称,赋予设计中模块的信号名。例如:

```
COMPONENT and2
  PORT(a ,b: IN STD_LOGIC;
          c: OUT STD_LOGIC);
END COMPONENT;
...
SIGNAL x,y,z: STD_LOGIC;
...
u1:and2 PORT MAP(x,y,z);                       --位置映射
u2:and2 PORT MAP(a =>x,c  =>z,b  =>y);         --名称映射
u3:and2 PORT MAP(x,y,c  =>z )                  --混合形式
```

5. 块(Block)语句

块可以看做是结构体中的子模块。Block 语句把许多并行语句包装在一起形成一个子模块,常用于结构体的结构化描述。块语句的格式如下:

```
标号:BLOCK
      块头
            { 说明部分 }
    BEGIN
          { 并行语句 }
    END BLOCK   标号;
```

块头主要用于信号的映射及参数的定义,通常通过 Generic 语句、Generic_Map 语句、Port 和 Port_Map 语句来实现。

说明部分与结构体中的说明是一样的,主要对该块所要用到的对象加以说明。

6. 生成(Generate)语句

生成语句给设计中的循环部分或条件部分的建立提供了一种方法。生成语句有以下两种格式:

```
• 标号:FOR  变量  IN  不连续区间 GENERATE
              并行处理语句
      END  GENERATE  [标号];
• 标号:IF  条件   GENERATE
             并行处理语句
      END GENERATE  [标号];
```

生成方案 For 用于描述重复模式;生成方案 If 通常用于描述一个结构中的例外情形,例如在边界处发生的特殊情况。

For…Generate 和 For…Loop 的语句不同,在 For…Generate 语句中所列举的是并行处理语句。因此,内部语句不是按书写顺序执行的,而是并行执行的,这样的语句中就不能

使用 exit 语句和 next 语句。

If…Generate 语句在条件为“真”时执行内部的语句，语句同样是并行处理的。与 If 语句不同的是该语句没有 Else 项。

该语句的典型应用场合是生成存储器阵列和寄存器阵列等，还可以用于地址状态编译机。例如：

```
SIGNAL a,b :STD_LOGIC_VECTOR( 3 DOWNTO 0 );
SIGNAL c   :STD_LOGIC_VECTOR( 7 DOWNTO 0 );
SIGNAL x   :STD_LOGIC;
       ⋮
gen_label : FOR i IN 3 DOWNTO 0 GENERATE
      c( 2 * i + 1) < = a(i) NOR x;
      c( 2 * i ) < = b(i) NOR x;
END GENERATE gen_label;
```

2.6.2 顺序(sequential)语句

顺序语句只在进程(process)、函数(function)及过程(procedure)中使用。顺序语句描述的是具有控制能力的电路。

1. IF-THEN-ELSE 语句

这是一个顺序语句。其根据一个或一组条件的布尔运算而选择某一特定的执行通道，例如：

```
PROCESS(sel,a,b,c,d)
BEGIN
   IF(sel = "00")THEN
     step<= a;
   ELSIF(sel = "01")THEN
     step<= b;
   ELSIF(sel = "10")THEN
     step<= c;
   ELSE
     step<= d;
   END IF;
END PROCESS;
```

elsif 可允许在一个语句中出现多重条件。每一个 if 语句都必须有一个对应的 end if 语句。由于 if 语句是具有优先级的，当排列在前面的条件满足以后，信号的执行通道就确定了，即便是后面的条件也有满足的，信号也不会走该条件的执行通道。

注意使用这种语句类型去描述组合电路时一定要注意条件的判断是否完整，也就是语句里面一定要包含 else 语句，否则就是下面要介绍的另外一类 if 语句了。描述组合电路时还要注意除了对于输入条件的判断要完整之外，在每种条件之下的输出语句也要完整，否则会引入锁存器。例如：

```
ARCHITECTURE archdesign OF design IS
    SIGNAL option1 : STD_LOGIC_VECTOR( 1 DOWNTO 0);
    SIGNAL option2 : STD_LOGIC_VECTOR( 1 DOWNTO 0);
BEGIN
    PROCESS(a,b)
    BEGIN
        IF (a>b) THEN
            option1 <= "000";
            option2 <= "111";
        ELSE
            option1 <= "111";
        END IF;
    END PROCESS decode;
END archdesign;
```

在这个描述中,当 a>b 时对于两个信号都赋了值,但是对于 ELSE 情况只对 option1 赋了值,这时 option2 的值将保持不变,也就是引入了锁存器。

2. CAES-WHEN 语句

这是一种顺序语句并且只能在进程中使用。CASE 语句的一般格式如下:

```
CASE  表达式  IS
      WHEN  表达式值  =>  顺序语句;
      WHEN  OTHERS  =>  顺序语句;
END CASE;
ARCHITECTURE archdesign OF design IS
    SIGNAL option : STD_LOGIC_VECTOR( 0 TO 1);
BEGIN
    decode:PROCESS(a,b,c,option)
    BEGIN
        CASE option IS
            WHEN "00" => output <= a;
            WHEN "01" => output <= b;
            WHEN"10" => output <= c;
            WHEN OTHERS => output <= '0';
        END CASE;
      END PROCESS decode;
   END archdesign;
```

case 语句是没有优先级的,所有条件同时判断,所以在描述时不允许出现相同条件的情况。

3. IF-THEN

与 IF-THEN-ELSE 不同,在 IF 与 END IF 之间没有 ELSE 语句,这也是一个顺序语

句，通常称其为“不完整的 IF 语句”。这种语句通常用于时序电路的描述中，当条件满足则电路进行相应的动作，否则电路保持原有状态。例如一个计数器的 VHDL 描述：

```
LIBRARY IEEE;
USE IEEE.STD_LOGIC_1164.ALL;
USE IEEE.STD_LOGIC_UNSIGNED.ALL;
ENTITY counter IS
   PORT (
      clk: IN STD_LOGIC;
      cnt: OUT STD_LOGIC_VECTOR (3 DOWNTO 0)
   );
END counter;
ARCHITECTURE cnt_arch OF counter IS
  BEGIN
    PROCESS(clk)
    BEGIN
       IF (clk'event AND clk = '1') THEN
            cnt <= cnt + 1;
       END IF;
  END PROCESS;
END;
```

这个例子描述的是一个 4 位的二进制计数器，当时钟信号的上升沿来了之后，即(clk'event AND clk='1')条件满足，这时计数器 cnt 的值加 1，否则计数器 cnt 的值保持不变。这就是不完整 if 语句的典型应用。

4. 等待(WAIT)语句

wait 语句只能在进程中使用。进程在运行中总是处于“执行”或“挂起”两种状态之一。当进程执行到 wait 语句时，就将被挂起来，并设置好再执行的条件。wait 语句可以设置四种不同的条件：无限等待、时间到、条件满足以及敏感信号量变化。这几类条件可以混用。

语句格式如下：

① WAIT；

② WAIT ON 信号；

③ WAIT UNTIL 条件表达式；

④ WAIT FOR 时间表达式；

第①种格式为无限等待，通常不用；

第②种当指定的信号发生变化时，进程结束挂起状态，继续执行；

第③种当条件表达式的值为 TRUE 时，进程才被启动；

第④种当等待的时间到时，进程结束挂起状态。

5. 断言(ASSERT)语句

ASSERT 语句主要用于程序仿真、调试中的人-机对话，它可以给出一串文字作为警告和错误信息。ASSERT 语句的格式如下：

```
ASSERT  条件  [REPORT 输出信息]  [SEVERITY 级别]
```

当执行 assert 语句时，会对条件进行判断。如果条件为“真”，则执行下一条语句；若条件为“假”，则输出错误信息和错误严重程度的级别。

6. 信号赋值语句

信号赋值语句的格式如下：

```
信号量 <= 信号量表达式 ;
```

例如：

```
a <= b AFTER 5 ns;
```

信号赋值语句指定延迟类型，并在后面指定延迟时间。但 VHDL 综合器忽略延迟特性。

7. 变量赋值语句

在 VHDL 中，变量的说明和赋值限定在进程、函数和过程中。变量赋值符号为“:= ”，同时，符号“:= ”也可用来给变量、信号、常量和文件等对象赋初值。要注意，这个初值只是对于仿真器有效，综合器忽略这些初值。其书写格式为：

```
变量 := 表达式;
```

例如：

```
a := 2;
d := d + e;
```

8. LOOP 语句

LOOP 语句与其他高级语言中的循环语句一样，使程序能进行有规则的循环，循环的次数受迭代算法的控制。一般格式有三种：

(1) LOOP 循环

```
[标号]:LOOP
    顺序语句;
END LOOP  [标号];
```

这是一种无限循环，一般应用里面会使用 EXIT 语句跳出循环。关于 EXIT 语句见下面的介绍。

(2) FOR 循环

```
[标号]:FOR  循环变量  IN  离散范围  LOOP
        顺序语句;
      END LOOP [标号];
```

例如：

```
VARIABLE a, b :STD_LOGIC_VECTOR( 1 TO 3 );
FOR i IN 1 TO 3 LOOP
  a(i)<= b(i);
END LOOP;
```

上面循环语句的等价语句如下：

```
a(1)<= b(1);
a(2)<= b(2);
```

```
a(3)<= b(3);
```

离散范围除了 TO,DOWNTO 外还可以使用表示范围的属性 X'RANGE。

(3) WHILE 条件循环

这种 LOOP 语句的书写格式如下:

```
[标号]:WHILE 条件 LOOP
        顺序语句;
      END [标号];
```

当条件为真时,则进行循环;当条件为假时,则结束循环。

9. NEXT 语句

在 LOOP 语句中,NEXT 语句用来跳出本次循环。其语句格式为:

```
NEXT [标号] [WHEN 条件];
```

当 NEXT 语句执行时将停止本次迭代,转入下一次新的迭代。NEXT 后面的标号表明下次迭代的起始位置,而 WHEN 条件则表明 NEXT 语句执行的条件。如果 NEXT 后面既无标号又无 WHEN 条件说明,则执行到该语句接立即无条件地跳出本次循环,从 LOOP 语句的起始位置进入下次循环。

例如:

```
SIGNAL a,b,copy_enable:STD_LOGIC_VECTOR( 1 TO 3 );
 ⋮
a<= " 00000000";
 ⋮
-- b 被赋了一个值,如"11010011"
 ⋮
FOR i IN 1 TO 8 LOOP
    NEXT WHEN copy_enable(i) ='0';
    a(i)<= b(i);
END LOOP;
```

10. EXIT 语句

EXIT 语句也是 LOOP 语句中使用的循环控制语句,与 NEXT 不同的是,执行 NEXT 语句将结束循环状态,从而结束 LOOP 语句的正常执行。其格式如下:

```
NEXT [标号] [WHEN 条件];
```

若 NEXT 后面的标号和 WHEN 条件缺省,则程序执行到该语句时就无条件从 LOOP 语句中跳出,结束循环状态。若 WHEN 中的条件为"假",则循环正常继续。例如:

```
SIGNAL a,b: STD_LOGIC_VECTOR(1 DOWNTO 0);
SIGNAL a_less_than_b: BOOLEAN;
 ⋮
a_less_than_b <= FALSE;
FOR i IN 1 DOWNTO 0 LOOP
   IF (a(i) ='1' AND b(i) ='0') THEN
      a_less_than_b <= FALSE;
```

```
      EXIT;
    ELSIF(a(i) = '0' AND b(i) = '1') THEN
      a_less_than_b <= TRUE;
      NEXT;
    ELSE
      NULL;        --继续比较
    END IF;
  END LOOP;
```

11. NULL 语句

NULL 语句表示没有动作发生。NULL 语句一般用在 CASE 语句中以便能够覆盖所有可能的条件。

第3章 VHDL设计实例

3.1 用VHDL语言描述组合逻辑电路

3.1.1 简单门电路

门电路是构成所有组合逻辑电路的基本电路，因此在进行比较复杂的组合逻辑电路描述之前，先要掌握这些基本电路的VHDL描述。下面介绍一些常用的门电路的VHDL描述实例。

1. 非门电路

非门的逻辑表达式为：$y=\overline{a}$，其逻辑电路图如图3-1所示，真值表如表3-1所示。

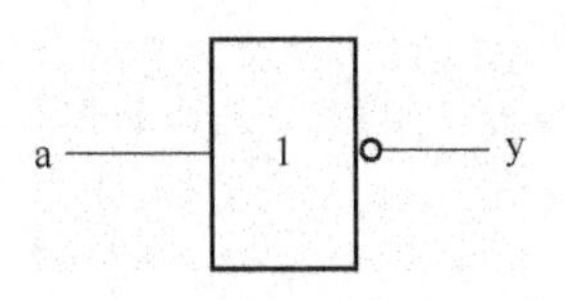

图3-1 非门的逻辑电路图

表3-1 非门的真值表

a	y
0	1
1	0

(1) 非门的数据流描述

```
LIBRARY IEEE;
USE IEEE.STD_LOGIC_1164.ALL;

ENTITY not_v1 IS
    PORT(a: IN STD_LOGIC;
         y: OUT STD_LOGIC);
END not_v1;

ARCHITECTURE a OF not_v1 IS
BEGIN
   y <= NOT a;
END a;
```

(2) 非门的行为描述

```
LIBRARY IEEE;
USE IEEE.STD_LOGIC_1164.ALL;

ENTITY not_v2 IS
    PORT(a: IN STD_LOGIC;
         y: OUT STD_LOGIC);
END not_v2;

ARCHITECTURE a OF not_v2 IS
BEGIN
 PROCESS (a)
 BEGIN
    IF a = '0' THEN
       y <= '1';
    ELSE
       y <= '0';
    END IF;
 END PROCESS;
END a;
```

2. 两输入与门电路

两输入与门的逻辑表达式为:y=a·b,其逻辑电路图如图3-2所示,真值表如表3-2所示。

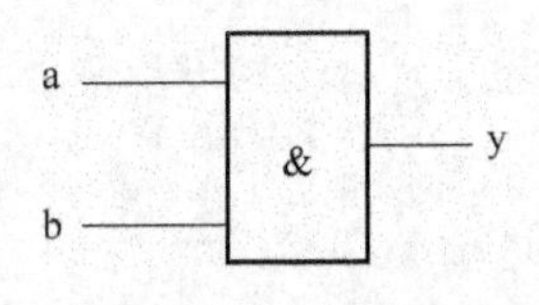

图3-2　两输入与门的逻辑电路图

表3-2　两输入与门的真值表

a	b	y
0	0	0
0	1	0
1	0	0
1	1	1

(1) 两输入与门的数据流描述

```
LIBRARY IEEE;
USE IEEE.STD_LOGIC_1164.ALL;

ENTITY and2_v1 IS
    PORT(a ,b: IN STD_LOGIC;
           y: OUT STD_LOGIC);
END and2_v1;

ARCHITECTURE a OF and2_v1 IS
```

```
BEGIN
   y <=  a AND b;
END a;
```

(2) 两输入与门的行为描述

```
LIBRARY IEEE;
USE IEEE.STD_LOGIC_1164.ALL;

ENTITY and2_v2 IS
    PORT(a ,b: IN STD_LOGIC;
           y: OUT STD_LOGIC);
END and2_v2;

ARCHITECTURE a OF and2_v2 IS
BEGIN
 PROCESS (a,b)
    VARIABLE comb : STD_LOGIC_VECTOR (1 DOWNTO 0);
 BEGIN
   comb := a & b;
   CASE comb IS
        WHEN "00" => y <='0';
        WHEN "01" => y <='0';
        WHEN "10" => y <='0';
        WHEN "11" => y <='1';
        WHEN OTHERS  => y <='0';
   END CASE;
 END PROCESS;
END a;
```

3. 两输入或非门电路

两输入或非门的逻辑表达式为:$y=\overline{a+b}$,其逻辑电路图如图 3-3 所示,真值表如表 3-3 所示。

表 3-3　两输入或非门的真值表

a	b	y
0	0	1
0	1	0
1	0	0
1	1	0

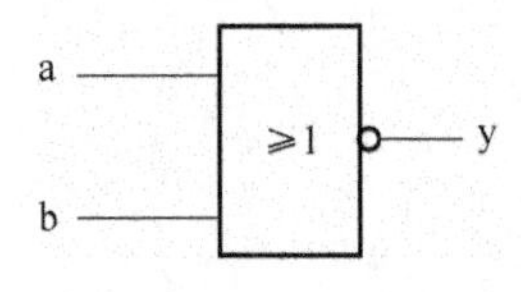

图 3-3　两输入或非门的逻辑电路图

(1) 两输入或非门的数据流描述

```
LIBRARY IEEE;
USE IEEE.STD_LOGIC_1164.ALL;
```

```
ENTITY nor2_v1 IS
    PORT(a ,b: IN STD_LOGIC;
           y: OUT STD_LOGIC);
END nor2_v1;

ARCHITECTURE a OF nor2_v1 IS
BEGIN
   y <=  a NOR b;
END a;
```

(2) 两输入或非门的行为描述

```
LIBRARY IEEE;
USE IEEE.STD_LOGIC_1164.ALL;

ENTITY nor2_v2 IS
    PORT(a ,b: IN STD_LOGIC;
           y: OUT STD_LOGIC);
END nor2_v2;

ARCHITECTURE a OF nor2_v2 IS
BEGIN
  PROCESS (a,b)
     VARIABLE comb : STD_LOGIC_VECTOR (1 DOWNTO 0);
  BEGIN
    comb := a & b;
    CASE comb IS
         WHEN "00" => y <= '1';
         WHEN "01" => y <= '0';
         WHEN "10" => y <= '0';
         WHEN "11" => y <= '0';
         WHEN OTHERS  => y <= '0';
    END CASE;
  END PROCESS;
END a;
```

4. 两输入异或门电路

两输入异或门的逻辑表达式为：$y = a \oplus b = a\bar{b} + \bar{a}b$，其逻辑电路图如图 3-4 所示，真值表如表 3-4 所示。

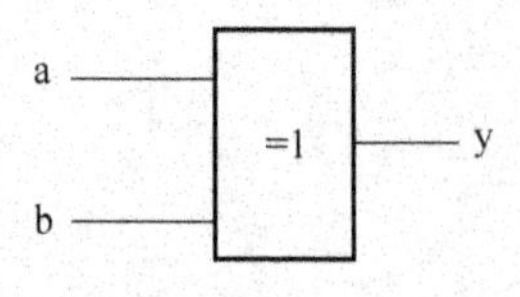

图 3-4　两输入异或门的逻辑电路图

表 3-4　两输入异或门的真值表

a	b	y
0	0	0
0	1	1
1	0	1
1	1	0

(1) 两输入异或门的数据流描述

```
LIBRARY IEEE;
USE IEEE.STD_LOGIC_1164.ALL;

ENTITY xor2_v1 IS
    PORT(a,b: IN STD_LOGIC;
         y: OUT STD_LOGIC);
END xor2_v1;

ARCHITECTURE a OF xor2_v1 IS
BEGIN
   y <=  a XOR b;
END a;
```

上面的描述也可以写为:y <= (a AND NOT b) OR (NOT a AND b);

(2) 两输入异或门的行为描述

```
LIBRARY IEEE;
USE IEEE.STD_LOGIC_1164.ALL;

ENTITY xor2_v2 IS
    PORT(a,b: IN STD_LOGIC;
         y: OUT STD_LOGIC);
END xor2_v2;

ARCHITECTURE a OF xor2_v2 IS
BEGIN
  PROCESS (a,b)
     VARIABLE comb : STD_LOGIC_VECTOR (1 DOWNTO 0);
  BEGIN
    comb := a & b;
    CASE comb IS
         WHEN "00" => y <='0';
         WHEN "01" => y <='1';
         WHEN "10" => y <='1';
```

```
        WHEN "11" => y <= '0';
        WHEN OTHERS  => y <= '0';
    END CASE;
  END PROCESS;
END a;
```

3.1.2 编码器

用一组二进制代码按一定规则表示给定字母、数字、符号等信息的方法称为编码，能够实现这种编码功能的逻辑电路称为编码器。

在实际的逻辑电路中，编码器的功能就是把 2^N 个输入转化为 N 位编码输出。目前经常使用的编码器主要有 2 种：普通编码器和优先编码器。下面将以 8 线—3 线普通编码器和 8 线—3 线优先编码器为例，介绍编码器的 VHDL 描述。

1. 8 线—3 线普通编码器

8 线—3 线普通编码器的逻辑框图如图 3-5 所示，真值表如表 3-5 所示。

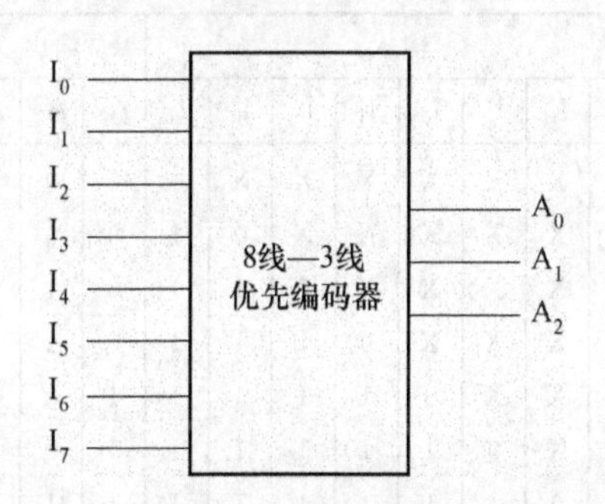

图 3-5 8 线—3 线普通编码器的逻辑框图

表 3-5 8 线—3 线普通编码器的真值表

输入								输出		
I_0	I_1	I_2	I_3	I_4	I_5	I_6	I_7	A_2	A_1	A_0
1	0	0	0	0	0	0	0	0	0	0
0	1	0	0	0	0	0	0	0	0	1
0	0	1	0	0	0	0	0	0	1	0
0	0	0	1	0	0	0	0	0	1	1
0	0	0	0	1	0	0	0	1	0	0
0	0	0	0	0	1	0	0	1	0	1
0	0	0	0	0	0	1	0	1	1	0
0	0	0	0	0	0	0	1	1	1	1

8 线—3 线普通编码器的 VHDL 描述：

```
LIBRARY IEEE;
USE IEEE.STD_LOGIC_1164.ALL;

ENTITY coder83_v2 IS
    PORT ( I: IN STD_LOGIC_VECTOR(7 DOWNTO 0);
           A: OUT STD_LOGIC_VECTOR(2 DOWNTO 0));
END coder83_v2;

ARCHITECTURE behave OF coder83_v2 IS
BEGIN
 PROCESS (I)
 BEGIN
    CASE I IS
```

```
            WHEN "10000000" => A <="111";
            WHEN "01000000" => A <="110";
            WHEN "00100000" => A <="101";
            WHEN "00010000" => A <="100";
            WHEN "00001000" => A <="011";
            WHEN "00000100" => A <="010";
            WHEN "00000010" => A <="001";
            WHEN "00000001" => A <="000";
            WHEN OTHERS  => A <= "000";
         END CASE;
      END PROCESS;
    END behave;
```

2. 8线—3线优先编码器

8线—3线优先编码器的逻辑框图如图3-6所示，真值表如表3-6所示。

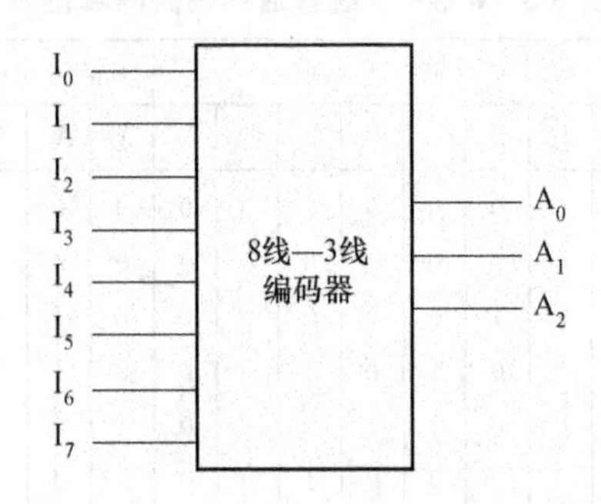

图3-6 8线—3线优先编码器的逻辑框图

表3-6 8线—3线优先编码器A的真值表

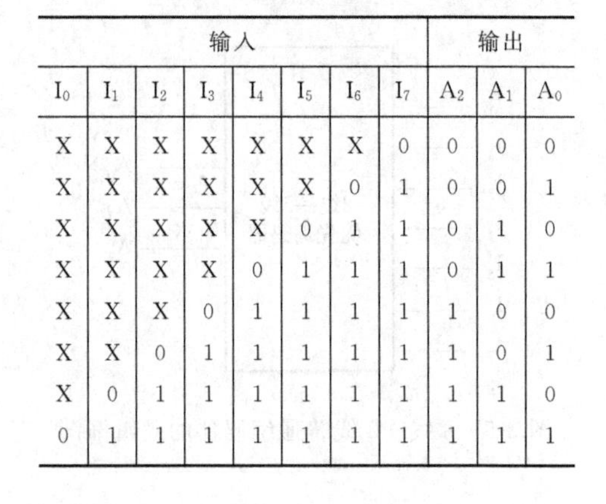

输入								输出		
I_0	I_1	I_2	I_3	I_4	I_5	I_6	I_7	A_2	A_1	A_0
X	X	X	X	X	X	X	0	0	0	0
X	X	X	X	X	X	0	1	0	0	1
X	X	X	X	X	0	1	1	0	1	0
X	X	X	X	0	1	1	1	0	1	1
X	X	X	0	1	1	1	1	1	0	0
X	X	0	1	1	1	1	1	1	0	1
X	0	1	1	1	1	1	1	1	1	0
0	1	1	1	1	1	1	1	1	1	1

8线—3线优先编码器的VHDL描述：

```
LIBRARY IEEE;
USE IEEE.std_logic_1164.all;

ENTITY encoder IS
PORT(  I: IN STD_LOGIC_VECTOR(7 DOWNTO 0);
       A: OUT STD_LOGIC_VECTOR(2 DOWNTO 0));
END encoder;

ARCHITECTURE beh OF encoder IS
BEGIN
 PROCESS(I)
 BEGIN
    IF I(7) = '0' THEN A<="000";
```

```
        ELSIF I(6) = '0' THEN A<="001";
        ELSIF I(5) = '0' THEN A<="010";
        ELSIF I(4) = '0' THEN A<="011";
        ELSIF I(3) = '0' THEN A<="100";
        ELSIF I(2) ='0' THEN A<="101";
        ELSIF I(1) = '0' THEN A<="110";
        ELSIF I(0) = '0' THEN A<="111";
        ELSE A<="000";
        END IF;
    END PROCESS;
  END beh;
```

3.1.3　译码器

译码器是一个多输入、多输出的组合逻辑电路。它的作用是把给定的代码进行“翻译”，变成相应的状态，使输出通道中相应的一路有信号输出。译码器在数字系统中有广泛的用途，不仅用于代码的转换、终端的数字显示，还用于数据分配、存储器寻址和组合控制信号等，不同的功能可选用不同种类的译码器。

译码器可分为通用译码器和数码显示译码器两大类，前者又分为变量译码器和代码变换译码器。

1. 变量译码器(又称二进制译码器)

用以表示输入变量的状态，如 2 线－4 线、3 线－8 线和 4 线－16 线译码器。若有 n 个输入变量，则有 2^n 个不同的组合状态，就有 2^n 个输出端供其使用，而每一个输出所代表的函数对应于 n 个输入变量的最小项。

下面以 3 线－8 线译码器 74138 为例，介绍译码器的 VHDL 描述。74138 的逻辑框图如图 3-7 所示，真值表如表 3-7 所示。

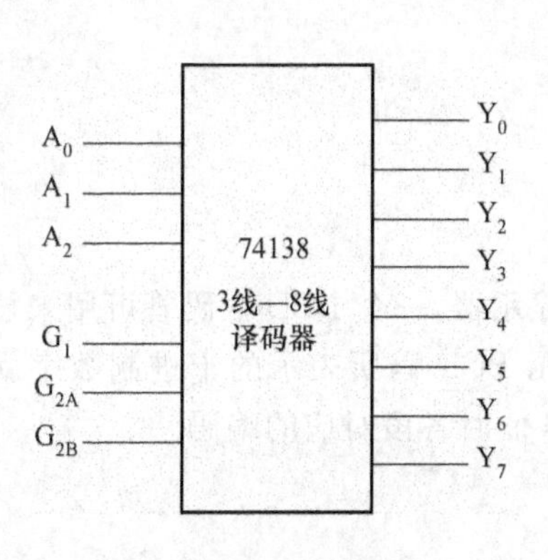

图 3-7　74138 的逻辑框图

表 3-7　74138 的真值表

输入					输出							
G_1	$\overline{G_{2A}}+\overline{G_{2B}}$	A_2	A_1	A_0	Y_0	Y_1	Y_2	Y_3	Y_4	Y_5	Y_6	Y_7
1	0	0	0	0	0	1	1	1	1	1	1	1
1	0	0	0	1	1	0	1	1	1	1	1	1
1	0	0	1	0	1	1	0	1	1	1	1	1
1	0	0	1	1	1	1	1	0	1	1	1	1
1	0	1	0	0	1	1	1	1	0	1	1	1
1	0	1	0	1	1	1	1	1	1	0	1	1
1	0	1	1	0	1	1	1	1	1	1	0	1
1	0	1	1	1	1	1	1	1	1	1	1	0
0	X	X	X	X	1	1	1	1	1	1	1	1
X	1	X	X	X	1	1	1	1	1	1	1	1

3线－8线译码器74138的VHDL描述：

```
LIBRARY IEEE;
USE IEEE.STD_LOGIC_1164.ALL;

ENTITY decoder138_v2 IS
    PORT(G1,G2A,G2B: IN STD_LOGIC;
         A: IN STD_LOGIC_VECTOR(2 DOWNTO 0);
         Y: OUT STD_LOGIC_VECTOR(7 DOWNTO 0));
END decoder138_v2;

ARCHITECTURE behave OF decoder138_v2 IS
BEGIN
      PROCESS (G1,G2A,G2B,A)
      BEGIN
        IF(G1 = '1' AND G2A = '0' AND G2B = '0')THEN
           CASE A IS
              WHEN "000" => Y <="11111110";
              WHEN "001" => Y <="11111101";
              WHEN "010" => Y <="11111011";
              WHEN "011" => Y <="11110111";
              WHEN "100" => Y <="11101111";
              WHEN "101" => Y <="11011111";
              WHEN "110" => Y <="10111111";
              WHEN "111" => Y <="01111111";
              WHEN OTHERS => Y <= "11111111";
           END CASE;
        ELSE
          Y <="11111111";
        END IF;
      END PROCESS;
END behave;
```

2. 数码显示译码器

七段发光二极管(LED)数码管是目前最常用的数字显示器，一个LED数码管可用来显示一位0～9十进制数和一个小数点。LED数码管要显示BCD码所表示的十进制数字就需要有一个专门的译码器，表3-8为共阴极数码管显示0～9时各段对应的编码。

表 3-8 共阴极数码管显示 0～9 时各段对应的编码

显示数字	字段编码 a b c d e f g	显示数字	字段编码 a b c d e f g
0	1 1 1 1 1 1 0	5	1 0 1 1 0 1 1
1	0 1 1 0 0 0 0	6	1 0 1 1 1 1 1
2	1 1 0 1 1 0 1	7	1 1 1 0 0 0 0
3	1 1 1 1 0 0 1	8	1 1 1 1 1 1 1
4	0 1 1 0 0 1 1	9	1 1 1 1 0 1 1

LED 数码管译码器的 VHDL 描述：

```
LIBRARY IEEE;
USE IEEE.STD_LOGIC_1164.ALL;

ENTITY seg7_1 IS
  PORT (
      a: IN STD_LOGIC_VECTOR (3 downto 0);
      b: OUT STD_LOGIC_VECTOR (6 downto 0)
  );
end seg7_1;

ARCHITECTURE seg7_1_arch OF seg7_1 IS
BEGIN
        PROCESS (a)
        BEGIN
           CASE a IS
               WHEN "0000"   =>  b <="1111110";  --0
               WHEN "0001"   =>  b <="0110000";  --1
               WHEN "0010"   =>  b <="1101101";  --2
               WHEN "0011"   =>  b <="1111001";  --3
               WHEN "0100"   =>  b <="0110011";  --4
               WHEN "0101"   =>  b <="1011011";  --5
               WHEN "0110"   =>  b <="1011111";  --6
               WHEN "0111"   =>  b <="1110000";  --7
               WHEN "1000"   =>  b <="1111111";  --8
               WHEN "1001"   =>  b <="1111011";  --9
               WHEN OTHERS   =>  b <="0000000";
           END CASE;
    END PROCESS;
END;
```

3.1.4 数据选择器

数据选择器又叫"多路开关"。数据选择器在地址码的控制下,从几个数据输入中选择一个并将其送到一个公共的输出端。数据选择器为目前逻辑设计中应用十分广泛的逻辑部件,它有 2 选 1、4 选 1、8 选 1、16 选 1 等类别。

下面以 8 选 1 数据选择器 74151 为例,介绍选择器的 VHDL 描述。74151 的逻辑框图如图 3-8 所示,真值表如表 3-9 所示。

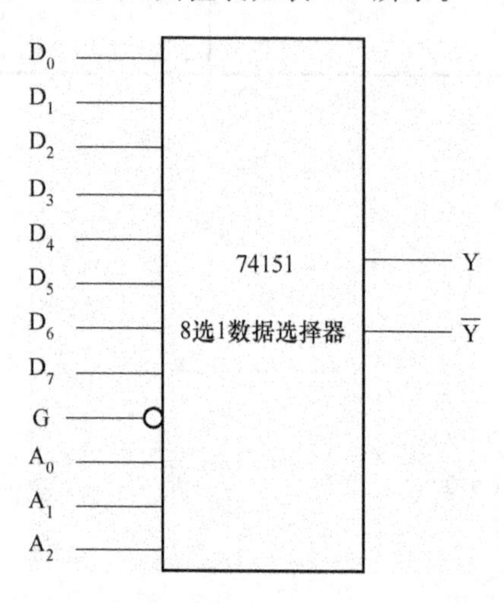

图 3-8 74151 的逻辑框图

表 3-9 74151 的真值表

输入				输出	
$\overline{G}$	A_2	A_1	A_0	Y	$\overline{Y}$
1	×	×	×	0	1
0	0	0	0	D_0	$\overline{D}_0$
0	0	0	1	D_1	$\overline{D}_1$
0	0	1	0	D_2	$\overline{D}_2$
0	0	1	1	D_3	$\overline{D}_3$
0	1	0	0	D_4	$\overline{D}_4$
0	1	0	1	D_5	$\overline{D}_5$
0	1	1	0	D_6	$\overline{D}_6$
0	1	1	1	D_7	$\overline{D}_7$

8 选 1 数据选择器 74151 的 VHDL 描述:

```
LIBRARY IEEE;
USE IEEE.STD_LOGIC_1164.ALL;

ENTITY mux8 IS
    PORT(G ,A2,A1,A0: IN STD_LOGIC;
            D0,D1,D2,D3,D4,D5,D6,D7:IN STD_LOGIC;
            Y,YB:OUT STD_LOGIC);
END mux8;

ARCHITECTURE behav OF mux8 IS
   SIGNAL comb: STD_LOGIC_VECTOR(2 DOWNTO 0);
BEGIN
   comb <= A2 & A1 & A0;
   PROCESS (G,comb,D0,D1,D2,D3,D4,D5,D6,D7)
   BEGIN
      IF G = '0' THEN
         CASE comb IS
```

```
            WHEN "000" => Y <= D0; YB <= NOT D0;
            WHEN "001" => Y <= D1; YB <= NOT D1;
            WHEN "010" => Y <= D2; YB <= NOT D2;
            WHEN "011" => Y <= D3; YB <= NOT D3;
            WHEN "100" => Y <= D4; YB <= NOT D4;
            WHEN "101" => Y <= D5; YB <= NOT D5;
            WHEN "110" => Y <= D6; YB <= NOT D6;
            WHEN "111" => Y <= D7; YB <= NOT D7;
            WHEN OTHERS => Y <='0'; YB <='1';
          END CASE;
      ELSE
          Y <='0'; YB <='1';
      END IF;
    END PROCESS;
END behav;
```

3.1.5 比较器

数值比较器是对两个位数相同的二进制数进行比较并判定其大小关系的算术运算电路。

下面是一个采用 IF 语句编制的对两个 4 位二进制数进行比较的例子，其中 A 和 B 分别是参与比较的两个 4 位二进制数，YA、YB 和 YC 是用来分别表示 A>B、A<B 和 A=B 的 3 个输出端。

```
LIBRARY IEEE;
USE IEEE.STD_LOGIC_1164.ALL;

ENTITY comp4 IS
    PORT(A:IN STD_LOGIC_VECTOR(3 DOWNTO 0);
         B:IN STD_LOGIC_VECTOR(3 DOWNTO 0);
         YA,YB,YC: OUT STD_LOGIC);
END comp4;

ARCHITECTURE behave OF comp4 IS
BEGIN
   PROCESS (A,B)
   BEGIN
      IF (A > B) THEN
           YA <='1'; YB <='0'; YC <='0';
      ELSIF(A < B) THEN
           YA <='0'; YB <='1'; YC <='0';
      ELSE
```

```
            YA <= '0'; YB <= '0'; YC <= '1';
        END IF;
    END PROCESS;
END behave;
```

3.1.6 加法器

1. 半加器(Half Adders)

两个 1 位二进制数相加称为半加,实现半加操作的电路称为半加器。半加器的真值表如表 3-10 所示,逻辑表达式和电路图如图 3-9 所示,其中 a 表示加数,b 表示被加数,so 表示半加和,co 表示向高位的进位。

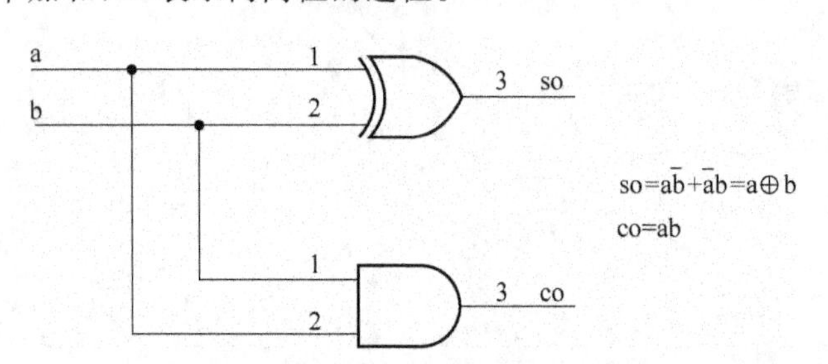

图 3-9 半加器逻辑表达式和电路图

表 3-10 半加器的真值表

a b	so	co
0 0	0	0
0 1	1	0
1 0	1	0
1 1	0	1

半加器的 VHDL 描述如下:

```
LIBRARY IEEE;
USE IEEE.STD_LOGIC_1164.ALL;
ENTITY h_adder IS
    PORT (a,b : IN STD_LOGIC;
        co, so : OUT STD_LOGIC);
END ENTITY h_adder;
ARCHITECTURE a OF h_adder IS
BEGIN
    so <= a XOR b;
    co <= a AND b;
END;
```

2. 全加器(Full Adders)

把加数、被加数和低位进位逻辑三者加起来的电路称为全加器。其逻辑表达式为 $S_i=A_i\oplus B_i\oplus C_{i-1}$,$C_i=(A_i\oplus B_i)C_{i-1}+A_iB_i$,其真值表如表 3-11 所示。

表 3-11 全加器的真值表

A_i B_i C_{i-1}	S_i	C_i	A_i B_i C_{i-1}	S_i	C_i
0 0 0	0	0	1 0 0	1	0
0 0 1	1	0	1 0 1	0	1
0 1 0	1	0	1 1 0	0	1
0 1 1	0	1	1 1 1	1	1

全加器可以由两个半加器和一个或门构成，其电路如图 3-10 所示。

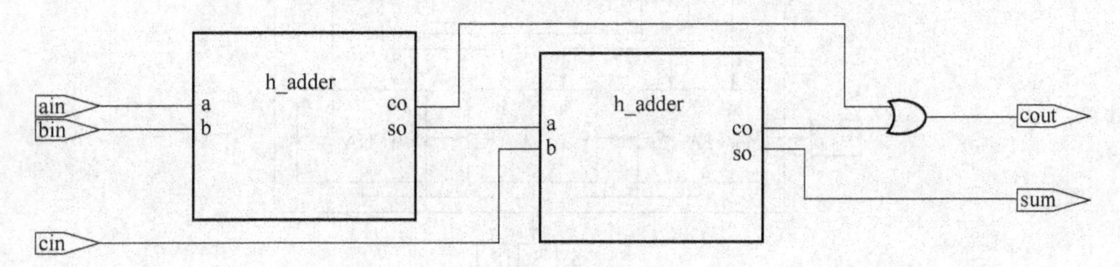

图 3-10 全加器的电路图

全加器的 VHDL 描述如下：

```
LIBRARY IEEE;
USE IEEE.STD_LOGIC_1164.ALL;
ENTITY f_adder IS
   PORT (ain,bin,cin : IN STD_LOGIC;
        cout,sum : OUT STD_LOGIC);
END ENTITY f_adder;
ARCHITECTURE a OF f_adder IS
COMPONENT h_adder
   PORT (a,b : IN STD_LOGIC;
        co,so : OUT STD_LOGIC);
END COMPONENT;
SIGNAL d,e,f : STD_LOGIC;
BEGIN
   u1 : h_adder PORT MAP(a =>ain,b =>bin,co =>d,so =>e);
   u2 : h_adder PORT MAP(a =>e,b =>cin,co =>f,so =>sum);
   cout <= d OR f;
END;
```

3. 串行进位加法器(Ripple Carry Adder)

加法器是一种计算多位二进制数的电路。串行进位加法器是加法器的一种，可以由半加器和全加器构成，其工作原理如图 3-11 所示，其中定义半加器(HA)和全加器(FA)的外部电路接口如图 3-12 所示。

图 3-11 是一个 3 位二进制串行进位加法器，进位信号从 C_0 开始逐级传递，最后得到整个运算结果的进位信号 C_{out} 和运算结果 $S_2S_1S_0$。这种串行进位加法电路简单，缺点是运算时间长，因为每个运算结果 $S_i(i>0)$ 都要等待前面的进位信号 C_{i-1}。

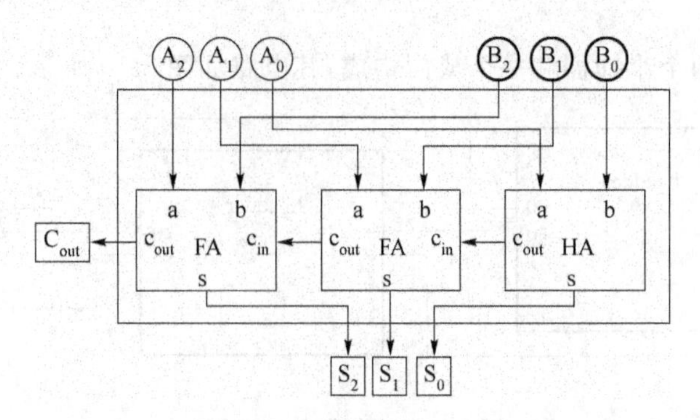

图 3-11　3 位串行进位加法器电路的工作原理图

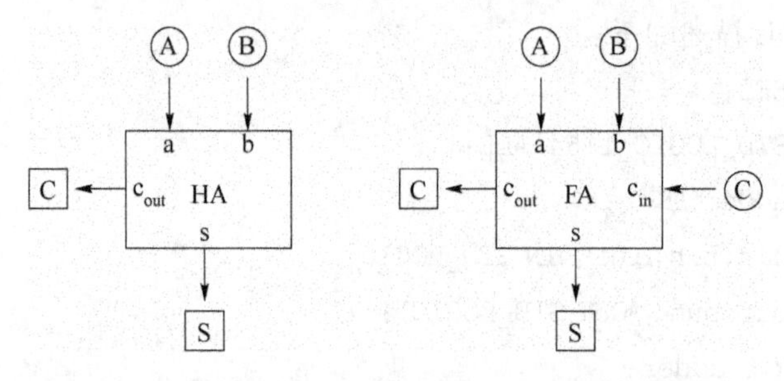

图 3-12　半加器(HA)与全加器(FA)的外部电路接口

3 位二进制串行进位加法器的 VHDL 描述如下：

```
LIBRARY IEEE;
USE IEEE.STD_LOGIC_1164.ALL;
ENTITY adder IS
   PORT (a,b : IN STD_LOGIC_VECTOR(2 DOWNTO 0);
        s : OUT STD_LOGIC_VECTOR(2 DOWNTO 0);
        cout : OUT STD_LOGIC);
END ENTITY adder;
ARCHITECTURE a OF adder IS
COMPONENT h_adder
   PORT (a,b : IN STD_LOGIC;
        co,so : OUT STD_LOGIC);
END COMPONENT;
COMPONENT f_adder IS
   PORT (ain,bin,cin : IN STD_LOGIC;
        cout,sum : OUT STD_LOGIC);
END COMPONENT ;
SIGNAL c1,c2: STD_LOGIC;
BEGIN
  u1 : h_adder PORT MAP(a =>a(0),b =>b(0),co =>c1,so =>s(0));
  u2 : f_adder PORT MAP(ain =>a(1),bin =>b(1),cin =>c1, cout =>c2,
```

```
    sum =>s(1));
    u3 : f_adder PORT MAP(ain =>a(2),bin =>b(2),cin =>c2, cout =>
    cout,sum =>s(2));
  END;
```

4. 超前进位加法器(Carry Look-ahead Adder)

为了提高加法器的运算速度,必须设法减少或去除由于进位信号逐级传送所花的时间,使各位的进位直接由加数和被加数来决定,而不需依赖低位进位。根据这一思想设计的加法器称为超前进位(又称先行进位)二进制加法器。其设计思想如下:

第 i 位全加器的进位输出函数表达式为

$C_i = A_iB_i + (A_i \oplus B_i)C_{i-1}$

令 $A_i \oplus B_i \longrightarrow P_i$ (进位传递函数)

$A_iB_i \longrightarrow G_i$ (进位产生函数)

则有 $C_i = P_iC_{i-1} + G_i$

于是,当 $i=1,2,3$ 时,可得到 3 位并行加法器各位的进位输出函数表达式为

$C_1 = P_1C_0 + G_1$

$C_2 = P_2C_1 + G_2 = P_2P_1C_0 + P_2G_1 + G_2$

$C_3 = P_3C_2 + G_3 = P_3P_2P_1C_0 + P_3P_2G_1 + P_3G_2 + G_3$

由于 $C_1 \sim C_3$ 是 P_i、G_i 和 C_0 的函数,而 P_i、G_i 又是 A_i、B_i 的函数,所以,在输入 A_i、B_i 和 C_0 之后,可以同时产生 $C_1 \sim C_3$。通常将根据 P_i、G_i 和 C_0 形成 $C_1 \sim C_3$ 的逻辑电路称为先行进位发生器,采用先行进位发生器的并行加法器称为超前进位二进制并行加法器。

3.2 用 VHDL 语言描述时序逻辑电路

3.2.1 触发器

触发器是组成时序逻辑电路的基本单元,根据电路结构以及控制方式的不同,触发器可以分为 D 触发器、JK 触发器、T 触发器和 RS 触发器等类型,下面给出几个触发器的 VHDL 描述。

1. D 触发器

(1) 上升沿触发的 D 触发器 VHDL 描述之一

```
LIBRARY ieee;
USE ieee.std_logic_1164.ALL;

ENTITY df IS
  PORT(
    d,clk : IN STD_LOGIC;
    q,qb : OUT STD_LOGIC);
```

```
END df;

ARCHITECTURE struc OF df IS
BEGIN
 PROCESS(clk)
 BEGIN
  IF clk'event AND clk = '1' THEN
       q<= d;
       qb<= not d;
  END IF;
 END PROCESS ;
END struc;
```

如果是下降沿触发的相应描述语句改写成 IF clk'event AND clk='0' THEN…即可。另外关于时钟上升沿的描述方法也不是唯一的。

(2) 上升沿触发的 D 触发器 VHDL 描述之二

```
LIBRARY IEEE;
USE IEEE.STD_LOGIC_1164.ALL;

ENTITY ddd IS
   PORT(  d,clk  :IN STD_LOGIC;
       q: OUT STD_LOGIC);
END ddd;

ARCHITECTURE a OF ddd IS
BEGIN
 PROCESS
 BEGIN
       WAIT UNTIL clk = '1';
          q<= d;
 END PROCESS ;
END a ;
```

2. 异步置位/复位的 JK 触发器

```
LIBRARY IEEE;
USE IEEE.STD_LOGIC_1164.ALL;

ENTITY jkf IS
   PORT(
      j,k,clk,set,reset : IN STD_LOGIC;
                q, qb : OUT STD_LOGIC);
END jkf;
```

```
ARCHITECTURE struc OF jkf IS
   SIGNAL q_temp: STD_LOGIC;
BEGIN
 PROCESS(clk,set,reset)
 BEGIN
  IF set = '0' AND reset = '1' THEN
       q_temp <= '1';
  ELSIF set = '1' AND reset = '0'THEN
       q_temp<= '0';
  ELSIF clk'event AND clk = '1' THEN
     IF j = '0' AND k = '1' THEN
        q_temp <= '0';
     ELSIF j = '1' AND k = '0' THEN
        q_temp <= '1';
     ELSIF j = '1' AND k = '1' THEN
        q_temp <= NOT q_temp;
     END IF;
  END IF;
 END PROCESS ;
 q<= q_temp;
 qb<= NOT q_temp;
END struc;
```

3. T触发器

```
LIBRARY IEEE;
USE IEEE.STD_LOGIC_1164.ALL;

ENTITY tf IS
   PORT(
          t, clk : IN STD_LOGIC;
          q, qb :OUT STD_LOGIC);
END tf;

ARCHITECTURE struc OF tf IS
   SIGNAL q_temp: STD_LOGIC;
BEGIN
 PROCESS(clk)
 BEGIN
   IF clk'event AND clk = '1' THEN
      IF t = '1' THEN
        q_temp <= NOT q_temp;
```

```
            ELSE
              q_temp <= q_temp;
            END IF;
        END IF;
      END PROCESS ;
      q<= q_temp;
      qb<= NOT q_temp;
    END struc;
```

3.2.2 寄存器和移位寄存器

寄存器和移位寄存器是数字电路的基本模块,可用来暂存指令、数据和地址等,是许多复杂的时序电路的重要组成部分,掌握它们的 VHDL 描述是非常必要的。

1. 寄存器

在数字系统中寄存器用来存储一组二进制代码,而触发器具有记忆功能,所以可以用触发器构成寄存器。下面以 8 位寄存器 74374 为例,介绍寄存器的 VHDL 描述。74374 的逻辑框图如图 3-14 所示,功能表如表 3-12 所示。逻辑框图中 D 为寄存器的 8 位数据输入,Q 为寄存器的 8 位数据输出端,CLK 为时钟信号,OE 为控制信号。从功能表可以看出 OE 为低电平时,在时钟上升沿输入端信号从输出端输出,其他时刻输出保持;而 OE 为高电平时,输出一直保持为高阻。

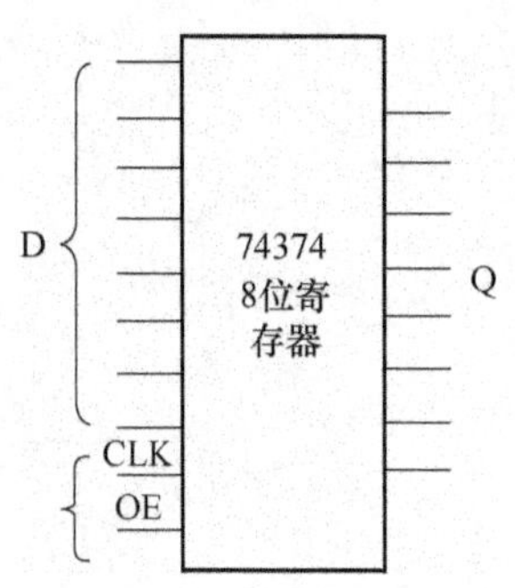

图 3-13 74374 的逻辑框图

表 3-12 74374 的功能表

OE	CLK	D	Q
0	↑	1	1
0	↑	0	0
0	0	X	保持
1	X	X	高阻

(1) 8 位寄存器 74374 的 VHDL 行为型描述

寄存器 VHDL 描述有多种形式,下面是它的行为型描述,其特点是在进程中使用顺序语句描述出 74374 的行为特点。

```
LIBRARY IEEE;
USE IEEE.STD_LOGIC_1164.ALL;

ENTITY reg374_2 IS
   PORT(
         d : IN STD_LOGIC_VECTOR(7 DOWNTO 0);
   oe,clk : IN STD_LOGIC;
         q : OUT STD_LOGIC_ VECTOR (7 DOWNTO 0));
```

```
END reg374_2;

ARCHITECTURE struc OF reg374_2 IS
  SIGNAL tmp:STD_LOGIC_ VECTOR (7 DOWNTO 0);
BEGIN
 PROCESS (clk,oe)
 BEGIN
  IF oe = '0' THEN
    IF clk'event AND clk = '1' THEN
     tmp<= d;
    END IF;
  ELSE
    tmp<= "ZZZZZZZZ";
  END IF;
  q<= tmp;
 END PROCESS;
END struc;
```

(2) 8 位寄存器 74374 的 VHDL 结构型描述

前面介绍过寄存器可以由 D 触发器构成，在 VHDL 描述时可以首先进行 D 触发器的描述，然后调用此 D 触发器，实现寄存器，这就是结构型设计方法，利用 D 触发器实现 8 位寄存器的示意图如图 3-14 所示。

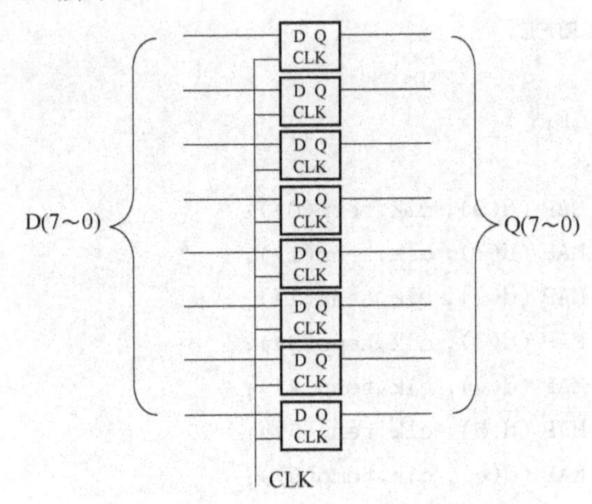

图 3-14 利用 D 触发器实现 8 位寄存器

下面是 74374 的结构型描述，其特点是在上一层的设计中使用 COMPONENT 语句声明已有底层的设计，并用 PORT MAP 语句描述底层元件之间硬件连接关系，从而实现上层设计 74374。其中底层的设计 D 触发器，在本例中实体名为 ddd 的 VHDL 描述可以作为实体名为 reg374_d 上层设计文件的一部分，也可以作为独立的文件，与上层文件存于同一文件目录并在同一个 PROJECT 中。

```
LIBRARY IEEE;
```

```
USE IEEE.STD_LOGIC_1164.ALL;

ENTITY reg374_d IS
   PORT(
          d : IN STD_LOGIC_VECTOR(7 DOWNTO 0);
      oe,clk : IN STD_LOGIC;
          q : OUT STD_LOGIC_ VECTOR (7 DOWNTO 0));
 END reg374_d;

ARCHITECTURE struc OF reg374_d IS
   COMPONENT ddd
      PORT(
         d, clk   : IN STD_LOGIC;
            q     : OUT STD_LOGIC);
   END COMPONENT;
   SIGNAL temp: STD_LOGIC_ VECTOR (7 DOWNTO 0);
BEGIN
 PROCESS(clk,oe)
 BEGIN
     IF oe = '1' THEN
              q<="ZZZZZZZZ";
            ELSE
              q<= temp;
        END IF;
 END PROCESS;
 u0:ddd PORT MAP (d(0), clk,temp(0));
 u1:ddd PORT MAP (d(1), clk,temp(1));
 u2:ddd PORT MAP (d(2), clk,temp(2));
 u3:ddd PORT MAP (d(3), clk,temp(3));
 u4:ddd PORT MAP (d(4), clk,temp(4));
 u5:ddd PORT MAP (d(5), clk,temp(5));
 u6:ddd PORT MAP (d(6), clk,temp(6));
 u7:ddd PORT MAP (d(7), clk,temp(7));
END struc;
```

底层的D触发器VHDL描述：

```
LIBRARY ieee;
USE IEEE. STD_LOGIC _1164.ALL;

ENTITY ddd IS
   PORT(d,clk    : IN STD_LOGIC;
```

```
            q  : OUT STD_LOGIC);
END ddd;

ARCHITECTURE a OF ddd IS
BEGIN
 PROCESS(clk)
 BEGIN
     IF clk event AND clk = ´1´ THEN
        q<= d;
     END IF;
 END PROCESS ;
END a ;
```

从 74374 的结构型描述中可以看出，上层的端口名称和底层的端口名称是互不干扰的，例如上层 74374 中的端口 d 的意义是 8 位的输入端口，而底层的 d 只是触发器的一位输入端口，它们可以"重名"，但各自具有各自的意义，在 PORT MAP 语句进行端口映射时正确使用即可。

2. 移位寄存器

移位寄存器同寄存器一样具有存储二进制代码的功能，还具有移位的功能，这使得移位寄存器具有更广泛的应用。移位寄存器在用 VHDL 描述时也有不同的方法，8 位移位寄存器 74164 的逻辑连接图如图 3-15 所示，功能表如表 3-13 所示。从两者可以看出输入有两位串行输入 A 和 B，CLEAR 为清零信号，时钟 CLK；输出有八位并行输出 Q_A～Q_H。清零信号低电平有效；在时钟上升沿 A 或 B 数据移入，然后依次向 Q_A 至 Q_H 移动一位输出。

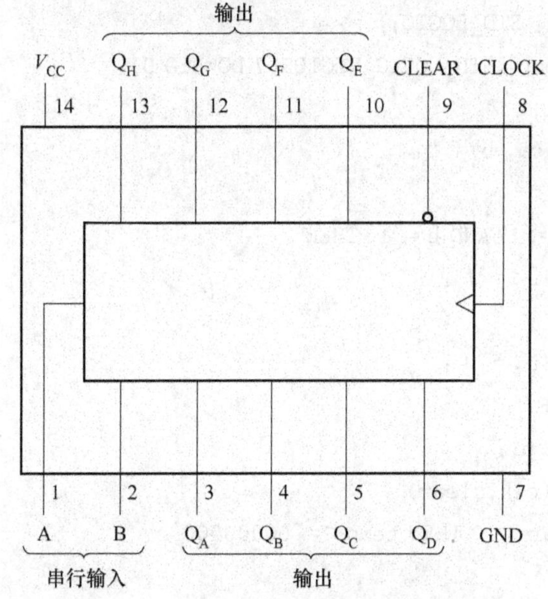

图 3-15　74164 的逻辑连接图和功能表

表 3-13　74164 的功能表

输　入				输　出			
Clear	Clock	A	B	Q_A	Q_B	…	Q_H
L	X	X	X	L	L	…	L
H	L	X	X	Q_{A0}	Q_{B0}	…	Q_{H0}
H	↑	H	H	H	Q_{An}	…	Q_{Gn}
H	↑	L	X	L	Q_{An}	…	Q_{Gn}
H	↑	X	L	L	Q_{An}	…	Q_{Gn}

(1) 8 位移位寄存器 74164 的 VHDL 行为型描述

行为型描述中用了三个进程,它们并行执行完成移位寄存器 74164 的功能。

```
LIBRARY IEEE;
USE IEEE.STD_LOGIC_1164.ALL;

ENTITY shiftreg164_2 IS
  PORT (
         a,b : IN STD_LOGIC;
         clk : IN STD_LOGIC;
       clear: IN STD_LOGIC;
         q : OUT STD_LOGIC_VECTOR(7 DOWNTO 0));
 END shiftreg164_2 ;

ARCHITECTURE a OF shiftreg164_2 IS
   SIGNAL di: STD_LOGIC;
   SIGNAL temp: STD_LOGIC_VECTOR(7 DOWNTO 0);
BEGIN
 p1:PROCESS (a, b)
 BEGIN
      IF a ='1' AND b ='1' THEN
          di<='1';
      ELSE
          di<='0';
      END IF;
 END PROCESS p1;
 p2:PROCESS(clk,clear)
     IF clear ='0'THEN temp<="00000000"
 BEGIN
     ELSE
     IF clk'event AND clk ='1' THEN
```

```
            temp<= temp(b POWNTO 0)& di;
      END IF;
END IF;
END PROCESS p2;
q<= temp;
END a ;
```

上例中，第一个进程 p1 中描述了输入信号 A 和 B 的选择，第二个进程 p2 描述了移位寄存器由低向高位的移动，最后一个赋值语句描述了移位的结果的输出。

(2) 8 位移位寄存器 74164 的 VHDL 结构型描述

同 74374 一样，也可以用 D 触发器组成移位寄存器 74164，其结构如图 3-16 所示。

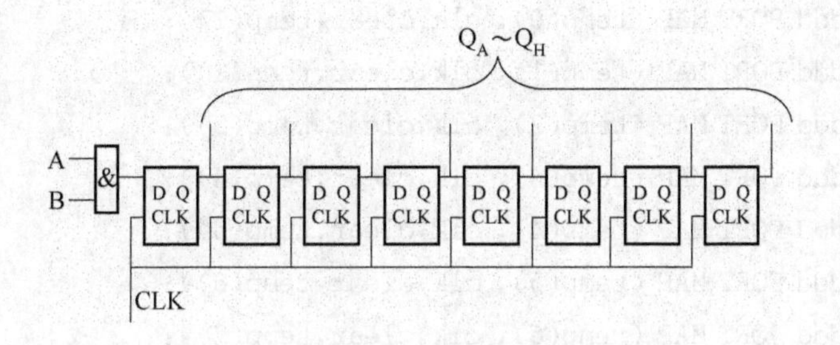

图 3-16 用 D 触发器组成移位寄存器

根据图 3-16 可以进行 74164 的结构型 VHDL 描述如下：

```
LIBRARY IEEE;
USE IEEE.STD_LOGIC_1164.ALL;

ENTITY shiftreg_d IS
   PORT(
         a, b : IN STD_LOGIC;
         clk : IN STD_LOGIC;
       clear: IN STD_LOGIC;
          q : OUT STD_LOGIC_VECTOR(7 DOWNTO 0));
  END shiftreg164 ;

  ARCHITECTURE a OF shiftreg_d IS
     COMPONENT ddd
        PORT(
               d,clk,clr: IN STD_LOGIC;
               q   : OUT STD_LOGIC);
     END COMPONENT;
     SIGNAL di: STD_LOGIC;
     SIGNAL temp: STD_LOGIC_VECTOR(7 DOWNTO 0);
```

```
BEGIN
  p1:PROCESS (a, b)
  BEGIN
        IF a = '1' and b = '1' THEN
            di<= '1';
        ELSE
            di<= '0';
        END IF;
  END PROCESS p1;
  q<= temp;
  u0:ddd PORT MAP (di, clk,clear,temp(0));
  u1:ddd PORT MAP (temp(0), clk,clear,temp(1));
  u2:ddd PORT MAP (temp(1), clk,clear,temp(2));
  u3:ddd PORT MAP (temp(2), clk,clear,temp(3));
  u4:ddd PORT MAP (temp(3), clk,clear,temp(4));
  u5:ddd PORT MAP (temp(4), clk,clear,temp(5));
  u6:ddd PORT MAP (temp(5), clk,clear,temp(6));
  u7:ddd PORT MAP (temp(6), clk,clear,temp(7));
END a ;
```

底层的D触发器的VHDL描述：

```
LIBRARY IEEE;
USE IEEE. STD_LOGIC_1164.ALL;

ENTITY ddd IS
   PORT(
      d,clk,clr   : IN STD_LOGIC;
                q  : OUT   STD_LOGIC);
   END ddd;

ARCHITECTURE a OF ddd IS
BEGIN
 PROCESS(clk,clr)
 BEGIN
    IF clr = '0' THEN q<= '0';
    ELSE
    IF clk'event AND clk = '1' THEN
     q<= d;
  END IF;
 END IF;
```

```
    END PROCESS;
  END a ;
```

与前面行为型描述相比较，结构型描述中保留了描述输入信号 A 和 B 的选择进程和描述移位结果输出的赋值语句，而移位寄存器移位过程不再是移位行为的描述，而是通过若干条 PORT MAP 语句描述其构成结构。

与行为型描述一样，如果移位寄存器的位数比较多，则使用的 D 触发器相应增多，按照上面的描述方法，PORT MAP 语句就要相应增多，代码长度增加，比较烦琐。为了描述简便，可以使用使用 FOR 模式的生成语句 GENERATE 来描述重复调用 D 触发器的过程，还可以使用参数传递 GENARIC 定义所用 D 触发器的个数，这样可以通过修改参数方便地修改寄存器的长度，使得设计更具有通用性。按照这个设想，则上例可以改写如下：

```
LIBRARY IEEE;
USE IEEE. STD_LOGIC_1164. ALL;

ENTITY shiftreg_dd IS
   GENERIC(size:INTEGER: = 8);
   PORT(
          a , b : IN STD_LOGIC;
           clk : IN STD_LOGIC;
          clear: IN STD_LOGIC;
              q: OUT STD_LOGIC_VECTOR(7 DOWNTO 0));
 END shiftreg_dd ;

ARCHITECTURE a OF shiftreg_dd IS
   COMPONENT ddd
     PORT(
            d, clk,clr : IN STD_LOGIC;
                q: OUT STD_LOGIC);
   END COMPONENT;
     SIGNAL temp: STD_LOGIC_VECTOR (size DOWNTO 0);
     SIGNAL di : STD_LOGIC;
BEGIN
 p1:PROCESS (a, b)
 BEGIN
      IF a = '1' and b = '1' THEN
          di<= '1';
      ELSE
          di<= '0';
      END IF;
 END PROCESS p1;
```

```
  q<= temp(size DOWNTO 1);
  temp(0)<= di;
  lab1:FOR i IN 0 to (size - 1) GENERATE
        u:ddd PORT MAP (temp(i), clk, clear, temp(i + 1));
  END GENERATE lab1;
 END a ;
```

底层的 D 触发器的 VHDL 描述：

```
LIBRARY IEEE;
USE IEEE. STD_LOGIC_1164.ALL;

ENTITY ddd IS
   PORT(
      d, clk   : IN STD_LOGIC;
          q    : OUT STD_LOGIC);
END ddd;

ARCHITECTURE a OF ddd IS
BEGIN
 PROCESS(clk,clr)
 BEGIN
   F clr  =  ´0´ THEN q<=´0´;
   ELSE
   IF clk´event AND clk  =  ´1´ THEN
       q<= d;
   END IF;
 END IF;
END PROCESS;
END a ;
```

注意:由于在生成语句 GENERATE 中也使用了关键字 FOR,所以应该注意生成语句与 FOR 模式的 LOOP 语句的区别,它们还是有很大的不同的。另外,在使用了 GENERIC 语句后,文件中只能有一个实体,也就是说底层的 D 触发器的 VHDL 描述不能再作为上层设计文件的一部分,只能与上层文件在同一路径中单独存储成独立文件。

3.2.3 计数器

计数器是通过电路的状态反映输入脉冲数目的电路,计数器是应用非常广泛的时序电路,按照计数的特点分有二进制计数器、十进制计数器、环形计数器、扭环形计数器等,二进制计数器又分为加计数器、减计数器等。根据这些计数器的 VHDL 描述的不同特点,下面分两类分别举例:

1. 计数状态连续的计数器

计数器的计数状态是连续的二进制数，这样在其 VHDL 描述里面可以通过对计数信号进行“＋”或“－”的运算来实现计数器的功能。只是要注意在库的声明部分要对定义了“＋”或“－”意义的库进行相应的声明，比如下面例子开始部分与以前的例子相比多了一句 USE IEEE. STD_LOGIC_UNSIGNED. ALL；即是这个作用。计数状态连续的计数器又根据其计数的模是否为 2^N 分为两类。

(1) 计数状态连续的模值为 2^N 的计数器

这是一个同步清零的 4 位二进制加计数器，其计数的状态是从“0000～1111”进行变化，整个的计数周期是 16 个时钟周期，即 2^4 个时钟周期。凡是这种计数周期为 2^N 且对计数状态无特殊要求的计数器，可以通过直接定义 N 位的计数信号和端口，对信号进行加或减操作，而不必进行计数状态的判断和控制。这个计数器的 VHDL 描述如下：

```
LIBRARY IEEE;
USE IEEE. STD_LOGIC_1164.ALL;
USE IEEE.STD_LOGIC_UNSIGNED.ALL;

ENTITY count_1 IS
   PORT(
      clk, clear : IN STD_LOGIC;
        q: OUT STD_LOGIC_VECTOR(3 DOWNTO 0) );
END count_1;

ARCHITECTURE a OF count_1 IS
   SIGNAL q_temp: STD_LOGIC_ VECTOR (3 DOWNTO 0);
BEGIN
 PROCESS(clk)
 BEGIN
      IF (clk'event and clk = '1') THEN
           IF clear = '0' THEN
                q_temp<= "0000";
           ELSE
               q_temp<= q_temp + 1;
           END IF;
      END IF;
 END PROCESS;
 q<= q_temp;
END a;
```

(2) 计数状态连续的模值不是 2^N 的计数器

如果对计数的状态有要求，但计数状态是连续的，比如要求计数器在“0000～1011”之间计数，计数模为 12，则必须对计数状态进行判断，可以进行如下 VHDL 描述：

```
LIBRARY IEEE;
USE IEEE. STD_LOGIC_1164.ALL;
USE IEEE.STD_LOGIC_UNSIGNED.ALL;

ENTITY count12 IS
   PORT(
      clk, clear: IN STD_LOGIC;
        q: OUT STD_LOGIC_VECTOR(3 DOWNTO 0) );
END count12;

ARCHITECTURE a OF count12 IS
   SIGNAL q_temp: STD_LOGIC_VECTOR (3 DOWNTO 0) ;
BEGIN
 PROCESS(clk)
 BEGIN
  IF (clk'event and clk = '1') THEN
       IF clear = '0' THEN
           q_temp<= "0000";
       ELSIF q_temp = "1011" THEN
           q_temp<= "0000";
       ELSE
           q_temp<= q_temp + 1;
       END IF;
  END IF;
 END PROCESS;
 q<= q_temp;
END a;
```

上例模值为12的计数器的VHDL描述还可以修改如下：

```
LIBRARY IEEE;
USE IEEE. STD_LOGIC_1164.ALL;
USE IEEE.STD_LOGIC_ARITH.ALL;

ENTITY count12 IS
   PORT(
      clk, clear: IN STD_LOGIC;
        q: OUT STD_LOGIC_VECTOR(3 DOWNTO 0) );
END count12;

ARCHITECTURE a OF count12 IS
```

```
    SIGNAL cn: INTEGER RANGE 0 TO 11;
  BEGIN
   PROCESS(clk)
   BEGIN
    IF (clk'event AND clk = '1') THEN
          IF clear = '0' THEN
                         cn<= 0;
          ELSIF cn = 11 THEN
                         cn<= 0;
          ELSE cn<= cn + 1;
          END IF;
    END IF;
   END PROCESS;
   q<= CONV_STD_LOGIC_VECTOR(cn,4);
  END a;
```

与前一个描述相比，修改后的 VHDL 描述中定义的信号为整型（INTEGER），在进程中对整型的信号进行运算，最后利用转换函数 CONV_STD_LOGIC_VECTOR 将整型（INTEGER）的计数结果转换成标准逻辑型 STD_LOGIC_VECTOR 输出。如果是减计数器，则描述中使用"－"并进行相应判断即可。

2. 计数状态不连续的计数器

如果对计数的状态有特殊要求，计数状态不是连续的，比如要求计数器按照"0000－0001－0011－0010－0110－0111－0101－0100－1100－1000－0000"的规律进行计数，可以进行如下 VHDL 描述：

```
  LIBRARY IEEE;
  USE IEEE. STD_LOGIC_1164.ALL;

  ENTITY gray IS
    PORT(
       clk, clr: IN STD_LOGIC;
             countout: OUT STD_LOGIC_VECTOR(3 DOWNTO 0));
  END gray;

  ARCHITECTURE behav OF gray IS
    SIGNAL nextcount : STD_LOGIC_VECTOR(3 DOWNTO 0);
  BEGIN
   PROCESS (clr, clk)
    BEGIN
       IF clr  = '0' THEN nextcount<="0000";
       ELSIF (clk'event AND clk = '1') THEN
```

```
            CASE nextcount IS
                WHEN "0000" =>nextcount<="0001";
                WHEN "0001" =>nextcount<="0011";
                WHEN "0011" =>nextcount<="0010";
                WHEN "0010" =>nextcount<="0110";
                WHEN "0110" =>nextcount<="0111";
                WHEN "0111" =>nextcount<="0101";
                WHEN "0101" =>nextcount<="0100";
                WHEN "0100" =>nextcount<="1100";
                WHEN "1100" =>nextcount<="1000";
                WHEN OTHERS => nextcount<="0000";
            END CASE;
        END IF;
    END PROCESS ;
    countout<= nextcount;
END behav;
```

同样道理,一个4位的环形计数器,计数的状态为"0001—0010—0100—1000—0001",其VHDL描述如下:

```
LIBRARY IEEE;
USE IEEE.STD_LOGIC_1164.ALL;
ENTITY ring IS
    PORT(clk, rs: IN STD_LOGIC;
        countout: OUT STD_LOGIC_VECTOR(3 DOWNTO 0));
END ring;

ARCHITECTURE behav OF ring IS
    SIGNAL nextcount : STD_LOGIC_VECTOR(3 DOWNTO 0);
BEGIN
  PROCESS (rs, clk)
  BEGIN
      IF rs = '0' THEN nextcount<="0001";
      ELSIF (clk'event AND clk = '1') THEN
          CASE nextcount IS
              WHEN "0001" =>nextcount<="0010";
              WHEN "0010" =>nextcount<="0100";
              WHEN "0100" =>nextcount<="1000";
              WHEN OTHERS => nextcount<="0001";
          END CASE;
      END IF;
```

```
    END PROCESS ;
    countout<= nextcount;
  END behav;
```

3.2.4 分频器

在数字逻辑系统中，通常需要各种不同频率的信号，因此需要分频器将较高频率的时钟信号分频成较低频率的信号。分频器的原理与计数器相同，都是对输入的脉冲进行计数，只不过计数器输出的是各个计数状态，而分频器输出的是频率比输入信号低的脉冲。

1. 分频系数为 10 的分频器 VHDL 描述

```
LIBRARY IEEE;
USE IEEE. STD_LOGIC_1164.ALL;
USE IEEE.STD_LOGIC_UNSIGNED.ALL;

ENTITY div_10 IS
    PORT(
        clk : IN STD_LOGIC;
       clear: IN STD_LOGIC;
       clk_out: OUT STD_LOGIC);
END div_10;

ARCHITECTURE a OF div_10 IS
    SIGNAL tmp: INTEGER RANGE 0 TO 4;
    SIGNAL clktmp: STD_LOGIC;
BEGIN
  PROCESS (clear, clk)
  BEGIN
       IF clear = '0' THEN
            tmp<= 0;
       ELSIF clk'event AND clk = '1' THEN
            IF tmp = 4 THEN
               tmp< = 0; clktmp< = NOT clktmp;
       ELSE
            tmp< = tmp + 1;
       END IF;
     END IF;
 END PROCESS;
 clk_out < = clktmp;
END a;
```

在上面这个描述中，关于 tmp 的 IF 语句描述了一个计数模值为 5 的计数器，该计数器每一个计数周期结束,信号 clktmp 翻转一次,这样信号 clktmp 的周期为时钟信号 clk 的周期的 10 倍,实现了对 clk 的 10 分频,最终分频结果以 clk_out 输出。

2. 分频系数为 2^N 的分频器 VHDL 描述

当分频系数为 2^N 时,可以将计数器中计数向量的某一位直接作为低频输出,而不需要对计数器的计数状态进行控制和判断,如下例:

```
LIBRARY IEEE;
USE IEEE. STD_LOGIC_1164. ALL;
USE IEEE. STD_LOGIC_UNSIGNED. ALL;

ENTITY div16 IS
    PORT(
        clk,clear : IN STD_LOGIC;
        clk_out0, clk_out1, clk_out2, clk_out3: OUT STD_LOGIC );
END div16;

ARCHITECTURE a OF div16 IS
    SIGNAL tmp: STD_LOGIC_VECTOR(3 DOWNTO 0);
BEGIN
  PROCESS (clear, clk)
  BEGIN
      IF clear = '0' THEN
          tmp<="0000";
      ELSIF clk'event AND clk = '1' THEN
          tmp<= tmp + 1;
      END IF;
   END PROCESS;
  clk_out0< = tmp(0);
  clk_out1< = tmp(1);
  clk_out2< = tmp(2);
  clk_out3< = tmp(3);
 END a;
```

在这个例子中,有四个低频输出 clk_out0、clk_out1、clk_out2 和 clk_out3,分别是时钟输入信号 clk 的 2 分频、4 分频、8 分频和 16 分频。

3. 多级分频器 VHDL 描述

当同一系统中需要多个不同频率的低频信号时,可以通过多个分频器级联的方法,得到不同频率的低频输出,如下例:

```
LIBRARY IEEE;
USE IEEE. STD_LOGIC_1164. ALL;
```

```
USE IEEE.STD_LOGIC_UNSIGNED.ALL;

ENTITY div IS
   PORT(
        clk,clear : IN STD_LOGIC;
      clk_out1, clk_out2, clk_out3: OUT STD_LOGIC );
END div;

ARCHITECTURE a OF div IS
      SIGNAL tmp1: INTEGER RANGE 0 TO 49;
      SIGNAL tmp2: INTEGER RANGE 0 TO 999;
      SIGNAL tmp3: INTEGER RANGE 0 TO 24;
      SIGNAL clktmp1: STD_LOGIC;
      SIGNAL clktmp2: STD_LOGIC;
      SIGNAL clktmp3: STD_LOGIC;
BEGIN
  P1:PROCESS (clear, clk)
  BEGIN
       IF clear = '0' THEN
           tmp1<= 0;
       ELSIF clk'event AND clk = '1' THEN
              IF tmp1 = 49 THEN
                 tmp1<= 0; clktmp1<= not clktmp1; -- 100 分频
              ELSE
                 tmp1<= tmp1 + 1;
              END IF;
        END IF;
    END PROCESS p1;
   P2:PROCESS (clear, clktmp1)
   BEGIN
         IF clear = '0' THEN
            tmp2<= 0;
         ELSIF clktmp1'event AND clktmp1 = '1' THEN
                IF tmp2 = 999 THEN
                   tmp2<= 0; clktmp2<= not clktmp2; -- 2000 分频
                ELSE
              tmp2<= tmp2 + 1;
                END IF;
     END IF;
```

```
 END PROCESS p2;

P3:PROCESS (clear, clktmp2)
BEGIN
      IF clear = '0' THEN
        tmp3<= 0;
      ELSIF clktmp2'event AND clktmp2 = '1' THEN
              IF tmp3 = 24 THEN
                tmp3<= 0; clktmp3<= not clktmp3; --50 分频
              ELSE
                  tmp3<= tmp3 + 1;
              END IF;
        END IF;

   END PROCESS p3;
    clk_out1<= clktmp1;
    clk_out2<= clktmp2;
    clk_out3<= clktmp3;
   END a;
```

在这个例子中,结构体中的 p1 进程实现了对输入信号 clk 的 100 分频,得到低频输出 clk_out1;p2 进程利用对中间信号 clktmp1 的 2 000 次分频,实现了对输入信号 clk 的 200 000次分频,得到低频输出 clk_out2;p3 进程利用对中间信号 clktmp2 的 50 次分频,实现了对输入信号 clk 的 10 000 000 次分频,得到低频输出 clk_out3。

这样用多级分频级联的方式,得到多个不同频率的低频信号,是数字逻辑系统设计中经常用到的方法。

3.2.5 序列信号发生器

1. 任意序列信号发生器的 VHDL 描述

下面是一个序列信号发生器的 VHDL 描述,其输出序列为 0110011110001001。

```
LIBRARY IEEE;
USE IEEE. STD_LOGIC_1164. ALL;
USE IEEE. STD_LOGIC_UNSIGNED. ALL;

ENTITY xulie IS
   PORT (
         clk : IN STD_LOGIC;
        clear: IN STD_LOGIC;
        q_out: OUT STD_LOGIC );
```

```
END xulie;

ARCHITECTURE a OF xulie IS
   SIGNAL tmp: INTEGER RANGE 0 TO 15;
BEGIN
  p1:PROCESS (clk,clear)
  BEGIN
      IF clear = '0' THEN temp<= 0;
      ELSE
      IF  clk'event AND clk = '1' THEN
          IF  tmp = 15 THEN
              tmp<= 0;
          ELSE
              tmp<= tmp + 1;
          END IF;
      END IF;
   END IF;
  END PROCESS p1;
  p2:PROCESS (tmp)
  BEGIN
      CASE tmp IS
      WHEN 0|3|4|9|10|11|13|14 =>q_out<= '0';
      WHEN OTHERS =>q_out<= '1';
      END CASE;
    END PROCESS p2;
END a;
```

与前面的计数器类似，在这个描述中包含两个进程，其中第一个进程 p1 描述了一个计数模值为 16 的计数器，其模值就是序列信号的位数；第二个进程 p2 中用 CASE 语句对 p1 的计数结果进行判断，根据不同的状态决定序列输出是“0”还是逻辑“1”。

2. M 序列信号发生器的 VHDL 描述

这个 M 序列信号发生器产生的序列长度为 15，序列输出为 q_out，其 VHDL 描述为

```
LIBRARY IEEE;
USE IEEE. STD_LOGIC_1164.ALL;

ENTITY m_xulie IS
   PORT (
      clk : IN STD_LOGIC;
     q_out: OUT STD_LOGIC );
```

```
END m_xulie;

    ARCHITECTURE a OF m_xulie IS
       SIGNAL tmp:STD_LOGIC_VECTOR(3 DOWNTO 0);
    BEGIN
     p1:PROCESS (clk)
     BEGIN
          IF tmp = "0000" THEN tmp<= "0001";
          ELSIF clk'event AND clk = '1' THEN
             tmp(0)<= tmp(0) xor tmp(3);
             tmp(1)<= tmp(0);
             tmp(2)<= tmp(1);
             tmp(3)<= tmp(2);
          END IF;
     END PROCESS p1;
     q_out<= tmp(3);
    END a;
```

3.3 用 VHDL 语言实现状态机设计

有限状态机及其设计技术是实用数字系统设计中的重要组成部分,是实现高效率高可靠逻辑控制的重要途径。尽管到目前为止,有限状态机的设计理论并没有增加多少新的内容,然而面对先进的 EDA 工具、日益发展的大规模集成电路技术和强大的 VHDL 等硬件描述语言,有限状态机在其具体的设计技术和实现方法上又有了许多新的内容。本节基于实用的目的,重点介绍用 VHDL 设计不同类型有限状态机的方法,同时考虑 EDA 工具和设计实现中许多必须重点关注的问题,如综合器优化、毛刺信号的克服、控制速度以及状态编码方式等方面的问题。

在实际的应用当中,有限状态机主要有两种类型:

(1) Moore 型有限状态机:该有限状态机的输出信号仅与当前状态有关,即可以把 Moore 型有限状态机的输出看成是当前状态的函数。

(2) Mealy 型有限状态机:该有限状态机的输出信号不仅与当前状态有关,还与所有的输入信号有关,即可以把 Mealy 有限状态机的输出看成是当前状态和所有输入信号的函数。可见,Mealy 有限状态机要比 Moore 型有限状态机复杂一些。

这两种有限状态机的结构框图如图 3-17 所示。从图中可以看出,两种有限状态机在结构上的差别就在于:Moore 型有限状态机的输出与输入信号无关,而 Mealy 型有限状态机的输出却与输入信号有关。由于两种有限状态机结构上的差别很小,所以它们在 VHDL 描述上的差别也很小。为了构造一个 Mealy 型有限状态机,仅需要将输出信号根据设计要求表示为现态和所有输入信号的函数即可。

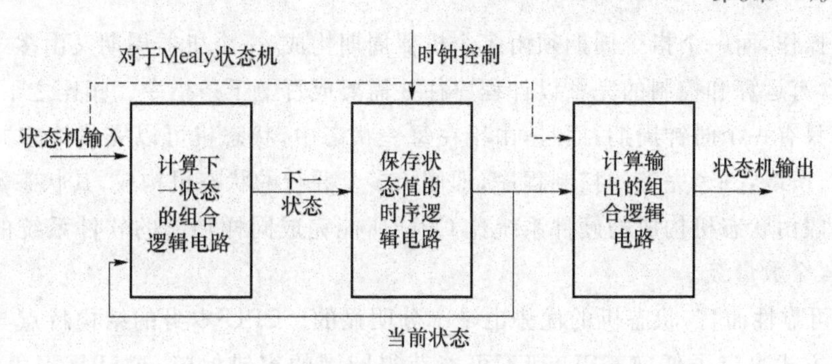

图 3-17 有限状态机的一般结构图

3.3.1 一般有限状态机的设计

用 VHDL 可以设计不同表达方式和不同实用功能的状态机，它们都有相对固定语句和程序表达方式，只要把握了这些固定的语句表达部分，就能根据实际需要写出各种不同风格的 VHDL 状态机。

1. 为什么要使用状态机

利用 VHDL 设计的实用逻辑系统中，有许多是可以利用有限状态机的设计方案来描述和实现的。无论与基于 VHDL 的其他设计方案相比，还是与可完成相似功能的 CPU 相比，状态机都有其难以超越的优越性，它主要表现在以下几方面：

(1) 有限状态机克服了纯硬件数字系统顺序方式控制不灵活的缺点。状态机的工作方式是根据控制信号按照预先设定的状态进行顺序运行的，状态机是纯硬件数字系统中的顺序控制电路，因此状态机在其运行方式上类似于控制灵活和方便的 CPU，而在运行速度和工作可靠性方面都优于 CPU。

(2) 由于状态机的结构模式相对简单，设计方案相对固定，特别是可以定义符号化枚举类型的状态，这一切都为 VHDL 综合器尽可能发挥其强大的优化功能提供了有利条件。而且，性能良好的综合器都具备许多可控或自动的专门用于优化状态机的功能。

(3) 状态机容易构成性能良好的同步时序逻辑模块，这对于对付大规模逻辑电路设计中令人深感棘手的竞争冒险现象无疑是一个上佳的选择。为了消除电路中的毛刺现象，在状态机设计中有多种设计方案可供选择。

(4) 与 VHDL 的其他描述方式相比，状态机的 VHDL 表述丰富多样、程序层次分明，结构清晰，易读易懂；在排错、修改和模块移植方面也有其独到的特点。

(5) 在高速运算和控制方面，状态机更有其巨大的优势。由于在 VHDL 中，一个状态机可以由多个进程构成，一个结构体中可以包含多个状态机，而一个单独的状态机(或多个并行运行的状态机)以顺序方式所能完成的运算和控制方面的工作与一个 CPU 的功能类似。因此，一个设计实体的功能便类似于一个含有并行运行的多 CPU 的高性能微处理器的功能。事实上，多 CPU 的微处理器早已在通信、工控和军事等领域有了十分广泛的应用。

(6) 就运行速度而言，尽管 CPU 和状态机都是按照时钟节拍以顺序时序方式工作的，但 CPU 是按照指令周期，以逐条执行指令的方式运行的；每执行一条指令，通常只能完成一项简单的操作，而一个指令周期须由多个机器周期构成，一个机器周期又由多个时钟节拍构成；一个含有运算和控制的完整设计程序往往需要成百上千条指令。相比之下，状态机状态变换周期只有一个时钟周期，而且，由于在每一状态中，状态机可以完成许多并行的运算和控制操作，所以，一个完整的控制程序，即使由多个并行的状态机构成，其状态数也是十分有限的。一般由状态机构成的硬件系统比 CPU 所能完成同样功能的软件系统的工作速度要高出 3～4 个数量级。

(7) 就可靠性而言，状态机的优势也是十分明显的。CPU 本身的结构特点与执行软件指令的工作方式决定了任何 CPU 都不可能获得圆满的容错保障，这已是不争的事实了。因此，用于要求高可靠性的特殊环境中的电子系统中，如果以 CPU 作为主控部件，应是一项错误的决策。而状态机系统就不同了，首先它是由纯硬件电路构成，不存在 CPU 运行软件过程中许多固有的缺陷；其次是由于状态机的设计中能使用各种完整的容错技术；再次是当状态机进入非法状态并从中跳出，进入正常状态所耗的时间十分短暂，通常只有两三个时钟周期，约数十个 ns，尚不足以对系统的运行构成损害；而 CPU 通过复位方式从非法运行方式中恢复过来，耗时达数十个 ms，这对于高速高可靠系统显然是无法容忍的。

2. 用户自定义数据类型定义语句

VHDL 有限状态机涉及的相关语句类型和语法表述在此前的 VHDL 语法介绍中多已涉及，本节将介绍与有限状态机设计有重要联系的其他语法现象，即用户自定义数据类型定义语句及相关的语法现象。

除了上述一些标准的预定义数据类型外，如整数类型、Boolean 类型、标准逻辑位类型 Std_logic 等，VHDL 还允许用户自行定义新的数据类型。由用户定义的数据类型可以有多种，如枚举类型(Enumeration Types)、整数类型(Integer Types)、数组类型(Array Types)、记录类型(Record Types)、时间类型(Time Types)、实数类型(Real Types)等。

用户自定义数据类型是用类型定义语句 TYPE 和子类型定义语句 SUBTYPE 实现的，以下将介绍这两种语句的使用方法。

(1) 类型定义语句 TYPE

TYPE 语句用法如下：

```
TYPE  数据类型名  IS  数据类型定义  OF  基本数据类型；
```

或

```
TYPE  数据类型名  IS  数据类型定义；
```

利用 TYPE 语句进行数据类型自定义有两种不同的格式，但方法是相同的。其中，数据类型名由设计者自定，此名将作为数据类型定义之用，方法与以上提到的预定义数据类型的用法一样；数据类型定义部分用来描述所定义的数据类型的表达方式和表达内容；关键词 OF 后的基本数据类型是指数据类型定义中所定义的元素的基本数据类型，一般都是取已有的预定义数据类型，如 BIT、STD_LOGIC 或 INTEGER 等。

两种不同的定义方式：

- TYPE st1 IS ARRAY (0 TO 15) OF STD_LOGIC；
- TYPE week IS (sun,mon,tue,wed,thu,fri,sat)；

第一句定义的数据类型 st1 是一个具有 16 个元素的数组型数据类型，数组中的每一个元素的数据类型都是 STD_LOGIC 型；第二句定义的数据类型属于枚举类型，是由一组文字符号表示的。

VHDL 中的枚举数据类型是一种特殊的数据类型，它们是用文字符号来表示一组实际的二进制数。例如，状态机的每一状态在实际电路中是以一组触发器的当前二进制数位的组合来表示的，但设计者在状态机的设计中，为了更利于阅读、编译和 VHDL 综合器的优化，往往将表征每一状态的二进制数组用文字符号来代表，即所谓状态符号化。例如：

```
TYPE m_state IS (st0,st1,st2,st3,st4,st5);
SIGNAL present_state, next_state : m_state;
```

在这里，信号 present_state 和 next_state 的数据类型定义为 m_state，它们的取值范围是可枚举的，即从 st0～st5 共 6 种，而这些状态代表 6 组唯一的二进制数值。实际上，在 VHDL 中的许多十分常用的数据类型，如位(BIT)、布尔量(BOOLEAN)、字符(CHARACTER)及 STD_LOGIC 等都是程序包中已定义的枚举型数据类型。例如布尔数据类型的定义语句是：

```
TYPE BOOLEAN IS (FALSE,TRUE) ;
```

其中 FALSE 和 TRUE 都是可枚举的符号，综合后它们分别用逻辑值'0'和'1'表示。

对于此类枚举数据，在综合过程中，都将转化成二进制代码。当然枚举类型也可以直接用数值来定义，但必须使用单引号，例如：

```
TYPE  my_logic  IS  (  '1',  'Z',  'U',  '0' ) ;
SIGNAL  s1  :  my_logic ;
s1  <=  'Z';
```

在综合过程中，枚举类型文字元素的编码通常是自动设置的，综合器根据优化情况、优化控制的设置或设计者的特殊设定来确定各元素具体编码的二进制位数、数值及元素间编码顺序。一般情况下，编码顺序是默认的，如一般将第一个枚举量(最左边的量)编码为'0'或"0000"等，以后的依次加 1。综合器在编码过程中自动将每一枚举元素转变成位矢量，位矢量的长度根据实际情况决定。如前例中用于表达 6 个状态的位矢量长度可以为 3，编码默认值为：st0＝"000"，st1＝"001"，st2＝"010"，st3＝"011"，st4＝"100"，st5＝"101"。

一般地，编码方式也会因综合器及综合控制方式不同而不同，为了某些特殊的需要，编码顺序也可以人为设置。

用 Type 语句来定义符号化的枚举类型，并将状态机中的现态和次态的类型定义为相应的数据类型将有助于综合器对状态机设计程序的优化设计。

(2) 子类型定义语句 SUBTYPE

子类型 SUBTYPE 只是由 TYPE 所定义的原数据类型的一个子集，它满足原数据类型的所有约束条件，原数据类型称为基本数据类型。子类型 SUBTYPE 的语句格式如下：

```
SUBTYPE  子类型名 IS  基本数据类型  RANGE  约束范围;
```

子类型的定义只在基本数据类型上作一些约束，并没有定义新的数据类型，这是与 TYPE 最大的不同之处。子类型定义中的基本数据类型必须在前面已有过 TYPE 定义的

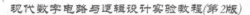

类型,包括已在 VHDL,预定义程序包中用 TYPE 定义过的类型。例如:

```
SUBTYPE digits IS INTEGER RANGE 0 TO 9 ;
```

例中,INTEGER 是标准程序包中已定义过的数据类型,子类型 digits 只是把 INTEGER 约束到只含 10 个值的数据类型。

事实上,在程序包 STANDARD 中,已有两个预定义子类型,即自然数类型(Natural type)和正整数类型(Positive type),它们的基本数据类型都是 INTEGER。

由于子类型与其基本数据类型属同一数据类型,因此属于子类型的和属于基本数据类型的数据对象间的赋值和被赋值可以直接进行,不必进行数据类型的转换。

利用子类型定义数据对象的好处是,除了使程序提高可读性和易处理外,其实质性的好处还在于有利于提高综合的优化效率,这是因为综合器可以根据子类型所设的约束范围,有效地推出参与综合的寄存器的最合适的数目。

3. 有限状态机的描述方式

由于 VHDL 的灵活性,因此有限状态机可以具有多种不同的描述方式。有限状态机虽然可以具有多种不同的描述方式,但是为了使综合工具可以将一个完整的 VHDL 源代码识别为有限状态机,必须还要遵循一定的描述规则。描述规则规定,一个有限状态机的 VHDL 描述应该包括以下内容:

- 至少包括一个状态信号,它们用来指定有限状态机的状态。
- 状态转移指定和输出指定,它们对应于控制单元中与每个控制步有关的转移条件。
- 时钟信号,它是用来进行同步的。
- 同步或异步复位信号。

上面的第一条至第三条内容是一个有限状态机的 VHDL 描述所必须包括的,对于第四条内容有些源代码可以不包括,但对于一个实际应用的有限状态机来说,复位信号是不可缺少的,所以我们将同步或异步复位信号也列在了上面。

只要遵循了上面的描述规则,我们编写的多种不同描述方式的 VHDL 源代码都是合法的。在描述有限状态机的过程中,常常使用的描述方式有三种:三进程描述、双进程描述和单进程描述。

三进程描述就是指在 VHDL 源代码的结构体中,用三个进程语句来描述有限状态机的行为:一个进程用来进行有限状态机中的次态逻辑的描述;一个进程用来进行有限状态机中的状态寄存器的描述;还有一个进程用来进行状态机中的输出逻辑的描述。

所谓双进程描述就是指在 VHDL 源代码的结构体中,用两个进程语句来描述有限状态机的行为:一个进程语句用来描述有限状态机中次态逻辑、状态寄存器和输出逻辑中的任何两个;剩下的一个用另外的一个进程来进行描述。

顾名思义,所谓单进程描述就是将有限状态机中的次态逻辑、状态寄存器和输出逻辑在 VHDL 源代码的结构体中用一个进程来进行描述。

根据上面有限状态机 VHDL 源代码的三种描述方式的定义,将它们列成如表 3-14 所示的表格形式,以此来比较这三种描述方式的不同。

表 3-14 有限状态机的描述方式列表

描述方式		进程描述的功能
三进程描述方式		进程 1:描述次态逻辑 进程 2:描述状态寄存器 进程 3:描述输出逻辑
双进程描述方式	形式 1	进程 1:描述次态逻辑、输出逻辑 进程 2:描述状态寄存器
	形式 2	进程 1:描述次态逻辑、状态寄存器 进程 2:描述输出逻辑
	形式 3	进程 1:描述状态寄存器、输出逻辑 进程 2:描述次态逻辑
单进程描述方式		进程 1:描述次态逻辑、状态寄存器和输出逻辑

采用三进程描述方式和双进程描述方式中的形式 1 来描述有限状态机时,可以把有限状态机的组合逻辑部分和时序逻辑部分分开,这样有利于对有限状态机的组合逻辑部分和时序逻辑部分进行测试。不同的描述方式对于综合的结果影响很大,一般来说,三进程描述方式、双进程描述方式中的形式 1 和单进程描述方式的综合结果是比较好的,而双进程描述方式中的形式 2 和形式 3 并不常用。

3.3.2 有限状态机设计例程

例 1 设计实现一个序列信号检测器,当连续接收到一组"110"后输出为"1",其他情况下输出为"0"。

第一步:明确设计对象的外部特征。

- 输入信号有:
  接收到的序列信号 d_in;
  时钟信号 clk。
- 输出信号有:
  检测结果 f。

第二步:根据设计对象的操作控制步来确定有限状态机的状态。

- 初始状态为 S0;
- 接收到 1 个'1'的状态为 S1;
- 连续接收到 2 个或 2 个以上'1'的状态为 S2;
- 接收到"110"的状态为 S3。

第三步:根据设计对象的工作过程画出有限状态机的状态转移图,如图 3-18 所示。

1. 三进程描述方式

进程 1:描述次态逻辑,即描述出各个状态之间的转移情况。

进程 2:描述状态寄存器,实现时钟控制下次态到现态转换。

进程 3:描述输出逻辑,描述各个状态下的输出信号情况。

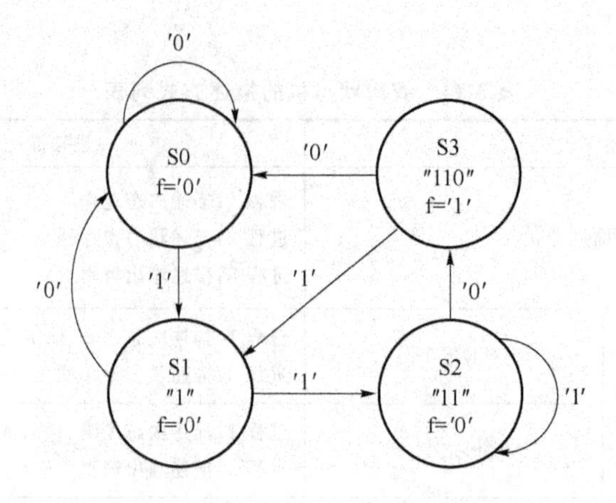

图 3-18　序列信号检测器的状态转移图

```
LIBRARY IEEE;
USE IEEE.STD_LOGIC_1164.ALL;

ENTITY jianceqi1 IS
 PORT( clk,d_in   :  IN STD_LOGIC;
           f      :  OUT STD_LOGIC);
END jianceqi1;

ARCHITECTURE Moore OF jianceqi1 IS
 TYPE state_type IS (s0,s1,s2,s3);      --用户自定义的可枚举类型
 SIGNAL current_state,next_state : state_type;
                                        --定义两个信号用于指定状态机
                                        --的状态
BEGIN
 --第一个进程P1中描述次态逻辑,由于次态是当前状态和输入信号的函数,
 --所以敏感信号表中包含了当前状态current_state和输入信号d_in。
 P1:PROCESS(current_state,d_in)
 BEGIN
  CASE current_state IS
 WHEN s0 => IF (d_in = '1')THEN   next_state <= s1;
      ELSE       next_state <= s0;  END IF;
 WHEN s1 => IF (d_in = '1') THEN next_state <=  s2;
      ELSE       next_state <= s0;  END IF;
 WHEN s2 => IF (d_in = '0') THEN next_state <= s3;
      ELSE       next_state <= s2;  END IF;
 WHEN s3 => IF (d_in = '0') THEN next_state <= s0;
      ELSE       next_state <= s1;  END IF;
```

```
    END CASE;
  END PROCESS;
  --第二个进程P2中描述状态寄存器的逻辑,状态寄存器的功能是将次态转
  --化为现态。由于状态发生变化在时钟信号的边沿,所以要将时钟信号作为
  --进程的敏感信号。它是一个时钟进程。
  P2:PROCESS(clk)
  BEGIN
    IF (clk'EVENT AND clk = '1') THEN
            current_state<= next_state;
    END IF;
  END PROCESS;
  --第三个进程P3中描述输出逻辑,由于输出逻辑是根据当前状态对输出信
  --号进行赋值,所以敏感信号是当前状态信号present_state,这是一个组合
  --进程。
  P3:PROCESS (current_state)
  BEGIN
       CASE current_state IS
          WHEN s0  => f<='0';
          WHEN s1  => f<='0';
          WHEN s2  => f<='0';
          WHEN s3  => f<='1';
       END CASE;
  END PROCESS ;
END Moore;
```

2. 双进程描述方式

将以上三进程中的任意两个进程合并为一个,即可变成双进程方式;但将P1和P3合并为一个进程P13,而P2保留的方式最好,原因是这样用两个进程将组合逻辑和时序逻辑分开,便于测试。

```
LIBRARY IEEE;
USE IEEE.STD_LOGIC_1164.ALL;

ENTITY jianceqi2 IS
  PORT( clk, d_in : IN STD_LOGIC;
            f : OUT STD_LOGIC);
END jianceqi2;

ARCHITECTURE Moore OF jianceqi2 IS
  TYPE state_type IS (s0,s1,s2,s3);
  SIGNAL current_state,next_state : state_type;
```

```
BEGIN
   P13:PROCESS(current_state,d_in)
   BEGIN
      CASE current_ state IS
       WHEN s0 => IF (d_in = '1') THEN next_state <= s1;
                 ELSE next_ state <= s0; END IF;
                 f<= '0';
       WHEN s1 => IF (d_in = '1') THEN next_state <= s2;
                 ELSE next_ state <= s0; END IF;
                 f<= '0';
       WHEN s2 => IF (d_in = '1') THEN next_state <= s2;
                 ELSE next_ state <= s3; END IF;
                 f<= '0';
       WHEN s3 => IF (d_in = '0') THEN next_state <= s0;
                 ELSE next_ state <= s1; END IF;
                 f<= '1';
      END CASE;
   END PROCESS;

   P2:PROCESS(clk)
   BEGIN
     IF (clk'EVENT AND clk  =  '1') THEN
                current_state<= next_state;
     END IF;
   END PROCESS;
END Moore;
```

可见,双进程描述方式比三进程源代码要短一些,这样会使模拟的过程加快,但对综合结果无影响。

3. 单进程描述方式

由于以上描述的状态机的输出信号是由组合电路发出的,所以在一些特定情况下难免出现毛刺现象,如果这些输出被用于作为时钟信号,极易产生错误的操作,这是需要尽力避免的。单进程 Moore 状态机比较容易构成能避免出现毛刺现象的状态机。

```
LIBRARY IEEE;
USE IEEE.STD_LOGIC_1164.ALL;


ENTITY jianceqi3 IS
PORT( clk, d_in : IN STD_LOGIC;
             f : OUT STD_LOGIC);
END jianceqi3;
```

```
ARCHITECTURE Moore OF jianceqi3 IS
TYPE state_type IS (s0,s1,s2,s3);
SIGNAL state : state_type;
BEGIN
   P1:PROCESS(clk)
   BEGIN
      IF (clk'EVENT AND clk = '1') THEN
      CASE state IS
       WHEN s0 => IF (d_in = '1') THEN state <= s1;
            ELSE state <= s0; END IF;
            f<= '0';
       WHEN s1 => IF (d_in = '1') THEN state <= s2;
            ELSE state <= s0; END IF;
            f<= '0';
       WHEN s2 => IF (d_in = '1') THEN state <= s2;
            ELSE state <= s3; END IF;
            f<= '0';
       WHEN s3 => IF (d_in = '0') THEN state <= s0;
            ELSE state <= s1; END IF;
            f<= '1';
      END CASE;
   END IF;
END PROCESS;
END Moore;
```

4. 本例仿真波形

本例的仿真波形如图 3-19 所示。

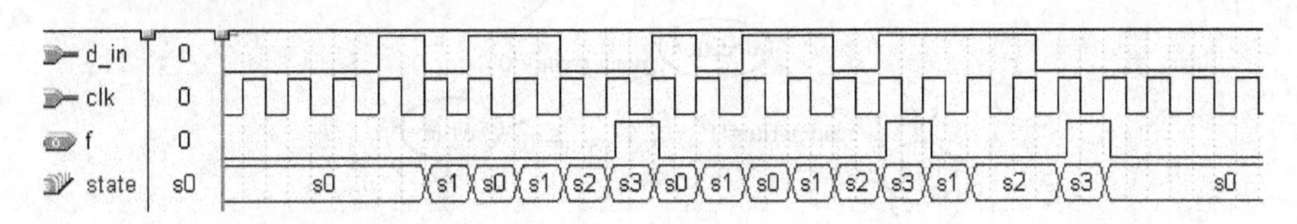

图 3-19 序列信号检测器的仿真波形图

例 2 设计实现一个存储控制器，该控制器能够根据微处理器的读周期或写周期，分别对存储器输出写使能信号和读使能信号，详细工作过程如下：当微处理器发出"就绪"信号时，存储控制器开始工作：在下一个时钟周期到来时判断本次工作是读还是写——如果微处理器发过来的读写信号为高电平，本次操作为读操作，存储控制器输出有效读使能信号；如果读写信号为低电平，本次操作为写操作，存储控制器输出有效写使能信号。当读或写操作完成后微处理器发出“就绪”信号标志本次处理任务完成,并使存储控制器回到空闲状态。

第一步:明确设计对象的外部特征,画出结构框图如图 3-20 所示。

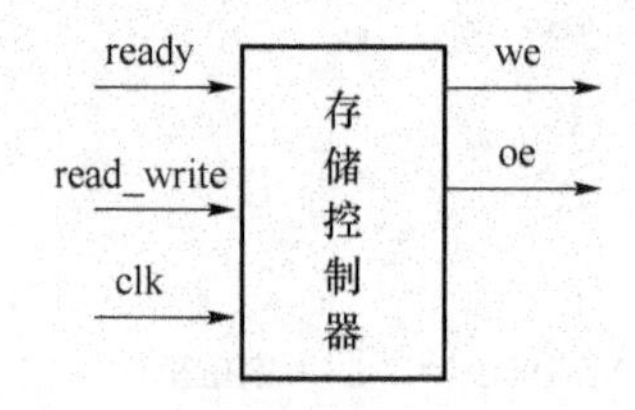

图 3-20　存储控制器的结构框图

- 输入信号有:
  微处理器发来的就绪信号 ready;
  微处理器发来的读写信号 read_write;
  时钟信号 clk。
- 输出信号有:
  写使能信号 we;
  读使能信号 oe。

第二步:根据设计对象的操作控制步来确定有限状态机的状态。

- 设空闲状态为 idle;
- “就绪”信号有效后的下一个时钟周期转入的状态为 decision;
- 读写信号为高电平后转入的读状态为 read;
- 读写信号为低电平后转入的写状态为 write。

第三步:根据设计对象的工作过程画出有限状态机的状态转移图,如图 3-21 所示。

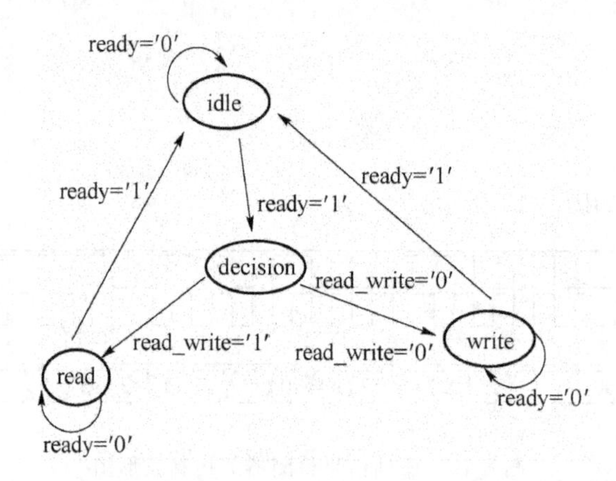

图 3-21　存储控制器的状态转移图

状态转移图是非常重要的概念,它表明了有限状态机的状态和转移条件,是进行 VHDL 描述的关键。本例状态转移图的另一种画法如图 3-22 所示,其中包含了输出逻辑。

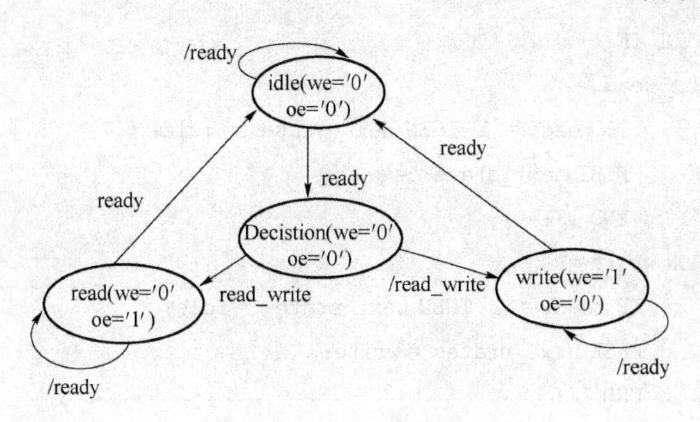

图 3-22　存储控制器的状态转移图的另一种画法

1. 三进程描述方式

```
LIBRARY IEEE;
USE IEEE.STD_LOGIC_1164.ALL;

ENTITY st_controller IS
PORT  (
  clk: IN STD_LOGIC;
  ready, read_write: IN STD_LOGIC;
  we, oe: OUT STD_LOGIC);
  END st_controller;

  ARCHITECTURE arch OF st_controller IS
    TYPE all_state IS (idle,decision,read,write);
    SIGNAL present_state, next_state : all_state;
  BEGIN
  p1:PROCESS( present_state,ready,read_write)       --次态逻辑
  BEGIN
    CASE present_state IS
    WHEN idle =>
      IF  ready = '1'THEN
            next_state<= decision;
      ELSE next_state<= idle;
      END IF;
    WHEN decision =>
      IF  read_write = '1' THEN
            next_state<= read;
        ELSE next_state<= write;
```

```
        END IF;
      WHEN read  =>
            IF ready = '1' THEN next_state<= idle;
            ELSE next_state<= read;
            END IF;
      WHEN write =>
            IF ready = '1' THEN next_state<= idle;
            ELSE next_state<= write;
            END IF;
      END CASE;
  END PROCESS p1;

  p2:PROCESS(clk)                                          --状态寄存器
  BEGIN
        IF clk'event and clk = '1' THEN
          present_state<= next_state;
        END IF;
  END PROCESS p2;

  p3:PROCESS(present_state)                                --输出逻辑
  BEGIN
      CASE present_state IS
        WHEN idle  => we<= '0'; oe<= '0';
        WHEN decision  => we<= '0'; oe<= '0';
        WHEN read => we<= '0'; oe<= '1';
        WHEN write  => we<= '1'; oe<= '0';
      END CASE;
  END PROCESS p3;
  END arch;
```

2. 双进程描述方式

```
  LIBRARY IEEE;
  USE IEEE.STD_LOGIC_1164.ALL;

  ENTITY st_controller IS
  PORT (
    clk : IN STD_LOGIC;
        ready,read_write: IN STD_LOGIC;
```

```
      we,oe: OUT STD_LOGIC);
END st_controller;

ARCHITECTURE arch OF st_controller IS
  TYPE all_state IS (idle,decision,read,write);
  SIGNAL present_state, next_state : all_state;
BEGIN
p13:PROCESS( present_state,ready,read_write)
BEGIN
  CASE present_state IS
  WHEN idle =>
    we<='0'; oe<='0';
    IF  ready='1'  THEN  next_state<=decision;
    ELSE next_state<=idle;
    END IF;
    WHEN decision =>
    we<='0'; oe<='0';
    IF  read_write='1' THEN  next_state<=read;
        ELSE next_state<=write;
    END IF;
  WHEN read =>
      we<='0'; oe<='1';
      IF  ready='1' THEN  next_state<=idle;
      ELSE next_state<=read;
      END IF;
  WHEN write =>
     we<='1'; oe<='0';
     IF ready='1' THEN next_state<=idle;
     ELSE next_state<=write;
     END IF;
  END CASE;
END PROCESS p13;

p2:PROCESS(clk)
BEGIN
      IF clk'event and clk='1' THEN
         present_state<=next_state;
      END IF;
END PROCESS p2;
END arch;
```

3. 单进程描述方式

```
LIBRARY IEEE;
USE IEEE.STD_LOGIC_1164.ALL;

ENTITY st_controller IS
PORT   (
    clk: IN STD_LOGIC;
    ready,read_write: IN STD_LOGIC;
    we,oe: OUT STD_LOGIC);
END st_controller;

ARCHITECTURE arch OF st_controller IS
  TYPE all_state IS (idle,decision,read,write);
  SIGNAL state: all_state;
BEGIN
PROCESS( clk)
BEGIN
  IF clk'event and clk = '1' THEN
      CASE state IS
  WHEN idle   =>
              IF   ready = '1'   THEN
                   state<= decision; we<= '0'; oe<= '0';
              ELSE state<= idle; we<= '0'; oe<= '0';
              END IF;
  WHEN decision  =>
    IF   read_write = '1' THEN
          state<= read; we<= '0'; oe<= '1';
    ELSE state<= write; we<= '1'; oe<= '0';
    END IF;
  WHEN read  =>
     IF   ready = '1' THEN
          state<= idle; we<= '0'; oe<= '0';
     ELSE state<= read; we<= '0'; oe<= '1';
     END IF;
  WHEN write =>
        IF   ready = '1' THEN
             state<= idle; we<= '0'; oe<= '0';
        ELSE state<= write; we<= '1'; oe<= '0';
        END IF;
    END CASE;
```

```
    END IF;
  END PROCESS;
  END arch;
```

4. 本例仿真波形

本例的仿真波形如图 3-23 所示。

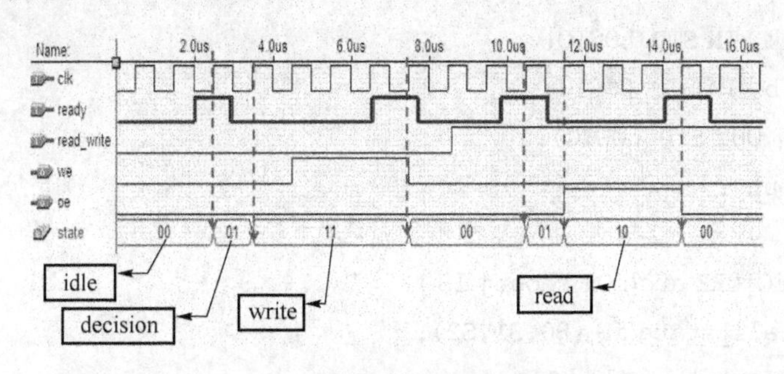

图 3-23 存储控制器的仿真波形

例 3 设计一个自动售货机的逻辑电路,此机器投币口一次只能投一个一元或五角的硬币,累计投入一元五角后机器自动给出一瓶饮料,投入两元后给出一瓶饮料的同时找回一枚五角硬币。

分析:

(1) 设 A 和 B 为输入,Y 和 Z 为输出;意义如下:

- 投入一元则 A=‘1’,否则 A=‘0’;
- 投入五角则 B=‘1’,否则 B=‘0’;
- 给出饮料则 Y=‘1’,否则 Y=‘0’;
- 找钱五角则 Z=‘1’,否则 Z=‘0’。

(2) 自动售货机有三个状态:

- S0:未投币时状态。
- S1:投入五角时状态。
- S2:投入一元时状态。

(3) 状态转移图如图 3-24 所示。

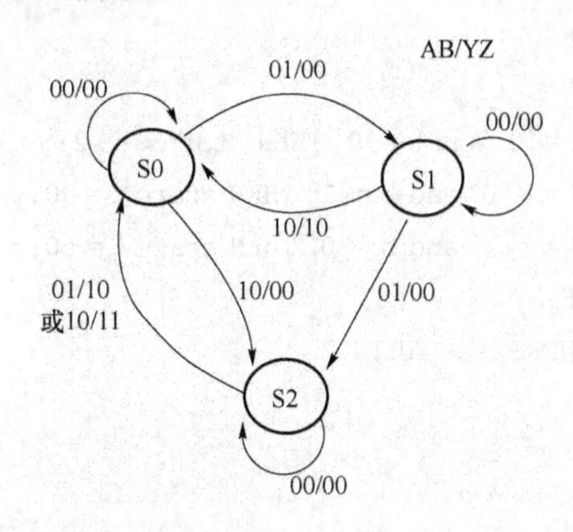

图 3-24 自动售货机的状态转移图

1. VHDL 描述

```
LIBRARY IEEE;
USE IEEE.STD_LOGIC_1164.ALL;
ENTITY shouhj IS
PORT   (
     clk: IN STD_LOGIC;
     a,b: IN STD_LOGIC;
   y,z: OUT STD_LOGIC);
END shouhj;

ARCHITECTURE arch OF shouhj IS
  TYPE all_state IS (S0,S1,S2);
  SIGNAL state : all_state;
BEGIN
 PROCESS(clk)
 BEGIN
    IF   (clk'event and clk = '1') THEN
       CASE state IS
        WHEN s0  =>
          IF   a = '0' and b = '0' THEN state<= s0;y<= '0';z<= '0';
          ELSIF a = '0' and b = '1' THEN state<= s1;y<= '0';z<= '0';
          ELSIF a = '1' and b = '0' THEN state<= s2;y<= '0';z<= '0';
          END IF;
        WHEN s1  =>
          IF   a = '0' and b = '0' THEN state<= s1;y<= '0';z<= '0';
          ELSIF a = '0' and b = '1' THEN state<= s2;y<= '0';z<= '0';
          ELSIF a = '1' and b = '0' THEN state<= s0;y<= '1';z<= '0';
          END IF;
        WHEN s2  =>
          IF   a = '0' and b = '0' THEN state<= s2;y<= '0';z<= '0';
          ELSIF a = '0' and b = '1' THEN state<= s0;y<= '1';z<= '0';
          ELSIF a = '1' and b = '0' THEN state<= s0;y<= '1';z<= '1';
          END IF;
        WHEN OTHERS  => NULL;
       END CASE;
    END IF;
 END PROCESS;
END arch;
```

2. 仿真波形

本例的仿真波形如图 3-25 所示。

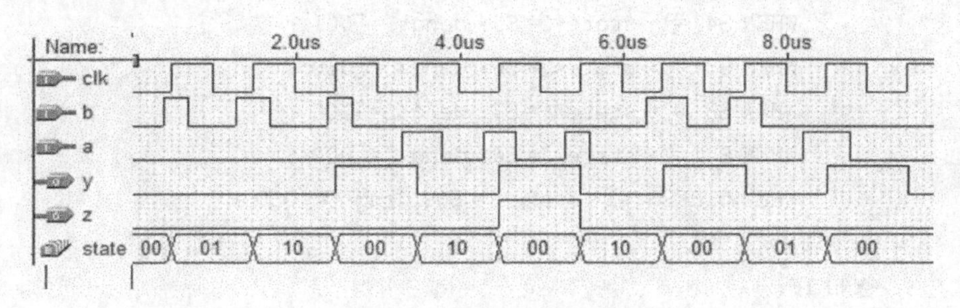

图 3-25 自动售货机的仿真波形

例 4 设计一个灯光控制器电路,使红黄绿三色灯在时钟的控制下,按图 3-26 所示顺序转换,并且能够自启动。

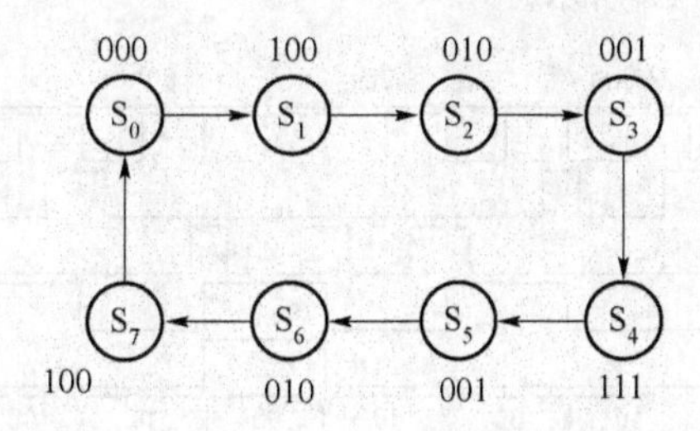

图 3-26 灯光控制电路的状态转移图

1. VHDL 描述

```
LIBRARY IEEE;
USE IEEE.STD_LOGIC_1164.ALL;

ENTITY dengkong IS
PORT  (   cp: IN STD_LOGIC;
    deng: OUT STD_LOGIC_VECTOR(2 DOWNTO 0));
END dengkong;

ARCHITECTURE arch OF dengkong IS
 TYPE all_state IS (S0,S1,S2,S3,S4,S5,S6,S7);
 SIGNAL state : all_state;
BEGIN
 PROCESS(cp)
 BEGIN
    IF  (cp'event and cp = '1') THEN
        CASE state IS
          WHEN S0  => state<= S1; deng<="100";
          WHEN S1  => state<= S2; deng<="010";
```

```
            WHEN S2  => state<= S3; deng<="001";
            WHEN S3  => state<= S4; deng<="111";
            WHEN S4  => state<= S5; deng<="001";
            WHEN S5  => state<= S6; deng<="010";
            WHEN S6  => state<= S7; deng<="100";
            WHEN S7  => state<= S0; deng<="000";
            WHEN OTHERS  => state<= S0; deng<="000";
          END CASE;
      END IF;
   END PROCESS;
 END arch;
```

2. 仿真波形

本例的仿真波形如图 3-27 所示。

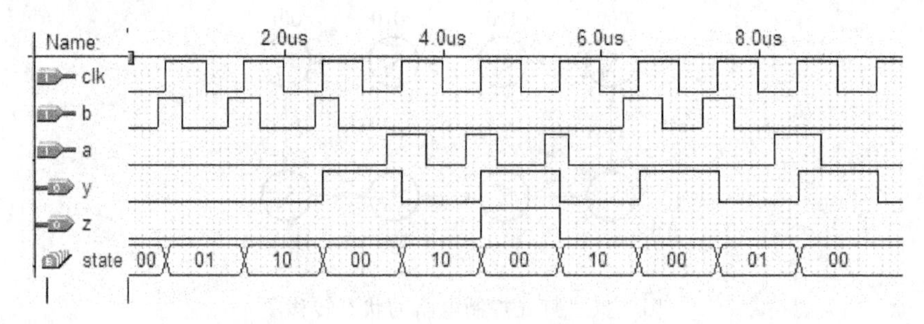

图 3-27 灯光控制电路的仿真波形

3.4 VHDL 编程注意事项

一个好的设计，不仅能够实现所需要的所有功能，还应当具有设计可重用、可移植、可维护等特点，便于设计经验技术的交流与积累，因此在编写代码时应注意规范性，正确使用 VHDL 语句。

3.4.1 VHDL 代码书写规范与建议

VHDL 代码书写规范与建议如下：

(1) 在定义实体名、结构体名、信号和变量名等标识符时，尽量选择有意义的命名，在同一设计中应保持一致性。

(2) VHDL 是强类型语言，不同基本类型的数据之间不能直接赋值。用 VHDL 进行设计时，建议信号、变量、端口尽量使用 STD_LOGIC 或其派生类型(如 STD_LOGIC_VECTOR)，这样做的目的是为了统一信号格式，信号连接方便，不容易出错误，尤其是模块与模块之间连接时(使用 port map 语句)。

(3) 组合逻辑设计时，IF 语句必须有一个 ELSE 对应，CASE_WHEN 语句必须有 WHEN OTHERS 分支。若信号在 IF_ELSE 或 CASE_WHEN 语句作非完全赋值，必须给

定一个默认值。

(4) 进程(PROCESS)语句的敏感量列表必须完整。

(5) 元件例化(PORT MAP)语句建议采用名称映射方式。

(6) 代码书写要有层次,并层层缩进,程序中要有必要的注释。

3.4.2 VHDL编码常见问题

1. 信号或变量赋初值

对大多数综合工具而言,信号或变量定义时所赋的初值在综合时会被忽略掉,可能造成设计错误,因此不要使用这样的语句,例如:

```
SIGNAL cnt : INTEGER RANGE 0 TO 15 := 0;
```

2. 错误使用INOUT

```
ENTITY cnt5_1 IS
  PORT (clk: IN STD_LOGIC;
        cnt: INOUT STD_LOGIC_VECTOR (3 DOWNTO 0));
END cnt5_1;
ARCHITECTURE cnt_arch OF cnt5_1 IS
BEGIN
  PROCESS(clk)
  BEGIN
    IF (clk'EVENT AND clk = '1') THEN
      IF (cnt = "1001") THEN
        cnt <= "0000";
      ELSE
        cnt <= cnt + 1;
      END IF;
    END IF;
  END PROCESS;
END;
```

在上面这段描述中,cnt既是输出,又是计数器的内部反馈信号,因此在ENTITY定义里面,想当然地采用了INOUT模式。然而INOUT一般是用来表示双向端口电路,其结构如图3-28所示。

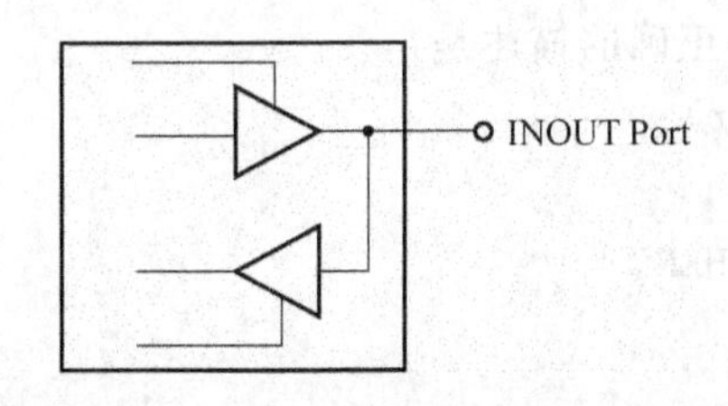

图3-28　INOUT模式端口结构

为了避免异义,我们一般不采用上面的描述方式,而是在结构体中定义一个信号来处理,在端口定义时还是定义为OUT模式,最后将信号的值赋给端口。上面的代码可以修改如下:

```
ENTITY cnt5_1 IS
   PORT (clk: IN STD_LOGIC;
       cnt: OUT STD_LOGIC_VECTOR (3 DOWNTO 0));
END cnt5_1;
ARCHITECTURE cnt_arch OF cnt5_1 IS
   SIGNAL cnt_tmp: STD_LOGIC_VECTOR (3 DOWNTO 0);    --定义信号
BEGIN
   PROCESS(clk)
   BEGIN
      IF (clk'event AND clk = '1') THEN
         IF (cnt_tmp = "1001") THEN                   --对信号进行处理
            cnt_tmp <= "0000";
         ELSE
            cnt_tmp <= cnt_tmp + 1;
         END IF;
      END IF;
   END PROCESS;
   cnt <= cnt_tmp;                                  --将信号的值赋给端口
END;
```

3. 产生不必要的锁存器

在处理组合逻辑电路时，初学者经常犯如下错误：

```
PROCESS(a,b,c,cntr)
BEGIN
   IF cntr = '1' THEN
      a <= '1';
      b <= '1';
   ELSE
      c <= '1';
   END IF;
END PROCESS ;
```

这样描述的结果是a、b、c都成为了锁存器，为了避免产生锁存器，应该在IF语句的每个分支对每个信号进行处理，正确的描述是：

```
PROCESS(a,b,c,cntr)
BEGIN
   IF cntr = '1' THEN
      a <= '1';
      b <= '1';
      c <= '0'                                 -- 默认处理
   ELSE
      a <= '0'                                 -- 默认处理
```

```
      b <= '0'                          -- 默认处理
      c <= '1';
    END IF;
  END PROCESS ;
```

同样,在使用 CASE 语句时,每种情况下所有的信号都必须处理到,或者在 CASE 语句之前对所有的信号赋一个初值,例如:

```
PROCESS(a,b,c,d,s)
BEGIN
  a <= '0' ;
  b <= '0' ;
  c <= '0' ;
  d <= '0' ;
  CASE s IS
    WHEN "00" => a <= '1' ;
    WHEN "01" => b <= '1' ;
    WHEN "10" => c <= '1' ;
    WHEN "11" => d <= '1' ;
    WHEN OTHERS => NULL ;
  END CASE ;
END PROCESS
```

4. 同一个信号在两个或两个以上的进程中赋值

除了三态输出信号,其他信号不允许在不同的进程(Process)中分别赋值,否则综合器会报"多重驱动(Multiple Drivers)"的错误。

5. 错误地使用变量或信号

变量只能在进程语句、函数语句和子程序结构中使用,它是一个局部量,变量的赋值是立即生效的;信号是电路内部硬件连接的抽象,信号的赋值在进程结束后才进行。信号的赋值与顺序无关,变量赋值与顺序有关。如果在一个进程中对信号多次赋值,只有最后的值有效,变量的赋值立即生效,变量在赋新值前保持原来的值。

下面的 VHDL 实例显示了一个设计分别使用信号和变量的综合结果,从图 3-29 和图 3-30中我们可以看出信号与变量的差别。

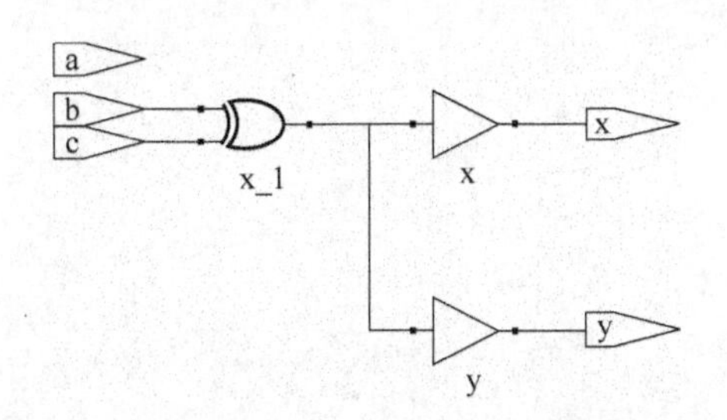

图 3-29 使用信号综合后电路

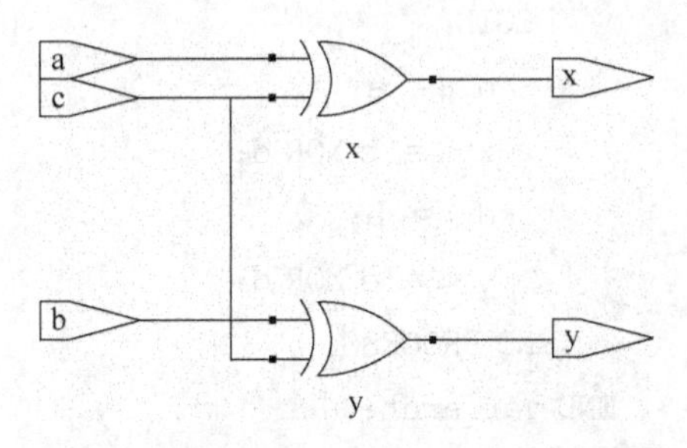

图 3-30 使用变量综合后电路

例 1 组合逻辑中使用信号。

```
LIBRARY IEEE;
USE IEEE.STD_LOGIC_1164.ALL;
ENTITY xor_sig IS
   PORT (a, b, c: IN STD_LOGIC;
   x, y: OUT STD_LOGIC);
END xor_sig;
ARCHITECTURE sig_arch OF xor_sig IS
   SIGNAL d: STD_LOGIC;
BEGIN
   PROCESS (a,b,c)
   BEGIN
      d <= a;
      x <= c XOR d;
      d <= b;
      y <= c XOR d;
   END PROCESS;
END sig_arch;
```

例 2 组合逻辑中使用变量。

```
LIBRARY IEEE;
USE IEEE.STD_LOGIC_1164.ALL;
ENTITY xor_var IS
   PORT (a, b, c: IN STD_LOGIC;
   x, y: OUT STD_LOGIC);
END xor_var;
ARCHITECTURE var_arch OF xor_var IS
BEGIN
   PROCESS (a,b,c)
      VARIABLE d: STD_LOGIC;
   BEGIN
      d := a;
      x <= c XOR d;
      d := b;
      y <= c XOR d;
   END PROCESS;
END var_arch;
```

第4章 数字系统设计

4.1 数字系统概述

数字系统是指由若干数字电路和逻辑部件构成的能够处理或传送数字信息的设备。数字系统通常可以分为三个部分：输入/输出接口、数据处理器和控制器。其中输入/输出接口是完成将其他物理量转化为数字量或将数字量转化为其他物理量的功能部件。数据处理器按功能又可分解成若干子处理单元，通常称为子系统，每个子系统完成一定的逻辑功能，计数器、译码器、运算器等都可作为一个子系统，控制器管理各个子系统的局部及整个系统按规定顺序工作。

图 4-1 为一简单的数字系统结构框图。由图可见，控制器接收外输入和处理器的各个子系统的反馈输入，然后综合成各种控制信号，分别控制各个子系统在定时信号到来时应完成某种操作，并向外输出控制信号。

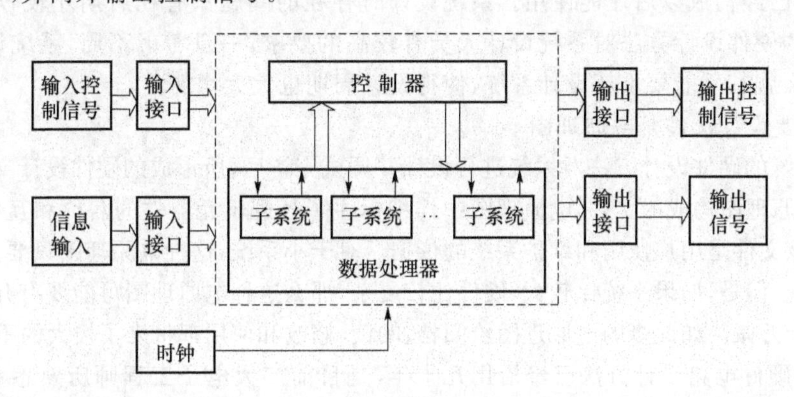

图 4-1　数字系统结构框图

有没有控制器是区别功能部件(数字单元电路)和数字系统的标志。凡是有控制器，且能按照一定程序进行数据处理的系统，不论其规模大小，均称之为数字系统；否则，只能是功能部件或是数字系统中的子系统。

4.2 数字系统设计方法

1. 传统的系统硬件设计方法

在计算机辅助电子系统设计出现以前，人们一直采用传统的硬件电路设计方法来设计系统的硬件。这种硬件设计方法有以下几个主要特征。

(1) 采用自底向上的设计方法

自底向上(Bottom up)的硬件电路设计方法的主要步骤是：根据系统对硬件的要求，详细编制技术规格书，并画出系统控制流图；然后根据技术规格书和系统控制流图，对系统的功能进行细化，合理地划分功能模块，并画出系统的功能框图；接着就是进行各功能模块的细化和电路设计；各功能模块电路设计、调试完成后，将各功能模块的硬件电路连接起来再进行系统的调试，最后完成整个系统的硬件设计。上述过程从最底层开始设计，直至到最高层设计完毕，故将这种设计方法称为自底向上的设计方法。

(2) 采用通用的逻辑元器件

在传统的硬件电路设计中，设计者总是根据系统的具体需要，选择市场上能买到的逻辑元器件，来构成所要求的逻辑电路，从而完成系统的硬件设计。尽管随着微处理器的出现，在由微处理器及其相应硬件构成的系统中，许多系统的硬件功能可以用软件功能来实现，从而在较大程度上简化了系统硬件电路的设计，但是，这种选择通用的元器件来构成系统硬件电路的方法并未改变。

(3) 在系统硬件设计的后期进行仿真和调试

在传统的系统硬件设计方法中，仿真和调试通常只能在后期完成系统硬件设计以后，才能进行。因为进行仿真和调试的仪器一般为系统仿真器、逻辑分析仪和示波器等，因此只有在硬件系统已经构成以后才能使用。系统设计时存在的问题只有在后期才较容易被发现。这样，传统的硬件设计方法对系统设计人员有较高的要求，一旦考虑不周，系统设计存在较大缺陷，那么就有可能要重新设计系统，使得设计周期也大大增加。

(4) 主要设计文件是电原理图

在用传统的硬件设计方法对系统进行设计并调试完毕后，所形成的硬件设计文件，主要是由若干张电原理图构成的文件，电原理图中详细标注了各逻辑元器件的名称和互相间的信号连接关系，该文件是用户使用和维护系统的依据。对于小系统，这种电原理图只要几十张至几百张就行了。但是，如果系统比较大，硬件比较复杂，那么这种电原理图可能要有几千张、几万张，甚至几十万张。如此多的电原理图给归档、阅读、修改和使用都带来了极大的不方便。

传统的硬件电路设计方法已经沿用几十年，是目前广大电子工程师所熟悉和掌握的一种方法。但是，随着计算机技术、大规模集成电路技术的发展，这种传统的设计方法已大大落后于当今技术的发展。一种崭新的，采用硬件描述语言的硬件电路设计方法已经兴起，它的出现将给硬件电路设计带来一次重大的变革。

2. 层次化结构设计

层次化结构设计既是一种设计方法，更是一种设计思想。

在用分立元件或者中、小规模集成电路进行逻辑设计时，整个电路都是由许多集成电路块或者分立元件组成，设计者有意无意地都会接受一些结构化设计的思想，因为整个电路或

者系统就是由许多模块组成的。

在用大规模集成电路进行系统设计时，所有的模块都是集成在一块大规模芯片上，系统的结构就变得不明显了。特别是在用语言对系统进行描述时，有的设计者只用一个 ENTITY 和一个 ARCHIITECTURE 就完成对整个电路或系统的描述，没有对系统作任何的模块设计。就好像写软件时，把所有的语句都放一个主程序中，没有任何的子程序或者函数的定义。这些都不是好的设计思想和方法。

(1) 设计的层次

对于数字系统设计者来说，设计的层次可以从两个不同的角度来表示：系统的结构层次和系统的性能层次。

系统的结构层次是指系统是由一些模块组成的，模块的适当连接就构成了系统。同样，模块也可以是一些基本模块的连接来组成的。

系统的性能是指系统的输出对输入的响应。而系统的响应也是系统的输入经过系统内部模块的响应，逐渐地传递到输出。所以，系统的性能也是由系统内部模块的性能及其传递来决定的。

对于一个数字系统来说，到底应该分为几个层次有不同的说法。一般来说，可以分为 6 个层次：系统级、芯片级、寄存器级、门级、电路级和硅片级。

现在的系统设计已经逐渐向“System on Chip”发展。也就是整个系统有可能都集成在一块硅片上。尽管如此，还是要有系统层次的概念。

由于系统可以分为 6 个层次，系统的性能描述和系统的结构组成也可以分为 6 个层次。表 4-1 表示了这几个层次之间的对应关系。

硅片是结构的最底层，从结构描述的角度来说，硅片上不同形状的区域代表了不同类型的电子元件，如晶体管、MOS 管、电阻、电容等。另外，不同形状的金属区域表示了元件之间的连接。

表 4-1 设计的层次

系统层次	性能描述	结构模块
系统	系统功能描述（文字）	计算机、交换机等
芯片	算法描述	处理器、RAM、ROM、并行接口等
寄存器	数据流描述	寄存器、ALU、计数器、多路选择器等
门	布尔方程	与门、或门、异或门、基本触发器等
电路	微分方程	由晶体管、电阻、电容等组成的电路
硅片	电子/空穴运动方程	硅片上不同形状的区域

但是，只有到了电路级，电路的具体结构才能显示出来。电路级比门级描述来说是更加具体的。同样是一个与门，可以有许多种电路实现的方法，只有将门级的描述再具体到电路级的描述，才能最后在硅片上形成芯片。

从逻辑的角度来说，门级是最基础的描述。最基本的逻辑门应该是与门、或门、非门。用这三种基本逻辑门，可以构成任何组合电路以及时序电路。不过，现在也将基本触发器作为门级的基本单元，因为它是组成时序电路的最基本的单元之一。

寄存器级实际上是由逻辑部件的互相连接而构成的。寄存器、计数器、移位寄存器等逻辑部件是这个层次的基本构件，有时也称它们为功能模块，或者“宏单元”。虽然这些部件也是由逻辑门组成，但是在这个层次中，关键的是整个功能模块的特性，以及它们之间的连接。

再向上一个层次就是芯片级，从传统的观点来看，芯片级应该是最高级，芯片本身就是一个系统，芯片本身就是产品。芯片级的基本组成是处理器、存储器、各种接口、中断控制器等。当然，首先应该对这些组成模块进行描述，再用它们的连接来构成整个芯片。

最高的层次是系统级。一个系统可以包括若干芯片，如果是"System on Chip"设计，则在一个系统芯片上，也会有若干类似于处理器、存储器等这样的部件。

表 4-1 的中间一列是性能描述的各个层次。从系统级来说，就是对于系统整体指标的要求，例如运算的速度、传输的带宽、工作的频率范围等，这类性能指标一般通过文字来表示就可以了，不会用 HDL 语言来描述。

芯片级的性能描述是通过算法来表示的，也就是通过芯片可以实现什么算法，算法是可以用 VHDL 语言来描述的。

寄存器级的性能描述是数据流描述，这样的例子已经见过许多。

门级的性能描述是布尔方程。从 VHDL 描述的角度来说，VHDL 的数据流描述主要是对于寄存器级的描述，但是用来表示布尔方程也是可以的。前面已经见过对于与门以及其他门电路的数据流描述。

(2) 系统结构的分解

由于系统结构是分层次的，这意味着在系统设计过程中，必然伴随着对于系统的分解，而且这样的分解，可以在各个不同的层次上进行，整个系统就是由不同层次上的各种模块的连接而组成的，使得系统的结构就像一棵树，如图 4-2 所示。

在这样的树形结构中，应该包括两种基本的描述，一种是表示模块之间连接的"结构描述"，另一种是表示模块性能的性能描述。由图 4-2 系统的树形结构于每一个上层模块都是由若干下层模块的连接构成的，所以性能描述一般只用于对树形结构中的叶子模块的描述，而不论这个叶子本身是处于哪一个层次。

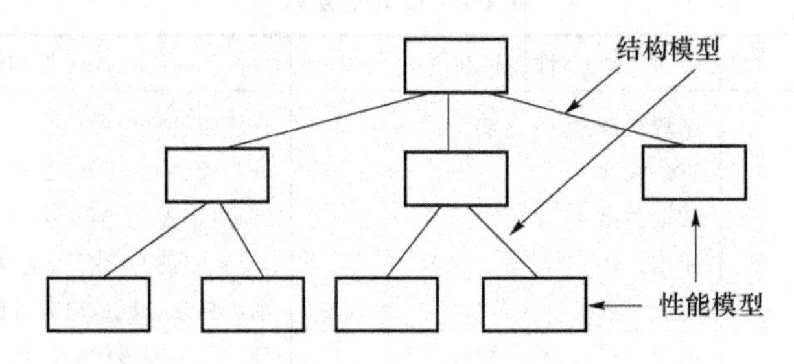

图 4-2　系统的树形结构

对于这样的树形结构的系统，存在着两种设计思想，或者说设计方法，那就是"自顶向下"(Top-down)设计和"自底向上"(Bottom-up)设计。

自顶向下设计的出发点是树的根，也就是对于整个系统性能的描述或者说是要求。按照这样的要求，进行第一次系统的分解，也就是分解为若干子系统，规定每个子系统应该实现什么功能。这样的分解可以一直进行下去，可能某一个分支已经到达了叶子模块，而其他分支还要继续分解下去，直到各自的叶子模块。

对于叶子模块必须进行性能描述，对于每棵子树，只要进行结构描述。

自顶向下的设计，强调的是在进行每一次的分解时，都是要从保证系统性能指标的实现,而不是考虑现在已经存在什么基本的模块。当然,分解后如果和已有的模块性能相同,就可以使用已有的模块,但是决不迁就,如果没有合适的模块可用,就再创建一个这样的模块,目的还是要达到系统性能上的最优化。

自底向上的设计并不是像它名称所隐含的从叶子模块开始设计,设计仍然是从系统的“根”出发,仍然是要满足整体的功能。但是,在考虑系统分解的时候,要选择那些可用的模块或部件。这些模块或部件可能是标准部件,也可能是其他项目设计所产生的结果。这样处理的最大优点是设计的经济性,因为基本的模块或部件都不需要重新设计,设计成本和生产成本都可以降低。

所以,自顶向下的设计强调是性能的最佳,自底向上强调的是设计的经济性。实际的设计往往是这两种设计方法的结合。也就是性能要求和经济要求的结合。

但是在使用大规模集成电路时,特别是使用可编程逻辑器件进行设计时,自顶向下的设计就会有更多的优点。因为用这样的芯片进行设计时,对设计者的限制就很小。设计者在进行系统分解和叶子模块的描述时,没有太多的标准部件和标准模块的限制。可以尽可能按照性能要求来进行设计。当然,现在的一些厂商,也会在 VHDL 的设计环境中,提供一些宏单元供设计者使用,目的只是对设计者提供方便,而不是对设计者提出限制。这和自底向上设计中必须使用那些部件是完全不同的。

3. 自顶向下设计方法

自顶向下的设计方法并不是一个一次就可以完成的设计过程,而是一个需要反复改进、反复实践的过程。即使是用 VHDL 语言对设计的整个过程进行描述,也不是描述一次就能得到最好的结果。但是,上一次描述的文件,可以作为下一次改进的基础。一般来说,并不需要将原来的工作全部推倒重来。而是应该在以前工作的基础上,求得不断的改进。

(1) 自顶向下设计方法的基本设计过程

图 4-3 是自顶向下设计方法的基本设计过程。这个过程可以分为系统性能描述、系统结构分解、产生系统结构模型、描述叶子模块和逻辑综合产生门级实现。

① 系统性能描述

设计从系统的功能和性能要求开始,首先要将系统的功能要求转换为用 VHDL 对系统进行的性能描述。然后对这个描述进行模拟,对于一些比较复杂的系统,这个过程是很必要的。经过具体的描述和模拟,可以验证对于系统功能要求的理解是否正确,是否完整。另外,有时通过这样的描述和模拟,还可能发现原来对系统功能的要求的不完善或者不准确的地方。

所以,这个过程有可能要反复进行:可能是修改对系统的性能描述,也可能是修改对于系统要求的文字叙述。

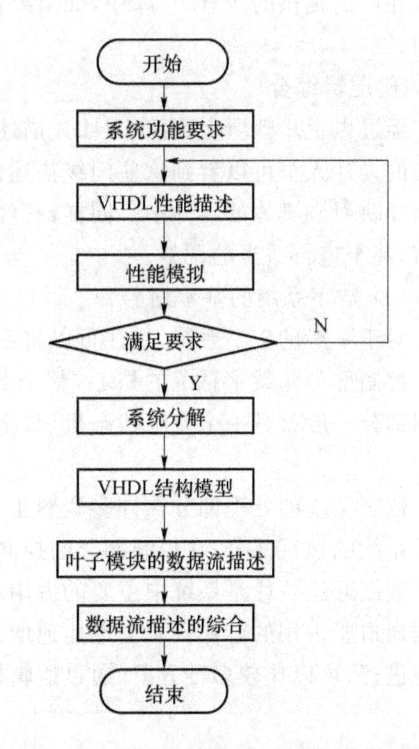

图 4-3 自顶向下设计方法的基本设计过程

如果设计的系统不是很复杂,这个过程不

一定是必要的。

② 系统结构分解

将系统分解为若干子系统,子系统又可以再分解为若干模块。这样的分解可以一层一层地进行下去,直到树形结构的末端,即叶子模块。

系统分解也不一定是一次就可以完成的,在系统的实现过程中,很可能发现某个层次的分解不一定合适,这时,就可以进行重新分解。

系统分解完成后,系统的层次结构就很清晰了。这时,可以用 VHDL 的结构描述能力,完成系统和子系统的结构描述。

③ 对叶子模块进行数据流描述

叶子模块也是构成系统的最基本的模块。对于这样的模块,应该用数据流进行描述。因为数据流的描述更加接近模块的物理实现,更加能体现设计者的设计能力和运用设计者的设计经验。用数据流描述的模块,经过逻辑综合工具软件的处理后,会有较好的设计效果。

现在的逻辑综合工具,一般也可以处理性能描述的模块。在以前的章节中,也对一些基本的逻辑部件做过性能描述,这些描述也能经过逻辑综合,得到具体的硬件实现。但是这种转换是比较机械的,例如"IF"语句会转换为某种逻辑结构,"CASE"语句转换为某种结构。一般来说,效果不会比数据流描述更好。

另外,各个编程逻辑器件生产厂商和 VHDL 软件厂商都开发了一些标准的器件模块,如果系统分解后需要这些基本模块时,应该尽量使用这些预先设计好的部件。因为这些部件的设计是他们长期经验的总结,性能和占用芯片资源等都已经得到了优化。这些部件都集成在厂商提供的 VHDL 库中,如果要使用的话,在有关的描述中一定要有相应的"USE"语句。

④ 逻辑综合

经过以上步骤所得到的 VHDL 描述,可以直接由逻辑综合工具来产生门级的描述。有经验的设计人员可以看到这些门级描述的结果。当使用可编程逻辑器件时,逻辑综合的结果已经映射到具体的器件中。同样,有经验的设计人员,可以看到设计结果在逻辑器件中的分布,甚至进行适当的调整。

(2) 数字系统的基本划分

对于一般的数字系统,往往可以将系统划分为控制部分和处理部分。

控制部分是数字系统的核心,整个数字系统的工作都是在控制部分的控制下完成的。控制部分一般就是一个有限状态机,数字系统的工作就是由当前的状态和当前的输入来决定的。

数字系统的处理部分在许多资料上也称为"数据通道"(Data Path)。数据通道实际上就是系统的执行部分:在控制部分的控制下,完成具体的数据处理任务。

数据通道往往是系统中主要的占用芯片资源的部分。当所处理的数据的位数增加时,数据通道所占用的芯片资源会迅速地增加。因此,对于数据通道的划分和设计应该更加仔细地进行,可以比较多种方案,通过逻辑模拟,选择最好的方案。

4.3　数字系统设计的描述方法

用自顶向下设计方法进行数字系统设计的过程中，不同的设计阶段采用适当的描述手段，正确地定义和描述设计目标的功能和性能，是设计工作正确实施的依据。常用的描述工具有：方框图、定时图、逻辑流程图和 MDS 图。

1. 方框图

方框图用于描述数字系统的模型，是系统设计阶段最常用的重要手段。方框图可以详细描述数字系统的总体结构，并作为进一步详细设计的基础。方框图不涉及过多的技术细节，直观易懂，具有以下优点：

- 大大提高了系统结构的清晰度和易理解性；
- 为采用层次化系统设计提供了技术实施路线；
- 使设计者易于对整个系统的结构进行构思和组合；
- 便于发现和补充系统可能存在的错误和不足；
- 易于进行方案比较，以达到总体优化设计；
- 可作为设计人员和用户之间交流的手段和基础。

方框图中每一个方框定义了一个信息处理、存储或传送的子系统，在方框内用文字、表达式、通用符号或图形来表示该子系统的名称或主要功能。方框之间采用带箭头的直线相连，表示各个子系统之间数据流或控制流的信息通道，箭头指示了信息传送的方向。

方框图的设计是一个自顶向下、逐步细化的层次化设计过程。同一种数字系统可以有不同的结构。在总体结构设计（以框图表示）中，任何优化设计的考虑要比逻辑电路设计过程中的优化设计产生大得多的效益，特别是采用 EDA 设计工具进行设计时，许多逻辑化简、优化的工作都可用 EDA 来完成，但总体结构的设计是任何工具所不能替代的，它是数字系统设计过程中最具创造性的工作之一。

一般总体结构设计方框图需要有一份完整的系统说明书。在系统说明书中，不仅需要给出表示各个子系统的方框图，同时还需要给出每个子系统功能的详细描述。

2. 定时图

定时图又称时序图或时间关系图。它用来定时地描述系统各模块之间、模块内部各功能组件之间及组件内部各门电路或触发器之间输入信号、输出信号和控制信号的对应时序关系及特征（即这些信号是电平还是脉冲，是同步信号还是异步信号等）。

定时图的描述也是一个逐步深入细化的过程。即由描述系统输入输出信号之间的定时关系的简单定时图开始，随着系统设计的不断深入，定时图也不断地反映新出现的系统内部信号的定时关系，直到最终得到一个完整的定时图。定时图精确地定义了系统的功能，在系统调试时，借助 EDA 工具，建立系统的模拟仿真波形，以判定系统中可能存在的错误；或在硬件调试及运行时，可通过逻辑分析仪或示波器对系统中重要结点处的信号进行观测，以判定系统中可能存在的错误。

3. 逻辑流程图

逻辑流程图简称流程图，是描述数字系统功能的常用方法之一。它是用特定的几何图形（如矩形、菱形、椭圆等）、指向线和简练的文字说明，来描述数字系统的基本工作过程。其描述对象是控制单元,并以系统时钟来驱动整个流程,它与软件设计中的流程图十分相似。

逻辑流程图一般用三种符号:矩形状态框、菱形判别框和椭圆形条件输出框,如图 4-4 所示。

状态框表示系统必须具备的状态;判别框和条件输出框不表示系统状态,而只是表示某个状态框在不同的输入条件下的分支出口及条件输出(即在某状态下输出量是输入量的函数)。一个状态和若干个判别框,或者再加上条件输出框组成一个状态单元。

逻辑流程图的描述过程是一个逐步深入细化的过程。先从简单的逻辑流程图开始,逐步细化,直至最终得到详细的逻辑流程图。在这一过程中,如果各个输出信号都已明确,则可将各个输出信号的变化情况标注在详细的逻辑流程图上。

如果在某状态下,输出与输入无关即 Moore 型输出,则该输出可标注在状态框旁的状态表中,用箭头"↑"表示信号有效,"↓"表示信号无效,这里不考虑该信号是高或低有效。

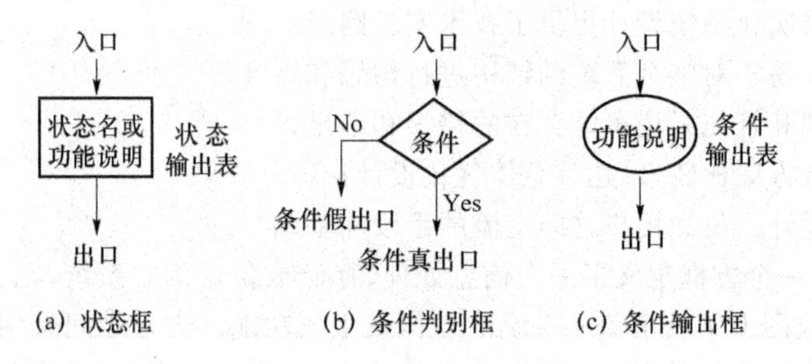

图 4-4 逻辑流程图基本符号

4. MDS 图

MDS 图(Memonic Document State Diagram,可译为助记状态图,或备有记忆文档的状态图)是美国的 William Fletcher 于 1980 年提出的一种系统设计方法,MDS 图可从详细逻辑流程图直接导出,依据它可较直观、方便地进行电路级的设计。

(1) 优点

① MDS 图可由详细逻辑流程图按给定规则直接转换得到,形式规范;

② MDS 图类似于时序电路的状态图(或称为状态转移图),因而比较容易接受和掌握;

③ MDS 图与硬件有良好的对应关系,可以清楚地反映出逻辑电路应提供多少个状态值,各个状态之间的转换必须符合什么条件,在状态转换时需要哪些输入信号,何时产生输出信号,输出信号应该以何种方式输出等要求,依据这些要求便可以设计出符合数字系统逻辑关系的逻辑电路。

(2) 缺点

① MDS 图不能将器件的时延影响反映出来,设计电路时要求设计者在该图反映的逻辑关系之外附加消除时延影响的电路;

② MDS 图描述的系统规模不能太大,状态不能太多。

(3) 逻辑流程图画转换为 MDS 图的规则

① 将工作框转换为状态助记符

用圆来表示某一状态,称为状态圆,圆中的字母为状态值的助记符,用来区别不同的状态。

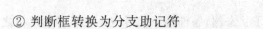

② 判断框转换为分支助记符

当判断框转换为分支符号后，判断条件中的参数要用字母来表示，判断条件用逻辑表达式表示(与或式)，逻辑表达式放置在分支旁边，称为分支条件；若流程图两个相邻的工作框之间没有判断框，则对应的分支旁边无分支表达式，这种分支称为无条件分支。不管原流程图中两个工作框之间有多少个判断框，当转换为 MDS 图时只允许有一个分支。

③ 多个判断框转换为条件分支助记符

在流程图中，两个工作框之间如果存在前后连续的多个判断框，表示这些判断条件必须同时满足(即在逻辑上相当“与”运算)时，逻辑操作才能转换至下面的工作框。

④ 含有异步输入信号的判断条件的转换

在画详细逻辑图时必须对异步输入信号进行同步化处理，并且规定在两个工作框之间只允许存在一个异步输入信号，当两个工作框之间多于一个异步输入信号时，必须增加工作框，以免丢失某些异步输入信号。在详细逻辑流程图中，在判断框中的逻辑符号“*”表明在判断条件中存在异步输入信号，当将详细逻辑流程图转换为 MDS 图时，应在状态图中标注“*”，表明分支条件中存在异步输入信号。

⑤ 输出信号转换为助记符

详细逻辑流程图中的输出信号有脉冲输出信号、输出有效、输出无效和条件输出信号等14 种。这些输出信号是标注在工作框或条件输出框内的，也可以标注在工作框或条件输出框的框外右侧，在转换为 MDS 图后，它们均应标注在状态圆的旁边。

脉冲输出信号的助记符形式为 Z↑↓，放置在状态圆外侧，它表明进入该状态圆后输出信号 Z 为 1，脱离该状态后 Z=0，信号 Z 输出的脉冲宽度与该状态的存在时间相同。

输出信号有效的助记符形式为 Z↑，它表明进入该状态圆后输出 Z 为 1(有效)，并一直保持输出为 1，直到遇到另一个要求该输出无效的状态圆再变为 0，Z 有效输出的持续时间(脉冲宽度)为令其有效的状态圆至令其无效的状态圆之间逻辑操作时间的总和。

输出信号无效的助记符形式为 Z↓，它表明进入该状态圆后某输出信号为 0(无效)，并一直保持输出为 0，直到遇到另一个要求该输出有效的状态圆为止。

条件输出信号通过逻辑表达式的形式来表示，如条件输出信号 Z 的存在有两个条件：一是要求逻辑进程已进入某个工作框，二是还必须满足某一条件，如“x=1”，那么在将该条件输出信号转换为 MDS 图的助记符时，该信号的形式为 Z↑↓=S1·X，S1·X 是逻辑“与”运算表达式。

⑥ 输出信号的表格表达形式

在有些情况下，电路设计人员也采用表格形式表达在何时产生输出信号，即将各个状态及对应的输出用表格的形式表达出来。

(4) 做 MDS 图时的注意事项

① 两个状态圆符之间只允许有一个分支

MDS 图中任意两个相邻的状态圆之间只容许有一个分支。从逻辑关系上讲，状态圆之间并行的分支是“或”运算的关系，故将两个分支合并为一个，再用“或”运算符将两个分支条件合并为一个“与或”表达式。

② 条件输出信号标注在当前状态圆旁边

在详细逻辑流程图中，条件输出信号框画在两个工作框之间，在转换为 MDS 图后必须画在状态圆旁边。另外,还要注意不要错选了状态圆,条件输出信号应画在条件输出框之前的状态圆旁边。

③ 输入输出实际有效电平的处理

对于初学者,最好先不要考虑实际的有效电平,应该先按规则将详细逻辑流程图转换为MDS图,然后再根据器件的具体型号,逐个明确各个输入和输出信号的实际有效电平。

④ 详细逻辑流程图中多个相连的判断条件转换为MDS图后,成为MDS图上一个分支条件"与"运算的不同变量。

图4-5是某电路的状态图及其对应的MDS图,图4-6是某电路的详细逻辑流程图及对应的MDS图。

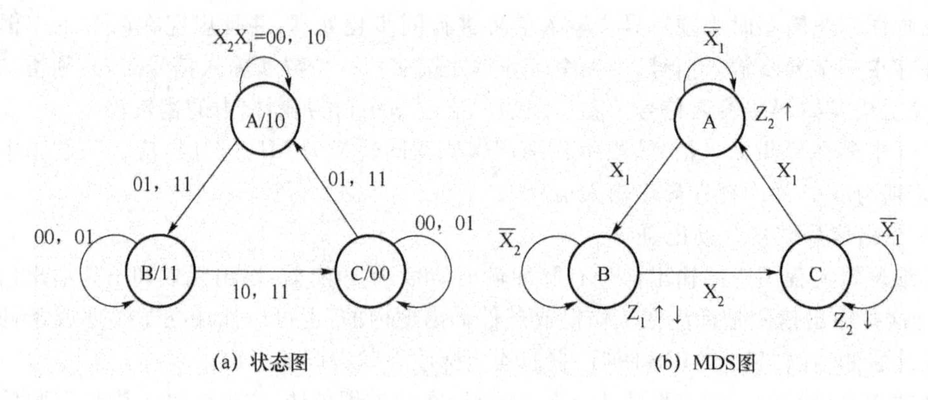

图4-5 某电路的状态图及其对应的MDS图

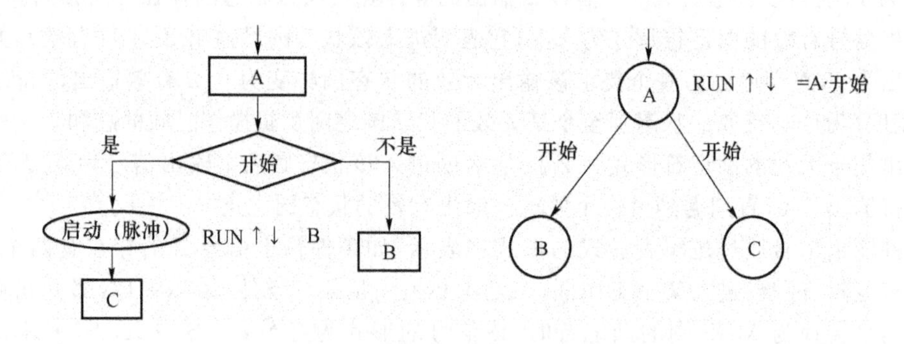

图4-6 逻辑流程图和MDS图的对应关系

4.4 数字系统设计举例

1. 两人乒乓游戏机

两人乒乓游戏机是以8个发光二极管代表乒乓球台,中间两个发光管兼作球网。用发光管按一定的方向依次闪亮来表示球的运动,在游戏机两侧各设发球/击球开关S_A和S_B,当甲方发球时,靠近甲方的第一个发光管亮,然后依次点亮第二个……球向乙方移动,球过网后到达设计者的规定的球位乙方即可击球,若乙方提前击球或未击到球,则甲方得分。然后重新发球进行比赛,直到某一方记分达到规定分,记分清零,重开一局比赛。其结构图如图4-7所示。

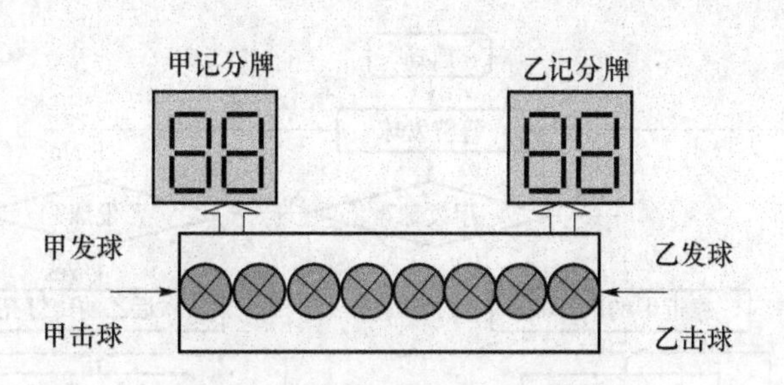

图 4-7　乒乓游戏机的结构图

在确定两人乒乓游戏机的逻辑功能时，需要明确以下几点：

(1) 输入、输出信号的特征，格式及传送方式。乒乓游戏机的外输入信号是发球/击球的开关信号 S_A、S_B，这些信号是机械开关发出的短暂异步输入信号。输出信号是模拟乒乓球向左或向右运动的信号及自动记分信号。

(2) 控制信号的作用及相互之间的关系。控制信号的作用是使乒乓游戏机按约定的比赛规则有序地工作。这里规定球移动到对方第二个发光二极管时允许击球。

通过分析设计任务，可以得到乒乓游戏机的方框图和逻辑流程图分别如图 4-8 和图 4-9 所示。

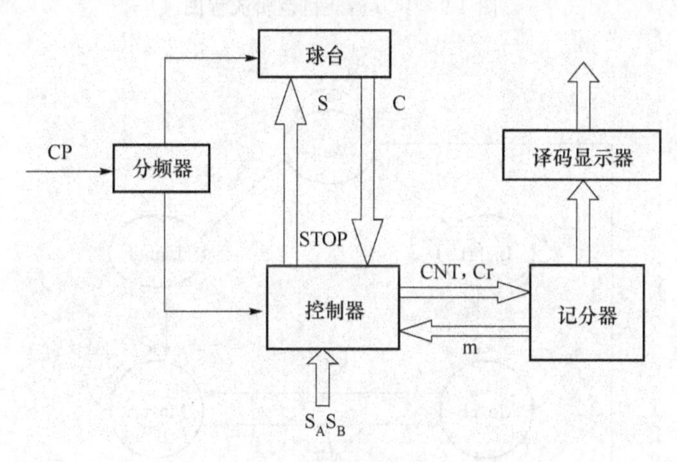

图 4-8　乒乓游戏机逻辑划分方框图

图中 C 表示球到位可以击球的标志信号；m 表示记分器已记满一局的信号；CNT 为记分器时钟信号，Cr 为记分器清零信号；S 为决定乒乓球位置及移动方向的信号；S_A、S_B 为开关控制的外输入发球/击球信号；STOP 为球台清除信号。

根据流程图到 MDS 图的转换规则，由图 4-9 所示的流程图出发，并设定等待状态为 Wait，甲方发球 L_1 灯亮的状态为 Light1，甲发球后球向乙移动的状态为 MoveB，乙方发球 L_8 灯亮的状态为 Light8，乙发球后球向甲移动的状态为 MoveA，一方失误另一方(胜方)加 1 分状态为 End，则可画出乒乓游戏机的 MDS 图，如图 4-10 所示。

以上介绍的是自顶向下的数字系统的设计方法。可以看出，这种方法的关键在于设计控制器，其余部分只是选用不同的功能模块而已，这就将一个复杂的数字系统设计简化为一个时序机的设计。而控制器的设计关键在于建立逻辑流程图，即关键是对系统初始方案的确定，这在整个设计过程中是最富有创造性的，以后各步只不过是按一定方法向下延伸。这也就是自顶向下设计方法的优越性所在。

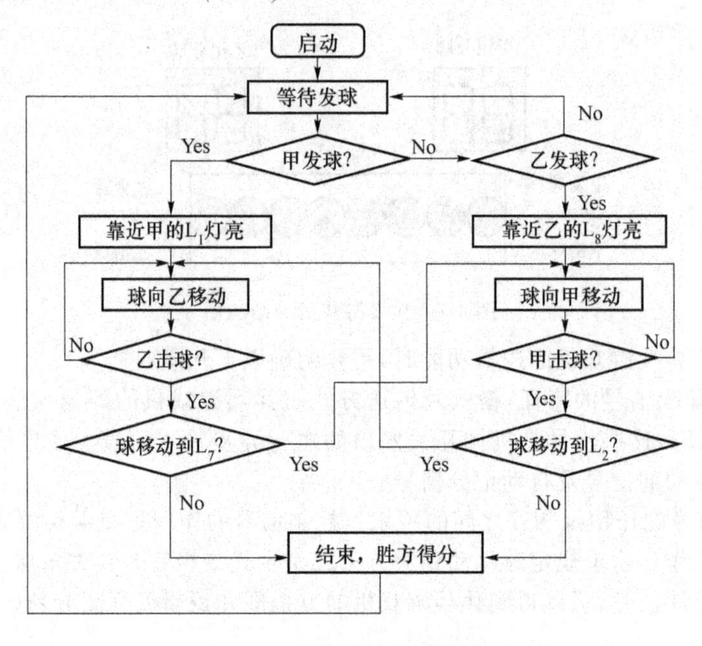

图 4-9　乒乓游戏机逻辑流程图

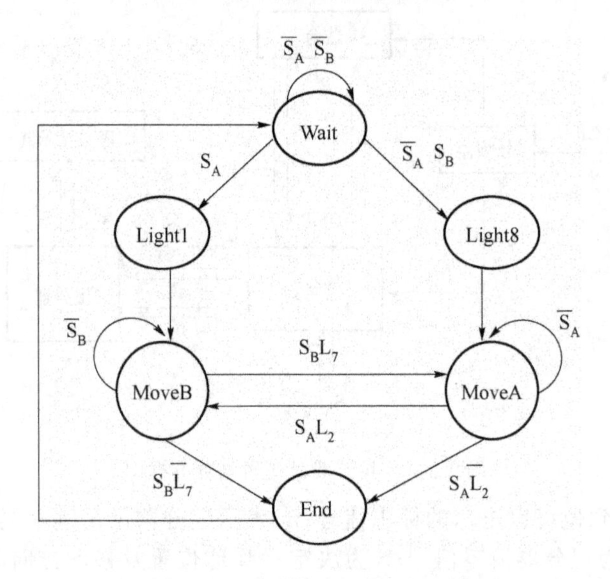

图 4-10　乒乓游戏机的 MDS 图

2. 交通灯控制器

设计制作一个用于十字路口的交通灯控制器，如图 4-11 所示，具体说明如下。

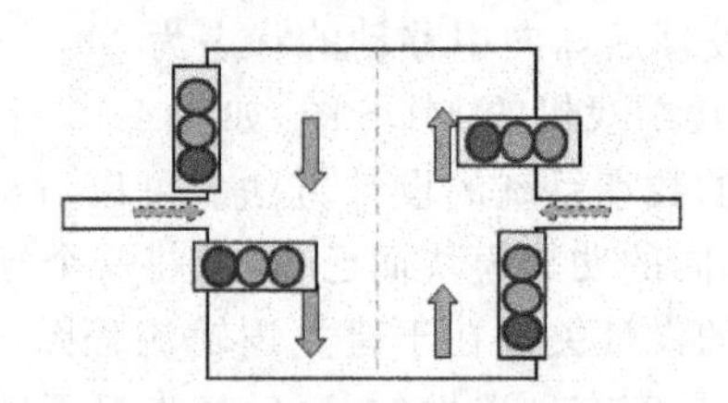

图 4-11　交通灯控制器示意图

(1) 十字路口由一条交通干线和一条小路交叉而成，平时一般情况下干线放行；

(2) 小路有车并且干线放行已经超过 30 s 时小路才放行，小路无车即不放行，小路有车则连续放行时间也不能超过 30 s；

(3) 显示放行时间；

(4) 灯的变化规律：绿变黄、黄变红、红变绿。其中黄灯亮时间为 5 s；

(5) 特殊情况红灯亮且时间显示停止计时，并闪烁。

图 4-12、图 4-13、图 4-14、图 4-15 分别是交通灯控制器的结构图、逻辑划分方框图、控制器部分逻辑流程图和 MDS 图。

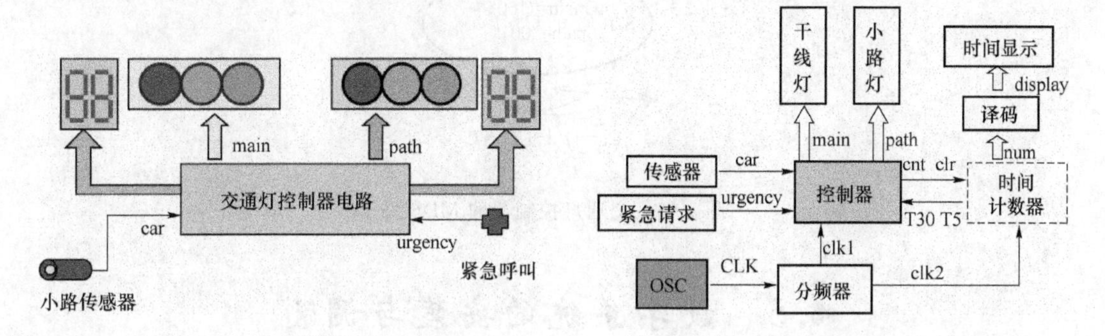

图 4-12　交通灯控制器的结构图　　　　图 4-13　交通灯控制器逻辑划分方框图

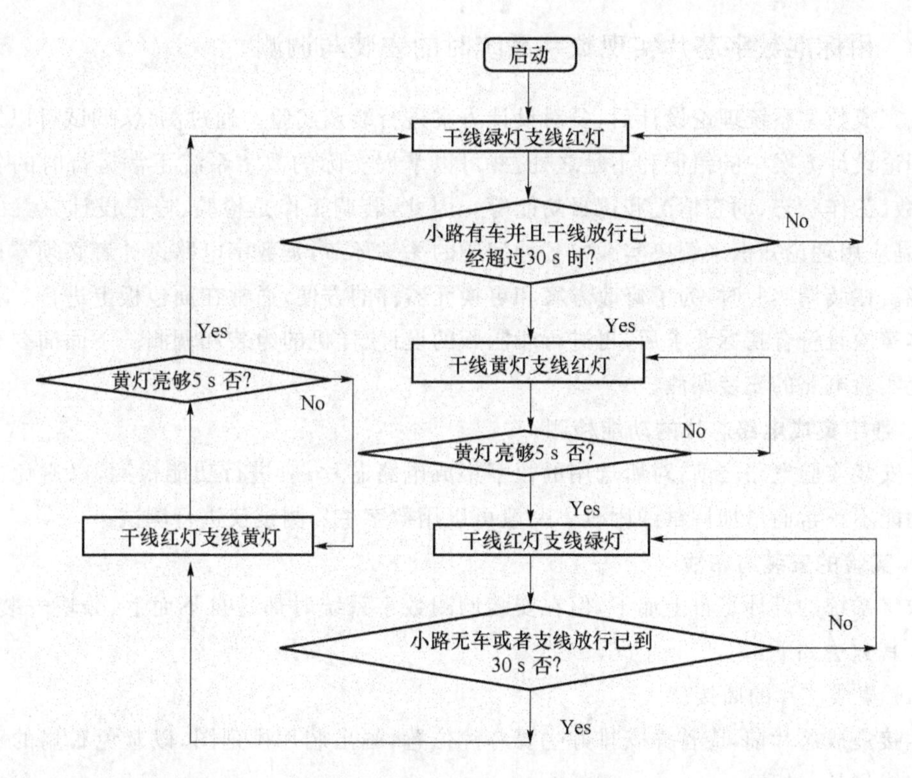

图 4-14　交通灯控制器逻辑流程图

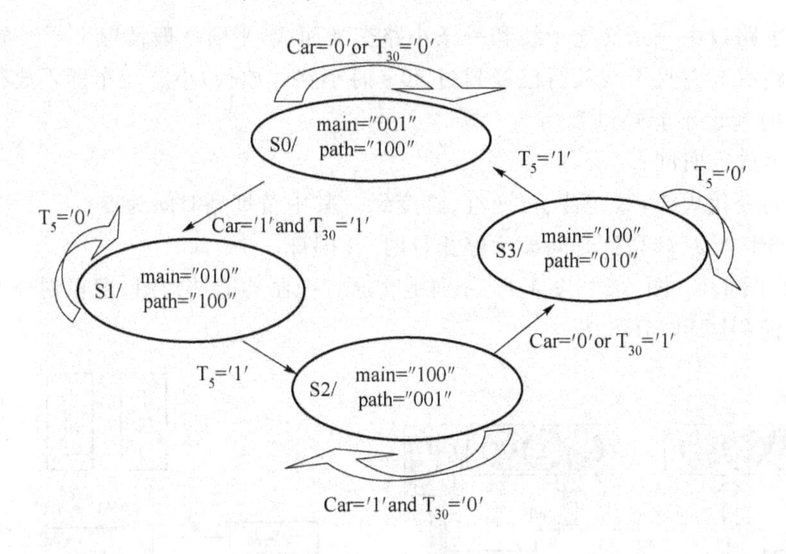

图 4-15　交通灯控制器的 MDS 图

4.5　数字系统的安装与调测

4.5.1　用标准数字芯片实现数字系统时的安装与调测

在完成数字系统理论设计后,要对设计方案进行装调实验。通过测量、调试可以发现并纠正理论设计方案中的错误和不足之处,并可以掌握实际的数字系统正常运行时的各项指标、参数、工作状态、动态情况和逻辑功能等。因此,装调工作是检验、修正设计方案的实践过程,是应用理论知识来解决实践中各种问题的关键环节,是数字电路设计者必须掌握的基本技能。在装调实验时,为了修改方案和更换元器件的方便,通常在面包板上进行。在完成了总体实验且符合指标要求后,再进行印制版的设计、样机的组装和调测。下面简要介绍数字系统实验电路的安装调测。

1. 数字集成电路芯片的功能检测

在安装实验电路之前,对所选用的数字集成电路芯片,应进行功能检测,以避免由于芯片的功能不正常而增加调试的困难。一般可以用数字芯片测试仪进行测试。

2. 实验的安装与布线

数字系统的设计是自上而下,但在安装调测数字系统时都是自下而上、分块安装、分块调测。其方法如下:

(1) 集成芯片的插接

插接集成芯片前,应首先安排好主要芯片位置,画出芯片排列图,以避免布局的不合理或互连线过长、过乱。

插接芯片时首先认清方向,不要倒插。安装时应对准面包板插孔的位置,将芯片插牢,并防止芯片管脚弯曲或折断。

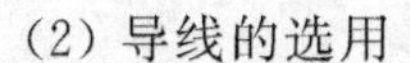
(2) 导线的选用

布线用的导线不宜太粗，以免损坏面包板的插孔；也不宜太细，以免与插孔接触不良。导线的剥口不宜太长或太短以免与插孔接触不良，5～7 mm 为合适。

为了检查电路方便，导线最好用多种颜色，以区别不同用处，如用红色导线接电源，用黑色导线接地线等。

(3) 布线的顺序

布线时应先将固定电平的端点接好，如电源线、地线、门电路的多余输入端以及实验过程中始终不改变电平的输入端(如触发器的清零端 R 或置位端 S 等)。然后按信号的流向顺序对所划分的子系统逐一布线。布线时注意导线不宜太长，最好贴近面包板并在芯片周围走线，应尽量避免导线重叠，切忌导线跨越芯片的上空，杂乱地在空中搭成网状。正确布线的实验板，电路清晰，整齐美观，既提高了电路工作的可靠性，又便于修正电路或更换器件，也便于检查和排除故障。

每一部分电路安装完毕后，不要急于通电。应先认真检查电路接线是否正确，包括错线、少线和多线。查线时，最好用万用表来测试，而且应尽量直接测量元器件引脚，这样可以同时发现接触不良的地方。

3. 数字系统的调试

调试就是对安装后的电路进行参数和工作状态测试。一般来说，数字系统的调试分为两步进行。首先进行分调(即按逻辑划分的模块进行调试)，然后进行整机调试(即总调)。

(1) 调试的要求

① 应熟悉调试对象的工作原理和电路结构，明确调试的任务。即搞清楚调试的是什么电路，电路输入/输出间的关系如何，正确情况下输入和输出信号的幅度、频率、波形怎样，做到心中有数。

② 应在电路实际工作状态下(如接上负载，输入额定高、低电平等)进行测量。

③ 从实际出发选用仪表，尽量使用简便的测量方法，并注意设备和人身安全。

④ 养成边测量、边记录、边分析的良好习惯，培养认真、求实的科学态度和工作作风。

(2) 测试的基本内容

数字电路测试的基本项目是静态测量和动态测量。通常是按先静态后动态进行测试。静态测量是测量电路在没有输入信号或加固定电平信号时各点的电位。一般采用内阻较高的万用表或示波器进行测量。

动态测量是测量电路输入端引入合适输入脉冲信号时，各处的工作状态。测量时包括输入输出脉冲波形、幅度、脉宽、占空比等脉冲参数或其他技术指标。一般选用合适的脉冲信号发生器、双踪示波器或逻辑分析仪进行测量。

(3) 调试方法

数字电路的调试工作包括测量和调整。通过测量可以掌握大量的数据、波形等，然后对电路进行分析和判断，把实际观察到的现象和理论预计的结果加以定量比较，从中发现电路在设计和安装上的问题，从而提出调整和改进的措施。

通常调试工作是按信号的流程逐级进行。可以从输入端向输出端推进，也可以从输出端向输入端倒推，直到使电路达到预定的设计要求为止。

4. 数字系统中的噪声

所谓电子电路中的噪声，就是对信号进行干扰，对信息传递进行阻碍和扰乱。

数字系统设计完成时画出的逻辑图，并未考虑元件间的距离、寄生电阻、寄生电容和寄生电感，而实物是组装成一体的具体电路。因此，数字系统在安装设计时，都要通过多种途径来克服噪声。

噪声侵入数字系统的途径可以是天线(不用的 TTL 系列的输入端悬空就相当于一根天线)、电源线、接地线、输入输出线。噪声源与电路之间以有线或无线方式形成的无用耦合，就会造成干扰。抑制噪声的一般原理是切断噪声源、减小噪声耦合、提高线路抗干扰容限。下面就数字系统中常见的噪声源及其抑制方法做一简要介绍。

(1) 常见噪声源

① 外部辐射噪声

这些噪声源一般是高电压、快速上升的脉冲信号、大电流，它们都是以无线方式，通过静电耦合(寄生电容)或电磁耦合(线圈、变压器)形成干扰。这类噪声都可以采用屏蔽技术来消除。而数字系统中主要是静电耦合形成干扰，抑制的方法是采用同轴屏蔽电缆做连线。

② 内部噪声

a. 当数字系统中各集成电路共用一个电源时，电源内阻和接线阻抗所形成的公共阻抗，可能使一个集成芯片产生的噪声到达另一个集成芯片，引起噪声干扰，而这类噪声是普遍存在的。为此，建议在电源和地之间直接跨接一个去耦电容 C_d。此去耦电容 C_d 一般用几十或几百微法的电解电容。在高频或开关速度较高的数字系统中，还应有一个 0.1 μF 的小电容与电解电容并联。

b. 精心设计的接地系统，能在系统设计中消除许多噪声引起的干扰。尤其是模拟电路、数字电路，甚至机电系统的混合体更是如此。因此，在设计接地时，模拟和数字系统都应尽量有自己的电源。模拟地和数字地只有一点接到公共地上，数字电路内部的接地方式尽量采用并联方式一点接地，否则会形成公共阻抗，引起干扰。

③ 传输线的反射

如果在一段导线上传播延迟比所传送的脉冲转移时间长的话，此段导线就可作为传输线来考虑。当传输线的阻抗不匹配时，就会产生反射。实际上，数字组件的输入、输出阻抗常常是变化的，只要导线较长且较细时，就可能产生反射，导致寄生振荡或形成波形过冲以及降低抗干扰容限。

④ 串扰噪声

当很多导线平行走线时，由于多支电流在相应的导线同时发生急剧变化，通过寄生耦合将产生线间串扰。串扰噪声与信号电平的大小、脉冲宽度、传输时间、上升时间及线长等均有关系，如长时钟线最容易因串扰而形成误动作。对于时钟速度较慢的电路，可以用加 0.01 μF的滤波电容来克服这种串扰影响。

(2) 抑制噪声的方法

一个精心设计的数字系统，如果组装方法不好，也会成为抗干扰能力差的不稳定电路。所以，应尽量减小上述噪声影响。为此应注意以下几点：

① 集成芯片不用的输入端悬空会起天线的作用。对于时序电路来说，即使有暂态噪声也会使电路产生误动作，故不用的集成芯片输入端不允许悬空，必须按逻辑功能接电源或

地，或与信号端并联使用。

② TTL、CMOS器件开关动作时的电源电流变化非常大，是公共阻抗产生较大噪声的原因之一，所以必须使公共阻抗低。

③ 数字系统中的串扰、反射、公共阻抗噪声，都是由于集成电路电压、电流波形的陡峭前(后)沿引起的，因此，只要是超过所需速度的前(后)沿，便是噪声源。所以，在不损坏系统特性的范围内，适当加大上升(或下降)时间，也是减小噪声干扰的一种有效措施。

④ 三态输出电路在高阻态时电位不稳定，只要有一点外来干扰，就会产生频率非常高的振荡，并通过电磁耦合传给低电平电路，变成意料不到的噪声故障。为此，可在电源和三态电路的输出之间，接入一个不致形成明显负载的电阻。

⑤ 在使用CMOS电路时，其额定电压不可用到极限，并避免$U_{iH} > V_{DD}$，$U_{iL} < V_{SS}$。

5. 数字系统中的故障

实践证明，数字系统出现故障的原因是多方面的，它包括接线错误、接点接触不良、元器件性能不稳或损坏、电路参数选择不合理、信号源或电源不合要求以及外部和内部噪声的影响等。其中接线错误占故障的一半以上。

排除任何故障的第一步，就是对可以观察到的故障现象进行分析，首先缩小故障范围，把故障缩小到一个电路或一个集成芯片内，再确定故障原因。

数字电路除三态电路以外，输出不是高电平就是低电平，不允许出现不高不低的状态。在数字系统中，一个IC的输入一般由若干个IC提供，而它的输出又经常带动多个IC电路的输入。同一故障一般由不同的原因引起。检查时可把故障块的输出和其他负载断开，测试其无负载电平，则可判断故障是来自负载，还是IC本身。

在电路中，当某个器件B静态电位正常，而动态波形有问题时，不一定是器件B本身有问题，而可能与为它提供输入信号的器件A的负载能力有关。当把器件A的负载断开，检查后边的电路，若它们的工作是正常的，说明器件A负载能力有问题，可以更换它。如果断开负载电路后仍存在问题，则要检查提供给器件B的输入信号波形是否符合要求。当输入信号经过施密特电路整形后再加入到IC输入端，检查输出波形是否还存在问题，若仍存在，则也必须更换器件B。

4.5.2　用PLD专用集成芯片实现数字系统时的安装与调测

当用大规模的PLD器件实现数字系统时，它的安装与调测和前面所讲的用标准数字芯片实现数字系统时的安装与调测是不同的。用标准数字芯片实现数字系统时，系统设计正确与否，一般是要通过系统的安装和调测后，才能知道，并通过安装和调测修改可能出现的系统设计错误。而用大规模的PLD器件实现数字系统时，判断系统设计正确与否及可能出现的系统设计错误的修改，均是在硬件安装之前完成的。也就是说，在硬件安装之前，应该保证系统设计是正确的。这一步是用EDA工具，通过进行系统仿真来完成的。

所谓系统仿真，就是说在进行系统设计时，将系统分为控制器和许多子系统，在完成每个子系统设计的同时，完成各个子系统的仿真，保证每个子系统能够完成所要求的功能。然后通过控制器的设计，将各个子系统联系起来，进行总体的系统仿真，以验证系统是否符合预期的设计，如不符合再进行修改，直至满足设计要求为止。

由于采用了PLD器件，数字系统设计的大部分功能均由PLD器件完成，只有少部分外围电路、接口电路、时钟产生电路等是由 PLD 以外的元器件来完成，所以，实现系统所用的芯片减少，连线减少，由此产生的故障和噪声也将大大减少。但它仍会出现故障和产生噪声，解决的方法可以参照前面讲述的标准数字芯片实现数字系统时的解决方法。只是特别需要注意的是：

(1) PLD 器件的电源和地。不同的封装，它的电源和地所对应的管脚是不同的，在安装时，一定要对照管脚图，仔细安装，并注意 PLD 器件所用的电源电压是多少，不要接错，否则会造成 PLD 器件的损坏。

(2) 注意 PLD 器件的负载能力。特别是当 PLD 器件直接驱动显示器件等较大负载时，一定要检查 PLD 器件的负载能力，如果它的负载能力不够，就应外加缓冲驱动器件，以提高电路的驱动能力。

(3) 一般大规模的 PLD 器件均是采用 CMOS 工艺制造的，所以 PLD 器件的输入端一定不要悬空(包括瞬时悬空)。

4.6 系统优化

在硬件系统设计中，对于相同的功能要求，不同的电路结构会有迥异的性能指标，这主要表现在系统速度、资源利用率(面积 Area)、可靠性的方面。因此，EDA 的实用技术必须包括优化设计和验证测试等方面的技术手段。

本节着重从速度和面积角度出发，考虑如何编写代码或设计电路，以获得最佳的效果。但是，有些方法是以牺牲面积来换取速度，而有些方法是以牺牲速度来换取面积，也有些方法可同时获得速度和面积的好处，具体如何操作应当依据实际情况而定。

速度和面积的处理实际是对电路结构的处理，即如何获得最优的电路结构。在处理速度与面积问题的一个原则是向关键路径(部分)要时间、向非关键路径(部分)要面积。为了获得更高的速度，应当尽量减少关键路径上的逻辑级数；为了获得更小的面积，应当尽量共享已有的逻辑电路。

4.6.1 面积优化

在 FPGA/CPLD 设计中，硬件设计资源即所谓面积是一个很重要的指标。对于 FPGA/CPLD，其芯片面积是固定的，但有资源利用率问题，“面积”优化实际上指的是 FPGA/CPLD 的资源利用优化。FPGA/CPLD 资源的优化具有实用意义：

- 通过优化，可以使用规模更小的可编程逻辑芯片，从而降低系统成本；
- 对于许多可编程逻辑器件，由于布线资源有限，耗用资源过多会严重影响电路性能；
- 为以后的技术升级留下更多的可编程资源，方便添加产品功能；
- 对于多数可编程逻辑器件，资源耗用太多会使器件功耗显著上升。

1. 资源共享

在设计数字系统时经常会碰到一个问题：同样结构的模块需要反复地被调用，但该结构模块需要占用很多资源。这类模块往往是算术模块，比如乘法器、宽位加法器等，系统的组合逻辑资源大部分被它们占用。如果每次都单独描述，则每个 HDL 描述都要建立一套独

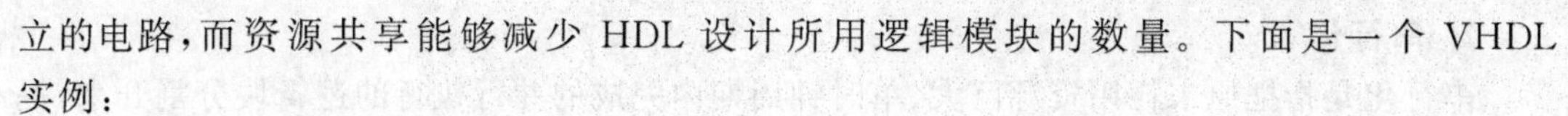

立的电路，而资源共享能够减少 HDL 设计所用逻辑模块的数量。下面是一个 VHDL 实例：

```
IF (sel = ´1´) THEN
    sum <= a + b;
ELSE
    sum <= c + d;
END IF;
```

这段代码没有利用资源共享，用了 2 个加法器实现，如图 4-16 所示。

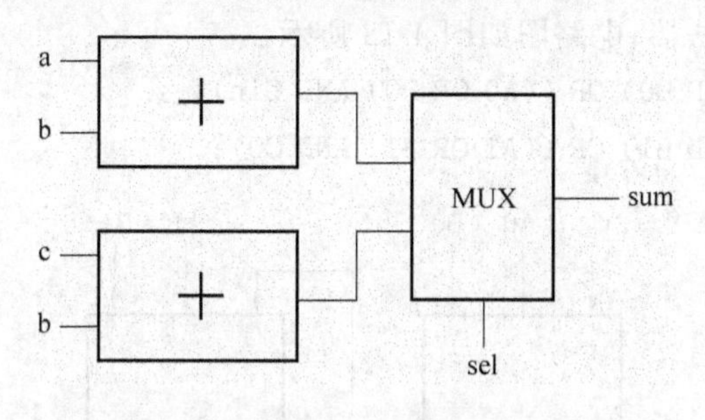

图 4-16 资源共享前，2 个加法器

加法器占用资源较多，如果利用资源共享，则可以用 2 个选择器和 1 个加法器实现(如图 4-17 所示)，减少资源占用。修改后代码如下：

```
IF (sel = ´1´) THEN
    temp1 <= a;
    temp2 <= b;
ELSE
    temp1 <= c;
    temp2 <= d;
END IF;
sum <= temp1 + temp2;
```

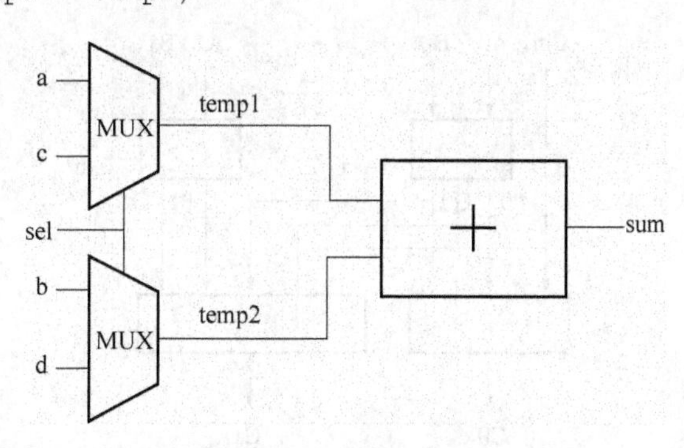

图 4-17 资源共享后，1 个加法器

资源共享主要针对数据通路中耗费逻辑资源比较多的模块，通过选择、复用的方式共享使用该模块，以减少该模块的使用个数，达到减少资源使用、优化面积的目的。

2. 串行化

串行化是指把原来耗用资源巨大、单时钟周期内完成的并行执行的逻辑块分割开来，提取出相同的逻辑模块(一般为组合逻辑模块)，在时间上复用该逻辑模块，用多个时钟周期完成相同的功能，其代价是工作速度被大为降低。

改变赋值语句的顺序和使用信号或变量可以控制设计的结构，每一个 VHDL 信号赋值、进程或元件的引用对应着特定的逻辑，每个信号代表一条信号线，使用这些结构能将不同的实体连接起来，实现不同的结构。下面的 VHDL 实例为 2 位加法器的进位链电路的两种可能的描述：

例 1 串行进位加法器，电路图如图 4-18 所示。

```
C0 <= (A0 AND B0) OR ((A0 OR B0) AND Cin);
C1 <= (A1 AND B1) OR ((A1 OR B1) AND C0);
```

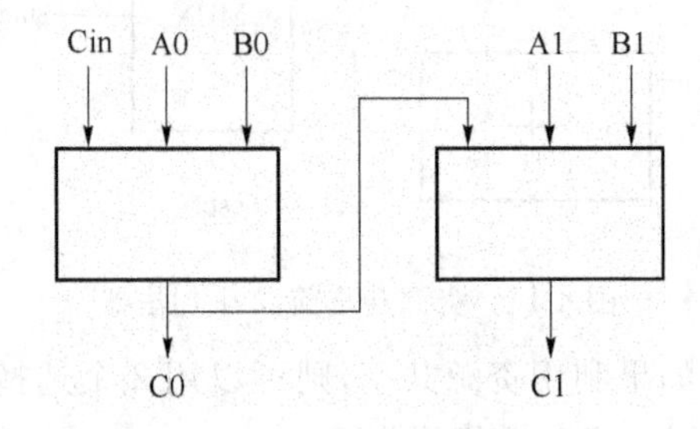

图 4-18 串行进位加法器

例 2 超前进位加法器，电路图如图 4-19 所示。

```
P0 <= A0 OR B0;
G0 <= A0 AND B0;
P1 <= A1 OR B1;
G1 <= A1 AND B1;
C0 <= G0 OR (P0 AND Cin);
C1 <= G1 OR (P1 AND G0) OR (P1 AND P0 AND Cin);
```

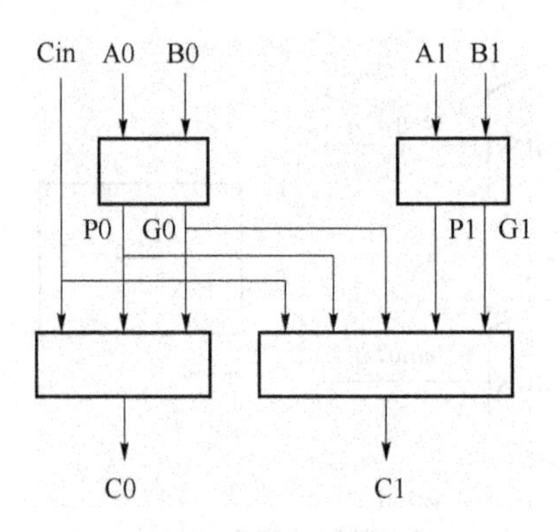

图 4-19 超前进位加法器

显然，例 2 方法速度快，但面积大；例 1 方法速度慢，但面积小。

3. 正确使用 VHDL 语句

在 VHDL 设计中,使用语句不当也是导致电路复杂化的原因之一,这使得综合后的电路当中存在很多不必要的锁存器,占用过多的资源,降低电路的工作速度。由于 IF 或者 CASE 语句较容易引入锁存器,所以当语句的判断条件不能覆盖所有可能的输入值的时候,逻辑反馈就容易形成一个锁存器。如下例:

```
PROCESS (Cond)
BEGIN
  IF (Cond = '1') THEN
    Data_out <= Data_in;
  END IF;
END PROCESS;
```

在上面的代码中,由于 if 语句不完整,DataOut 会被综合成锁存器。如果不希望出现不必要的锁存器时,应该将条件赋值语句写全,如在 if 语句最后加一个 else,case 语句加 others。

当然,随着高级编译软件的出现(如 QuartusⅡ7.2)这样的问题通过编译软件已经得到很好的解决。但对于一个设计人员而言,还是应该养成好的编程习惯,正确使用 VHDL 语句。

4.6.2 速度优化

对大多数设计来说,速度常常是第一要求。速度优化涉及的因素比较多,如 FPGA 的结构特性、HDL 综合器性能、系统电路构成、PCB 制版情况等,甚至 VHDL 程序表述不当也都会影响速度。

1. 流水线设计

流水线(Pipelining)技术在速度优化中是最常用的技术之一,它能显著地提高设计的运行速度上限。在现代微处理器、数字信号处理器、高速数字系统、高速 A/D、D/A 设计中几乎都离不开流水线技术,如 Intel 的 CPU 就使用了多级流水线技术。

流水线能动态的提升器件性能,它的基本思想是:对经过多级逻辑的长数据通路进行重新构造,把原来必须在一个时钟周期内完成的操作分成多个周期完成。这种方法允许更高的工作频率,因此提高了数据吞吐量。因为 FPGA 的寄存器资源非常丰富,所以对 FPGA 设计而言,流水线通常是一种先进的结构,而又不耗费过多的器件资源。然而,采用流水线后,数据通道变成多时钟周期,必须特别考虑设计的其余部分,解决增加通路带来的延迟。在定义这些路径的延时约束时必须特别小心。

当一个设计的寄存器之间存在多级逻辑时,其延时为源触发器的 clock-to-out 时间、多级逻辑的延时、多级逻辑的走线延时和目的寄存器的建立时间之和,工作时钟频率的提高受到这个延时的限制。采用流水线,减少了寄存器间的逻辑的级数,最终的结果是系统的工作频率提高了。

例 3 未使用流水线,其电路结构如图 4-20 所示。

```
LIBRARY IEEE;
USE IEEE.STD_LOGIC_1164.ALL;
USE IEEE.STD_LOGIC_UNSIGNED.ALL;
```

```
USE IEEE.STD_LOGIC_ARITH.ALL;
ENTITY mul4 IS
    PORT( clk   : IN STD_LOGIC;
          a,b,c: IN STD_LOGIC_VECTOR(3 DOWNTO 0);
          f     : OUT STD_LOGIC_VECTOR(7 DOWNTO 0));
END mul4;
ARCHITECTURE normal_arch OF mul4 IS
    SIGNAL a_tmp,b_tmp,c_tmp : STD_LOGIC_VECTOR(3 DOWNTO 0);
BEGIN
    P1:PROCESS(clk)
    BEGIN
        IF (clk'event AND clk = '1') THEN
            a_tmp <= a;
            b_tmp <= b;
            c_tmp <= c;
        END IF;
    END PROCESS;
    P2:PROCESS(clk)
    BEGIN
        IF (clk'event AND clk = '1') THEN
            f <= (a_tmp * b_tmp) + c_tmp;
        END IF;
    END PROCESS;
END;
```

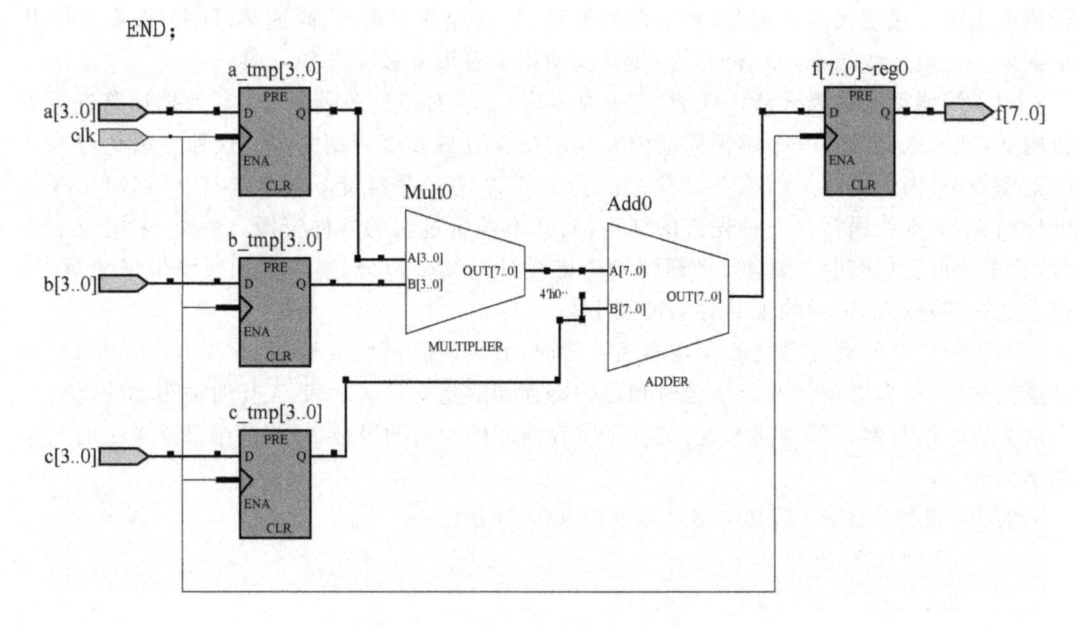

图 4-20 未使用流水线的电路结构

例 4 使用了流水线，其电路结构如图 4-21 所示。

```
LIBRARY IEEE;
USE IEEE.STD_LOGIC_1164.ALL;
USE IEEE.STD_LOGIC_UNSIGNED.ALL;
USE IEEE.STD_LOGIC_ARITH.ALL;
ENTITY pipemul4 IS
    PORT( clk   : IN STD_LOGIC;
          a,b,c: IN STD_LOGIC_VECTOR(3 DOWNTO 0);
          f     : OUT STD_LOGIC_VECTOR(7 DOWNTO 0));
END pipemul4;
ARCHITECTURE pipelining_arch OF pipemul4 IS
    SIGNAL a_tmp,b_tmp,c_tmp1,c_tmp2 : STD_LOGIC_VECTOR(3 DOWNTO 0);
    SIGNAL mul_tmp : STD_LOGIC_VECTOR(7 DOWNTO 0);
BEGIN
    P1:PROCESS(clk)
    BEGIN
        IF (clk'event AND clk = '1') THEN
            a_tmp <= a;
            b_tmp <= b;
            c_tmp1 <= c;
        END IF;
    END PROCESS;
    P2:PROCESS(clk)
    BEGIN
        IF (clk'event AND clk = '1') THEN
            mul_tmp <= a_tmp * b_tmp;
            c_tmp2 <= c_tmp1;
        END IF;
    END PROCESS;
    P3:PROCESS(clk)
    BEGIN
        IF (clk'event AND clk = '1') THEN
            f <= mul_tmp + c_tmp2;
        END IF;
    END PROCESS;
END;
```

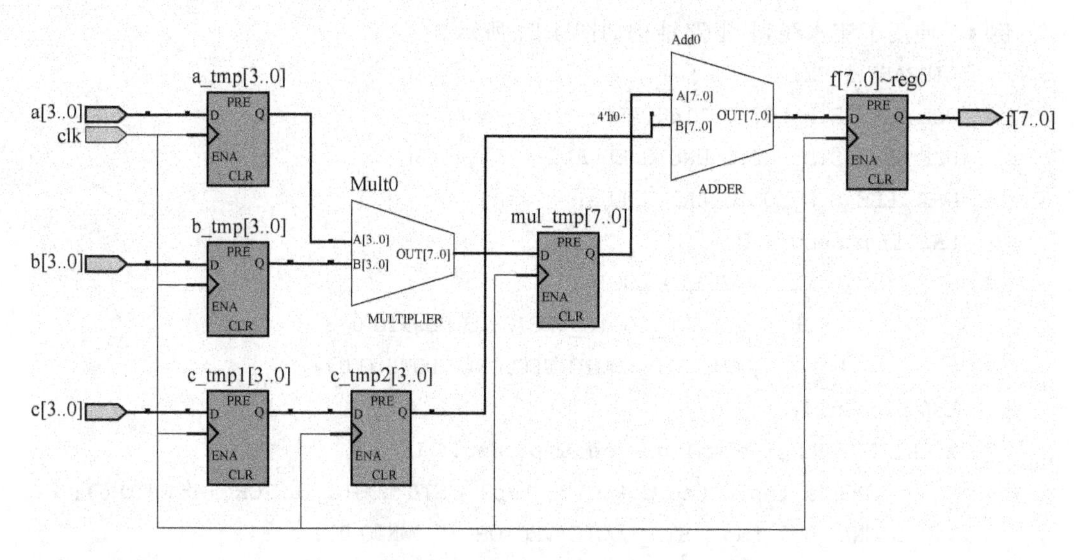

图 4-21　使用了流水线的电路结构

从上面的例子可以看出，例 3 未使用流水线，在设计中存在一个延时较大的组合逻辑块(乘法和加法)；例 4 使用了 2 级流水线，把延时较大的组合逻辑块切割成了两块(乘法和加法分开)，并在这两个逻辑块中插入了寄存器。这样，每隔一个时钟周期，乘法器就输出一个结果，寄存器得到一个新的数据，这时加法器和乘法器处理的不是同一个信号，资源被优化利用了，而寄存器对信号数据做了暂存。流水线工作可以用图 4-22 来表示。

未使用流水线	信号1		信号1
流水线第1级	信号1	信号2	
流水线第2级		信号1	信号2

图 4-22　流水线工作图示

对上面两个设计在 Quartus Ⅱ上进行分析，未使用流水线时，时钟频率为 71.36 MHz，使用流水线后，时钟频率为 83.79 MHz。

2. 关键路径法

关键路径(critical path)是指设计中从输入到输出经过的延时最长的逻辑路径，优化关键路径是一种提高设计工作速度的有效方法。一般地，从输入到输出的延时取决于信号所经过的延时最大(或称最长)路径，而与其他延时小的路径无关。在可编程器件中，关键路径上的每一级逻辑都会增加延时。为了保证能满足定时约束，就必须在对设计的行为进行描述时考虑逻辑的级数。减少关键路径延时的常用方法是给最迟到达的信号最高的优先级，这样能减少关键路径的逻辑级数。下面的例子描述了如何减少关键路径上的逻辑级数：

例 5　critical 信号经过 2 级逻辑，如图 4-23 所示。

```
IF (clk'event AND clk = '1') THEN
  IF (non_critical = '1' AND critical = '1') THEN
    out1 <= in1;
  ELSE
```

```
      out1 <= in2;
    END IF;
END IF;
```

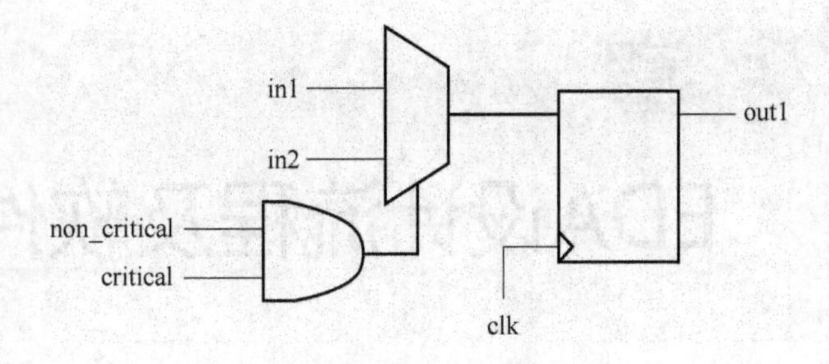

图 4-23 critical 信号经过 2 级逻辑

例 6 critical 信号经过 1 级逻辑,如图 4-24 所示。

```
PROCESS (non_critical, in1, in2)
   IF (non_critical = '1') THEN
      out_temp <= in1;
   ELSE
      out_temp <= in2;
   END IF;
END PROCESS;
PROCESS(clk)
   IF (clk'event AND clk = '1') THEN
      IF (critical = '1') THEN
         out1 <= out_temp;
      ELSE
         out1 <= in2;
      END IF;
   END IF;
END PROCESS;
```

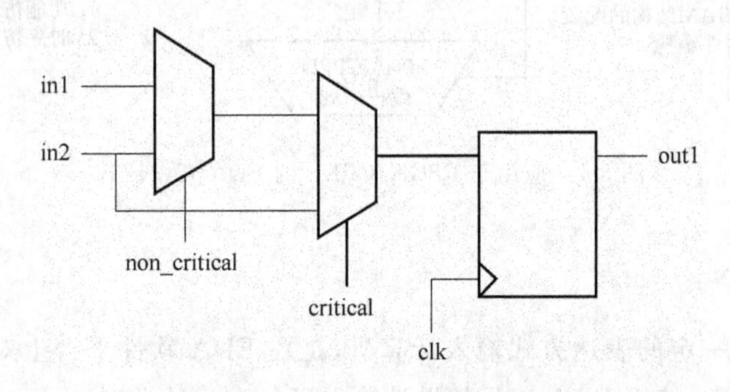

图 4-24 critical 信号经过 1 级逻辑

第5章 EDA设计流程及软件使用

5.1 EDA设计流程

完整地了解利用EDA技术进行设计开发的流程对于正确选择和使用EDA软件、优化设计项目、提高设计效率十分有益。一个完整的EDA设计流程既是自顶向下设计方法的具体实施途径，也是EDA工具软件本身的组成结构。在实践中进一步了解支持这一设计流程的诸多设计工具，有利于有效地排除设计中出现的问题，提高设计质量和总结设计经验。

图5-1是基于EDA软件的FPGA/CPLD开发流程框图，以下将分别介绍各设计模块的功能特点。

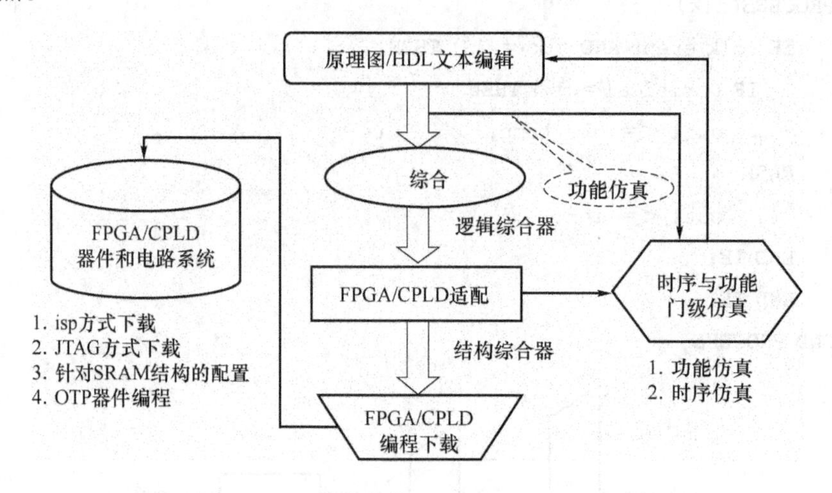

图5-1　应用于FPGA/CPLD的EDA开发流程

5.1.1　设计输入

将电路系统以一定的表达方式输入计算机，是在EDA软件平台上对FPGA/CPLD开发的最初步骤。通常，使用EDA工具的设计输入可分为两种类型。

1. 图形输入

图形输入通常包括原理图输入、状态图输入和波形图输入三种常用方式。

状态图输入方式就是根据电路的控制条件和不同的转换方式，用绘图的方法，在EDA工具的状态图编辑器上绘出状态图，然后由EDA编译器和综合器将状态流程图编译综合成电路网表。

波形图输入方式则是将待设计的电路看成是一个黑盒子，只需告诉EDA工具黑盒子电路的输入和输出时序波形图，EDA工具即能据此完成黑盒子电路的设计。

以下主要讨论原理图输入方式。这是一种类似于传统电子设计方法的原理图编辑输入方式，即在EDA软件的原理图编辑界面上绘制完成特定功能的电路原理图。原理图由逻辑器件和连线构成，图中的逻辑器件可以是EDA软件库中预制的功能模块，如逻辑门、触发器以及各种含74系列器件功能的宏功能块，甚至还有一些类似于IP的功能块。

原理图编辑绘制完成后，原理图编辑器将对输入的图形文件进行排错，之后在将其编译成适用于逻辑综合的网表文件。原理图输入方式的优点是显而易见的：

(1) 设计者进行电子线路设计不需要增加新的相关知识。

(2) 设计过程形象直观，适用于初学或教学演示。

(3) 由于设计方法接近于底层电路布局，因此易于控制逻辑资源的耗用。

然而，使用原理输入方式进行设计的缺点同样是十分明显的：

(1) 由于图形设计方式没有标准化，不同的EDA软件中的图形处理工具对图形的设计规则、存档格式和图形编译方式都不同，图形文件兼容性差，难以交换和管理。

(2) 随着电路设计规模的扩大，原理图输入方式必然引起一系列难以克服的困难，如电路功能原理的易读性下降，错误排查困难，整体调整和结构升级困难。

(3) 由于图形文件的不兼容，电路模块的移植和再利用十分困难，这是EDA技术应用的最大障碍。

(4) 由于在原理图中已经确定了设计系统的基本结构和元件，留给综合器和适配器的优化选择的空间已十分有限，因此难以实现用户所希望的面积、速度以及不同风格的综合优化。

(5) 在设计中，由于必须直接面对硬件模块的选用，因此行为模型的将无从谈起，从而无法实现真正意义上的自顶向下的设计方法。

2. HDL文本输入

这种方式与传统的计算机软件语言编辑输入基本一致，就是将使用了某种硬件描述语言(HDL)的电路设计文本，如VHDL或Verilog的源程序，进行编辑输入。

可以说，应用HDL的文本输入方法克服了上述原理图输入法存在的所有弊端，为EDA技术的应用和发展打开了一个广阔的天地。

5.1.2 综 合

在电子设计领域中，综合(Synthesis)就是将用行为和功能层次表达的电子系统转换为低层次的便于具体实现的模块组合的过程。综合器就是能够自动将一种设计表示形式转换成另一种设计表示形式的计算机软件，它可以将高层次的表示转化为低层次的表示，可以从行为域转化为结构域，可以将高一级抽象的电路表示(如算法级)转化为低一级的表示(如门级)，并可以用某种特定的技术实现(如CMOS)。

整个综合过程就是将设计者在EDA平台上编辑输入的HDL文本、原理图或状态图形描述,依据给定的硬件结构组件和约束控制条件进行编译、优化、转换和综合,最终获得门级电路甚至更底层的电路描述网表文件。由此可见,综合器工作前,必须给定最后实现的硬件结构参数,它的功能就是将软件描述与给定的硬件结构用某种网表文件的方式对应起来,成为相应的映射关系。

如果把综合理解为映射过程,那么显然这种映射不是唯一的,并且综合的优化也不是单方向的。为达到速度、面积、性能的要求,往往需要对综合加以约束,称为综合约束。一般约束条件可分为三种,即设计规则、时间约束和面积约束。

需要注意的是,VHDL(或 Verilog)的IEEE标准,主要指的是文档的表述、行为建模及其仿真,至于在电子线路的设计方面,VHDL(或 Verilog)并没有得到全面的支持和标准化。这就是说,VHDL综合器并不能支持标准VHDL的全集(所有语句),而只能支持其子集,即部分语句,并且不同的VHDL综合器所支持的VHDL子集也不完全相同。并且,对于相同的VHDL源代码,不同的综合器可能综合出在结构和功能上并不完全相同的电路系统。因此,在设计过程中,必须尽可能全面了解所使用的综合器的基本特性。

5.1.3 适配

适配器也称结构综合器,它的功能是将由综合器产生的网表文件配置于指定的目标器件中,使之产生最终的下载文件,如JEDEC、Jam格式的文件。适配所选定的目标器件(FPGA/CPLD芯片)必须属于原综合器指定的目标器件系列。通常,EDA软件中的综合器可由专业的第三方EDA公司提供,而适配器则需由FPGA/CPLD供应商提供,这是因为适配对象直接与器件的结构细节相对应。

适配器将综合后的网表文件针对某一具体的目标器件进行逻辑映射操作,其中包括底层器件配置、逻辑分割、逻辑优化、逻辑布局布线操作。适配完成后可以利用适配所产生的仿真文件作精确的时序仿真,同时产生可用于编程的文件。

5.1.4 仿真

在下载前必须利用EDA工具对适配生成的结果进行模拟测试,就是所谓的仿真。仿真就是让计算机根据一定的算法和一定的仿真库对EDA设计进行模拟,以验证设计,排除错误。仿真是当前数字系统验证的主要手段,它的局限性在于仿真器的功能仅是表现在某一组外部激励信号作用下该数字系统的行为,至于加什么样的外部激励信号和在该外部激励信号作用下系统的反应正确与否,完全由设计者自己决定。

由此可知,设计者必须给仿真器提供以下信息:

(1) 数字系统基本元件的功能特性。

(2) 基本元件的互连关系或相互作用的关系。

(3) 仿真过程所需的信息,如外部激励信号的名称和波形、观察点的名称以及如何表示被观察信号的命令等。

仿真技术当前所面临的挑战是:

(1) 电路的规模越来越大。

(2) 工艺的进步使线宽、线距越来越小(目前的典型尺寸是 0.13 μm、90 nm,已经出现 60 nm 的芯片),寄生参数变得不可忽略。

(3) 适应从高层次到低层次混合仿真的要求。

这些都会使仿真器的运行时间和所需存储空间极大地增长,面对以上挑战的对策是:

(1) 改进仿真算法。

(2) 改进形式验证或其他技术。

5.1.5 下 载

下载,即把适配后生成的编程或配置文件,通过编程器或编程电缆下载到 FPGA 或 CPLD 中,以便进行硬件调试和验证。

5.1.6 硬件测试

将含有载入了设计的 FPGA 或 CPLD 的硬件系统进行统一测试,以便最终验证设计项目在目标系统上的实际工作情况,以排除错误,改进设计。

5.2 Quartus Ⅱ使用指南

Altera 公司的 Quartus Ⅱ提供了完整的多平台设计环境,能满足各种特定设计的需要,是单芯片可编程系统(SOPC)设计的综合性环境和 SOPC 开发的基本设计工具,并为 Altera DSP 开发包进行系统模型设计提供了集成综合环境。Quartus Ⅱ设计环境完全支持 VHDL、Verilog 的设计流程,其内部嵌有 VHDL、Verilog 逻辑综合器。Quartus Ⅱ也具备仿真功能,此外,与 MATLAB 和 DSP Builder 结合,可以进行基于 FPGA 的 DSP 系统开发,是 DSP 硬件系统实现的关键 EDA 工具。

本节将通过几个简单的例子,详细介绍 Quartus Ⅱ的使用方法,包括创建工程、设计输入、综合与适配、仿真测试、优化设计和编程下载等方法。

5.2.1 创建工程

在 Quartus Ⅱ中,任何一项设计都是一项工程(Project),都必须首先为此工程建立一个放置与此工程相关的所有文件的文件夹。此文件夹将被 EDA 软件默认为工作库(Work Library)。一般情况下,不同的设计项目最好放在不同的文件夹中,而同一工程的所有文件最好都放在同一文件夹中。这里以设计一个全加器为例,假设本项设计的文件夹取名为 FA,在 D 盘中,路径为 D:\FA。

在此要利用 New Project Wizard 工具选项创建此设计工程,并设定此工程的一些相关的信息,如工程名、目标器件、综合器、仿真器等。

详细步骤如下:

1. 打开建立新工程管理窗

选择菜单“File”→“New Project Wizard”,即弹出工程设置对话框(如图 5-2 所示)。单击此对话框最上一栏右侧的“…”按钮,找到文件夹 D:\ FA,再单击“打开”按钮。然后在第

2栏和第3栏分别输入工程名和顶层文件名(本例中均为FA)。其中第1行的D:\FA表示工程所在的工作库文件夹;第2行的FA表示此项工程的工程名,此工程名可以取任何名字,一般直接用顶层文件的实体名作为工程名;第3行是顶层文件的实体名,这里即为FA。

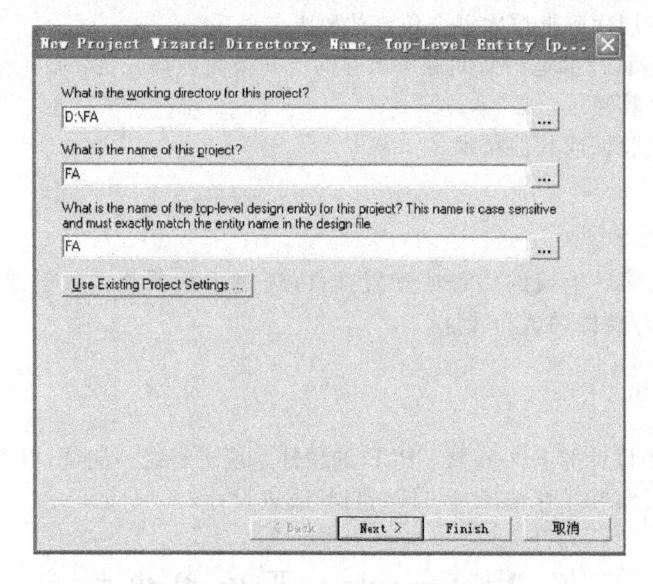

图5-2　利用New Project Wizard创建工程FA

2. 将设计文件加入工程

单击图5-2中的Next按钮,在弹出的对话框中可以将与工程相关的所有设计文件加入此工程(如图5-3所示)。如果有已经设计好的文件,可以通过以下方法将文件加入工程:第1种是单击Add All按钮,将设定的工程目录中的所有设计文件加入到工程文件栏中;第2种方法是单击File name栏右侧的"…"按钮,从工程目录中选出相关的设计文件加入工程。如果没有可用的设计文件,则直接单击下方的"Next"按钮。

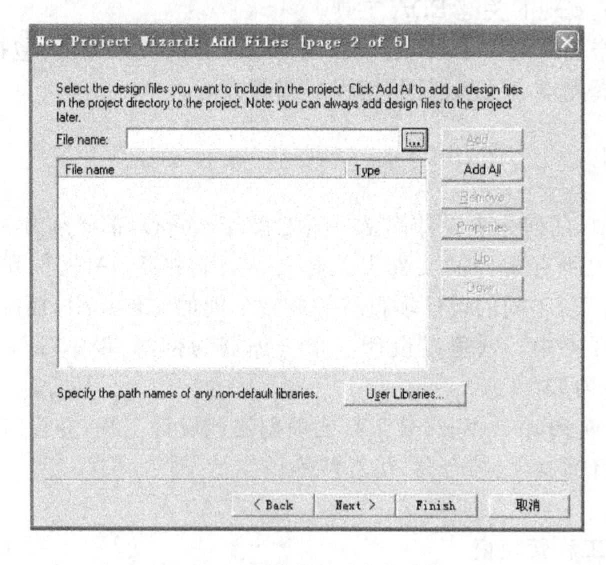

图5-3　将相关文件加入工程

3. 选择目标芯片

单击图 5-3 中的 Next 按钮,开始器件设置。首先在 Family 栏选择 MAX Ⅱ,在 Available devices 栏选择 EPM11270 T144C5(如图 5-4 所示)。选择时可以通过右侧的封装、引脚数、速度等条件来过滤选择,选好之后单击 Next 按钮。

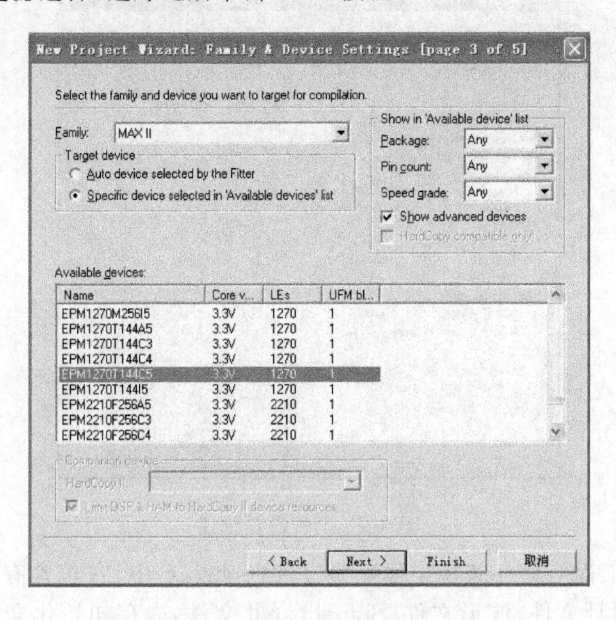

图 5-4 选择目标器件

4. 选择综合器、仿真器和时序分析器

单击图 5-4 中的 Next 按钮,这时弹出的窗口是选择仿真器和综合器类型(如图 5-5 所示),默认情况表示选择 Quartus Ⅱ中自带的仿真器和综合器,如需使用其他工具,在相应的栏目进行选择即可。在此都选择默认项。

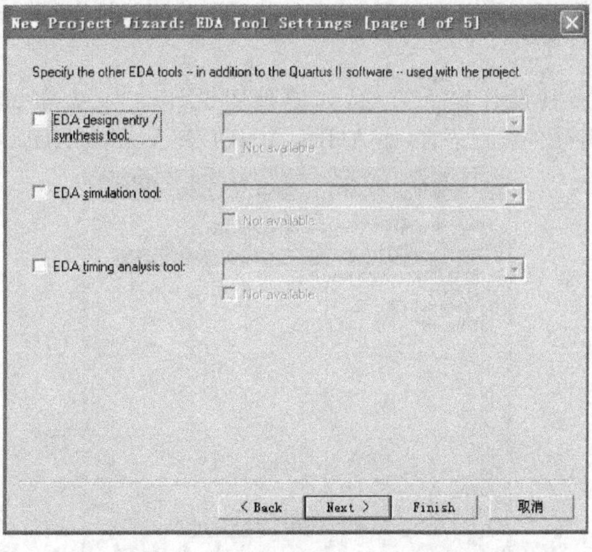

图 5-5 选择综合器、仿真器等

5. 结束设置

单击图5-5中的Next按钮,即弹出“工程设置统计”窗口,如图5-6所示,上面列出了此项工程相关设置情况。单击Finish按钮,即可设定好此工程。

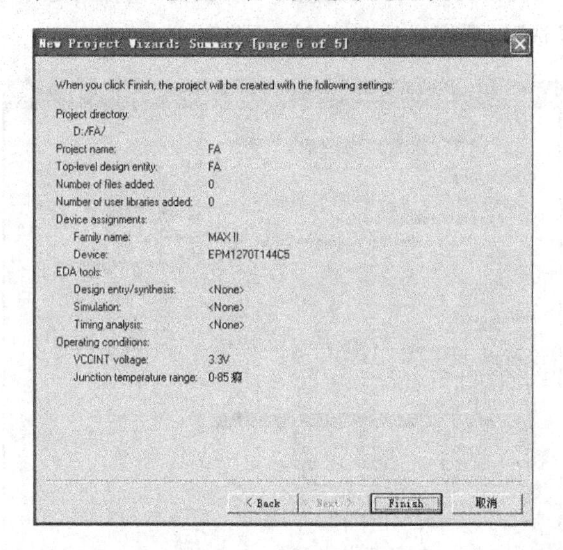

图5-6　工程设置统计

Quartus Ⅱ将工程信息存储在工程配置文件(quartus)中,它包含有关Quartus Ⅱ工程的所有信息,包括设计文件、波形文件、SignalTap Ⅱ文件、内存初始化文件以及构成工程的编译器、仿真器和软件构建设置。

建立工程后,可以使用Settings对话框(Assignments菜单)的Add/Remove页在工程中添加和删除、设计其他文件。对于现有的MAX+PLUS Ⅱ的工程,还可以使用Convert MAX+PLUS Ⅱ Project命令(File菜单)将MAX+PLUS Ⅱ的分配与配置文件(acf)转换为Quartus Ⅱ工程。

5.2.2　原理图设计输入

Quartus Ⅱ支持多种设计输入方法,如原理图设计输入、文本编辑、第三方工具等。Quartus Ⅱ也支持多种硬件编程语言,如AHDL、VHDL和Verilog HDL(如图5-7所示)。

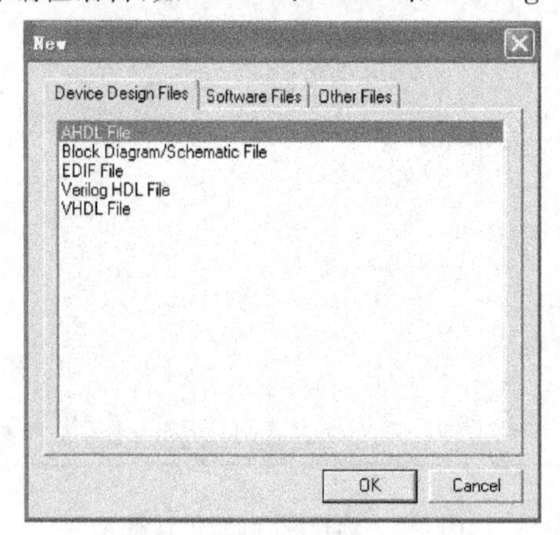

图5-7　多种设计输入方法

1. 原理图输入

在创建了工程后就可以通过 Quartus Ⅱ的原理图编辑器编辑设计文件，下面以设计一个全加器为例，说明原理图设计输入法的步骤。

(1) 创建原理图文件

选择菜单 File→New，在 New 窗口中的 Device Design Files 中选择设计输入文件的类型，这里选择 Block Diagram/Schematic File(如图 5-8 所示)，单击 OK 按钮打开原理图编辑器(如图 5-9 所示)。图 5-10 是原理图编辑工具栏，通过上面的快捷图标可以方便地设计、修改原理图。

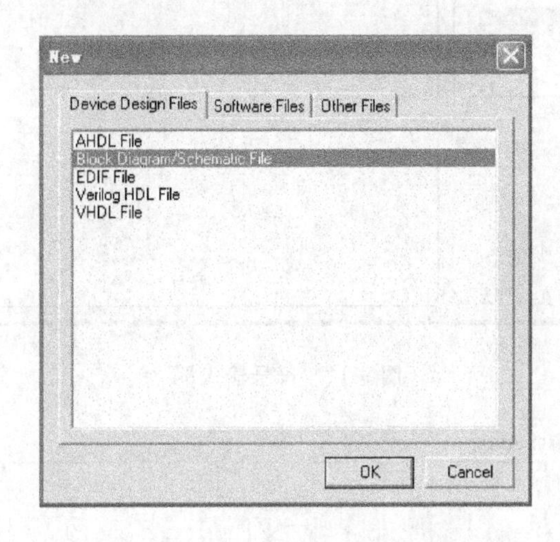

图 5-8 选择设计输入文件的类型

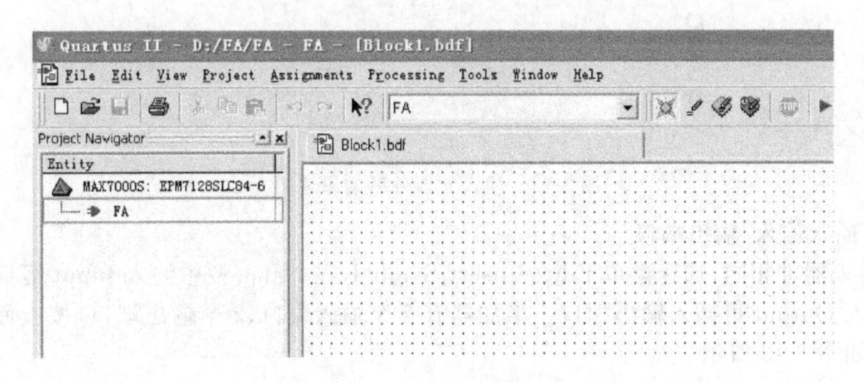

图 5-9 原理图编辑器

图 5-10 原理图编辑工具栏

(2) 插入符号

选择菜单 Edit→Insert Symbol，或在原理图编辑器的空白处双击鼠标左键，或在工具栏中单击 图标，都可以插入符号，即设计所需的逻辑器件，如图 5-11 所示。Quartus 的库中有丰富的符号资源，包括各种逻辑门、74 系列器件等，可以在符号输入框的 Libraries 栏中选择所需的器件，也可以在 Name 栏中直接输入器件的名称，选好器件后单击 OK 按钮选中该器件,然后在原理图编辑器中选好位置,按鼠标左键即可输入该器件。首先设计一个半加器,需要一个2输入与门(and2)和一个2输入异或门(xor),输入后的情况如图5-12所示。

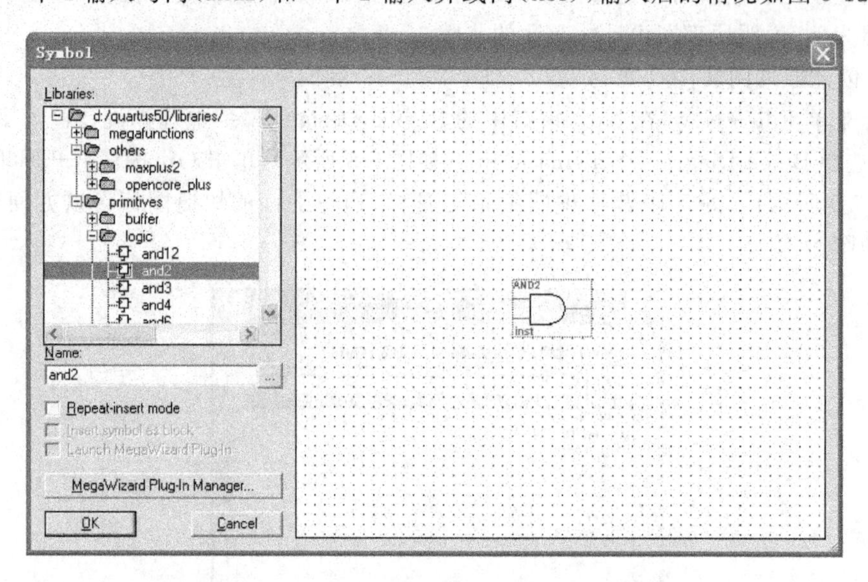

图5-11　符号输入框

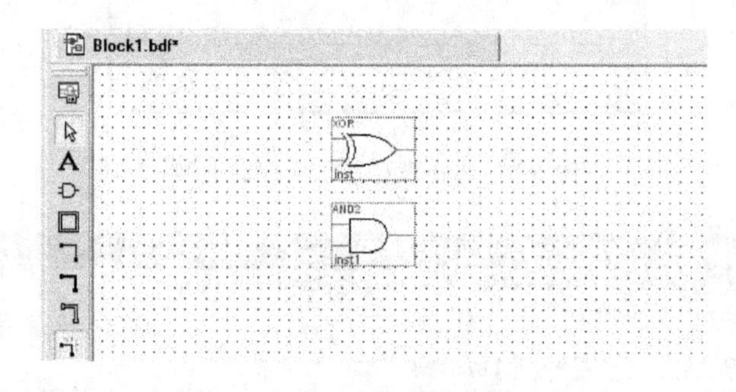

图5-12　插入元器件后的原理图

(3) 插入输入/输出端口

与插入器件相同,选择菜单Edit→Insert Symbol,在Name栏中输入Input可插入输入端口,输入Output可插入输出端口。半加器有2个输入端口、2个输出端口,按上面方法依次插入,如图5-13所示。

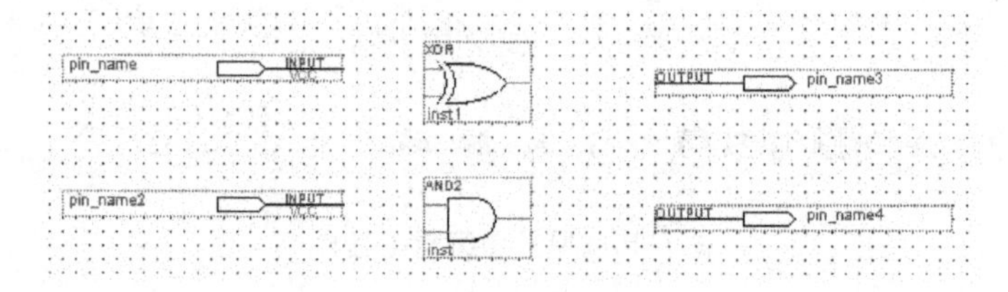

图5-13　插入输入/输出端口

(4) 修改端口名

在原理图编辑器中双击某个端口,可以修改其名称等属性,如图5-14所示。将Pin Name(s)栏中的端口名修改成所需的名称,在半加器中,将输入端口分别设为a、b,输出端口分别设为 s、co，修改后的原理图如图 5-15 所示。

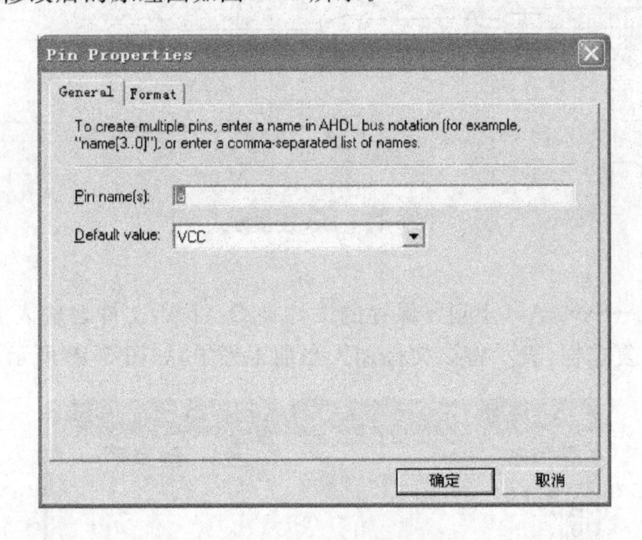

图 5-14　端口属性

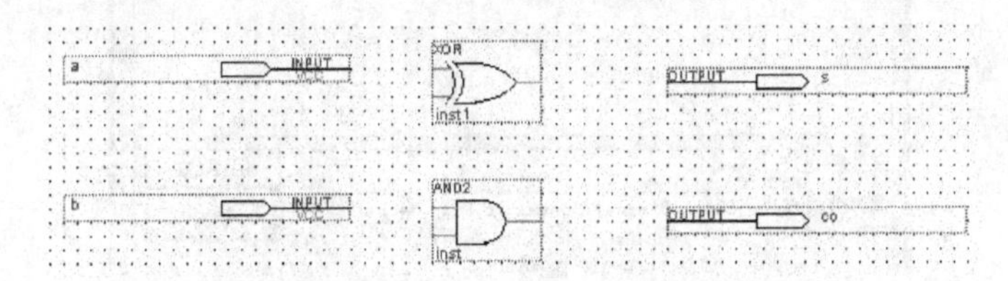

图 5-15　端口名称修改完成

(5) 连接电路

① 通过工具栏的┐和┓图标选择连线类型，┐表示线宽为 1 位，┓表示是总线(bus)连接，线宽在给总线命名时指定。

② 连线时将鼠标移到引脚、符号或连线端口，鼠标变为"+"时，即可连线。按住鼠标左键，拖动鼠标画线，画好后松开左键。画线时注意不要画到器件图形符号的虚线框里面。

③ 引线命名。选中需要命名的引线，输入引线名即可。对于总线(bus)，可以在名称后面加"[ ]"指定线宽，如 Q[7..0]，表示总线 Q 的线宽为 8 位。

④ Net 连接方式。节点之间除了直接用引线连接，还可以通过 Net 方式连接，即给节点、引线取相同的名称，则同名节点之间是连通的。

图 5-16 是用引线连线方式连接好的半加器电路，图 5-17 是用 Net 连接方式连接好的半加器电路。

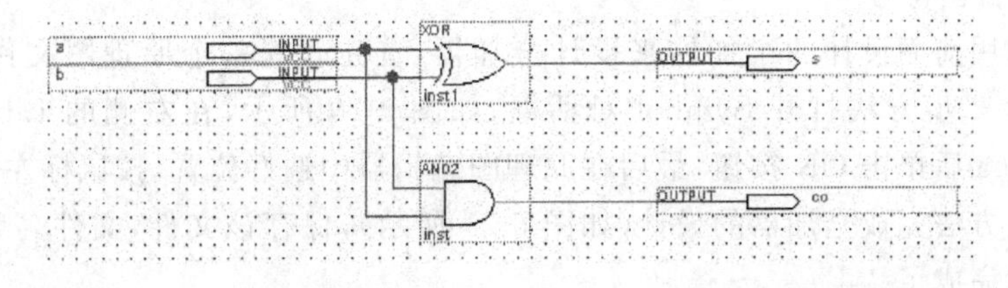

图 5-16　引线连线方式

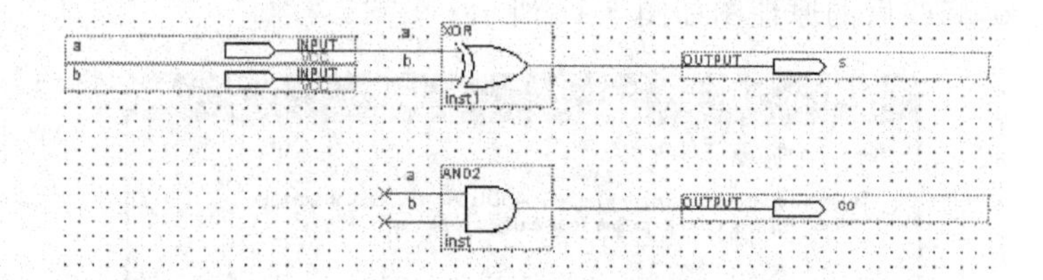

图 5-17　Net 连接方式

(6) 文件存盘

选择菜单 File→Save As,找到要保存的文件夹 D:\FA,文件名输入 ha。勾选 Add file to current project 复选框,表示将该文件加入当前工程中,如图 5-18 所示。

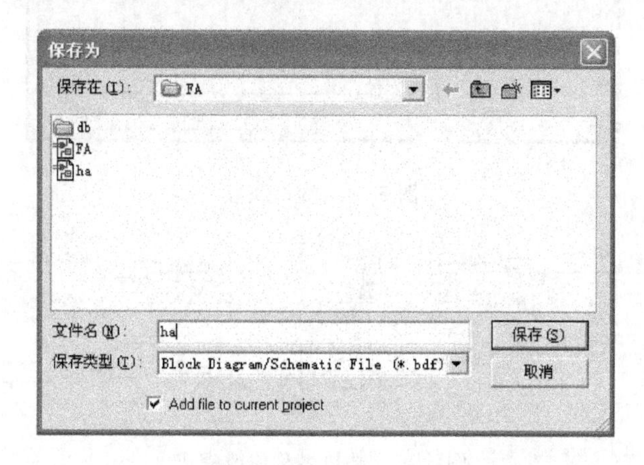

图 5-18　保存设计文件

(7) 创建符号文件

在 Quartus Ⅱ中可以为当前设计创建符号文件,这样在后面的设计中就可以把当前设计作为逻辑符号直接调用,与库中的符号资源一样。选择菜单 File→Create/Update→Create Symbol Files For Current File,创建成功后将弹出图 5-19 所示窗口。

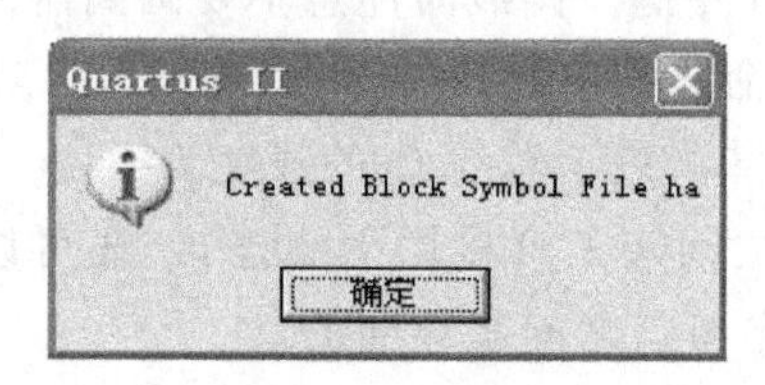

图 5-19　创建符号文件

(8) 调用自创符号

下面将调用前面设计的半加器来设计全加器,首先新建一个原理图文件(方法见第 1 步);然后按第 2 步方法打开 Symbol 对话框,如图 5-20 所示,在左侧的 Libraries 栏单击 Project,选择 ha 后单击 OK 按钮,最后在原理图编辑器中选好位置,按鼠标左键即可输入该器件。按以上方法完成全加器的设计(如图 5-21 所示),保存该文件,文件名为 FA,这样全加器的设计就完成了。

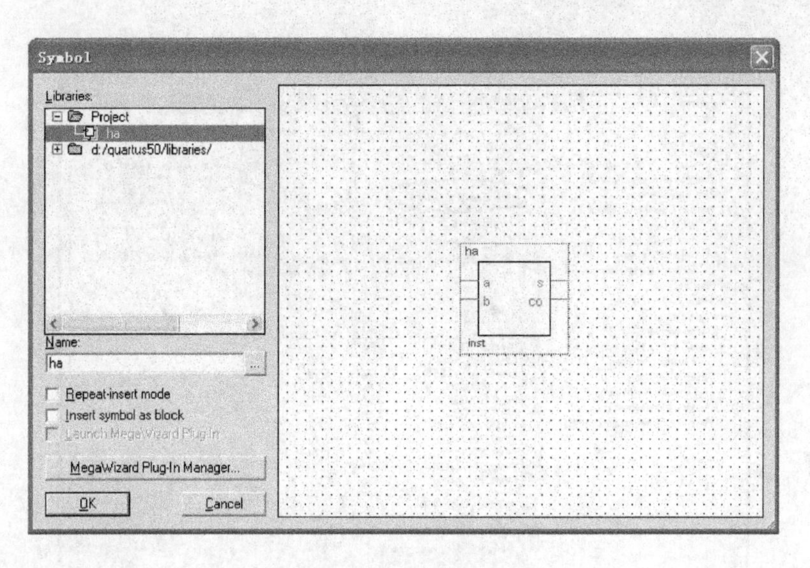

图 5-20 调用自创符号

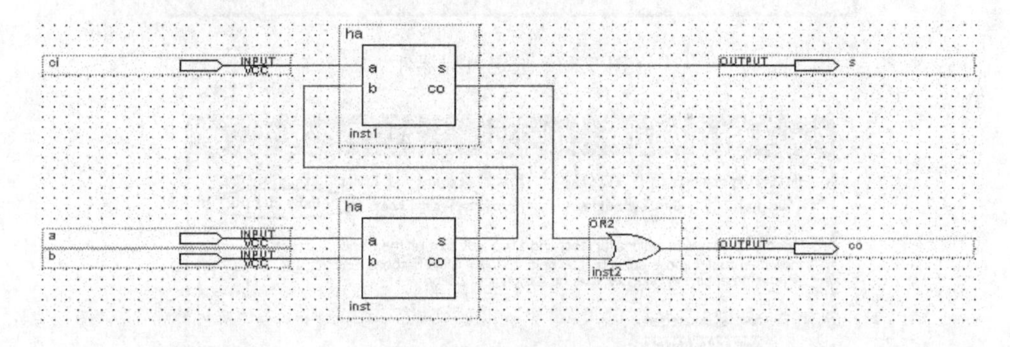

图 5-21 全加器电路图

2. 编译前设置

在对工程进行编译处理前，必须做好必要的设置，步骤如下：

(1) 选择目标器件

在创建工程时我们已经选择了目标器件，也可以通过下面的方法来选择：选择 Assignments 菜单中的 Settings 项，在弹出的对话框中选择 Category 项下的 Device(也可以直接选择 Assignments 菜单中的 Device 项)，然后选择目标器件，方法同创建工程中的第 3 步，选择 EPM1270T144C5，如图 5-22 所示。

(2) 选择目标器件闲置引脚的状态。在 Device & Pin Options(图 5-22)窗口中，选择 Unused Pins 项(图 5-23)，设置目标器件闲置引脚的状态为输入状态(呈高阻态)。

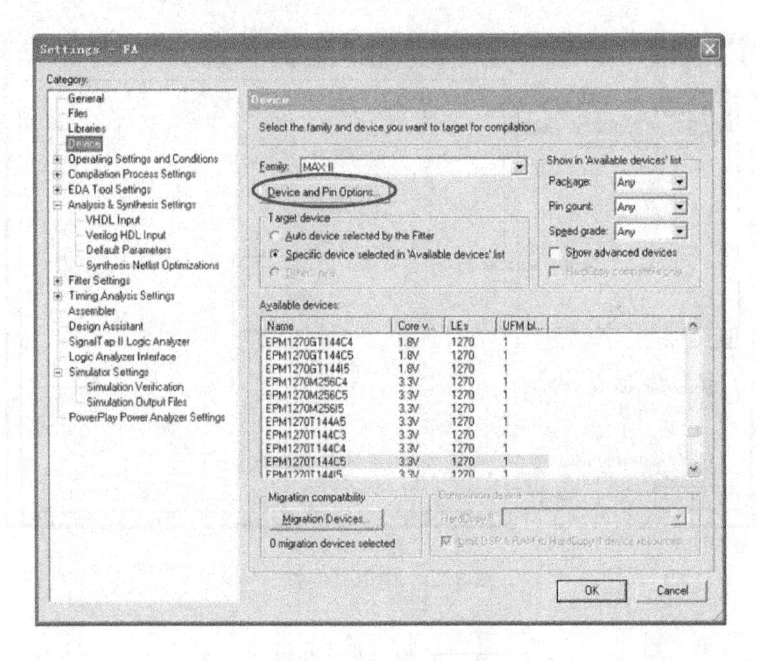

图 5-22　选定目标器件

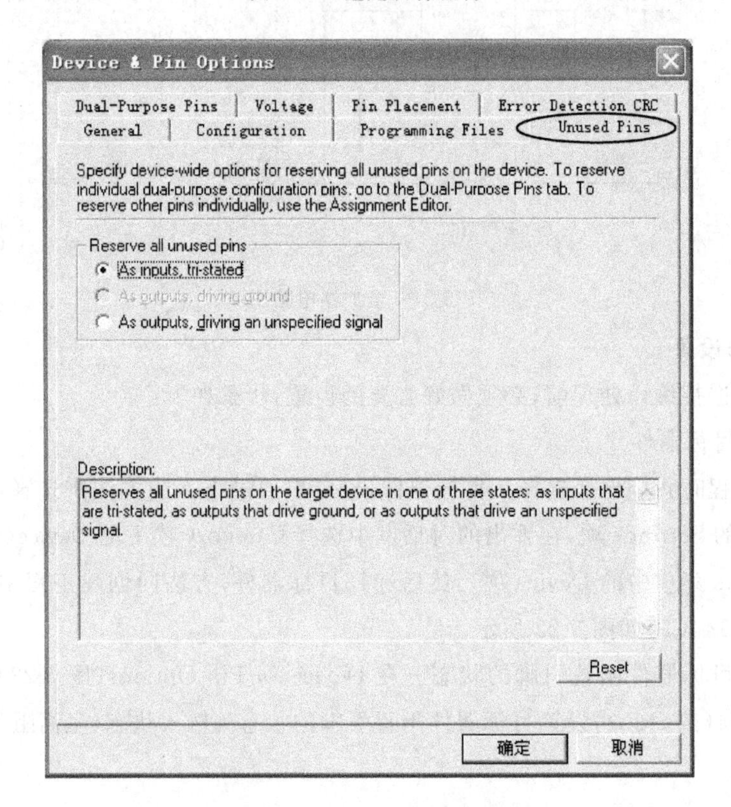

图 5-23　设置闲置引脚状态

(3) 设置优化选项

选择 Assignments 菜单中的 Settings 项，如图 5-24 所示，在弹出的对话框中选择 Category 项下的 Analysis & Synthesis Settings，然后根据需要在右边的 Optimization Technique 栏选择优化技术，其中 Speed 表示速度最优，Balanced 表示速度和面积平衡，Area 表示面积最优。

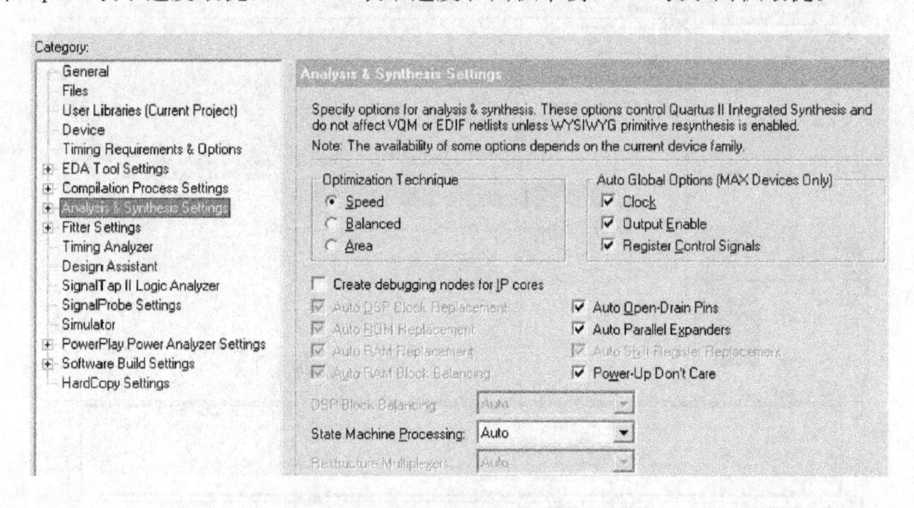

图 5-24 优化技术

3. 编译

Quartus Ⅱ编译器是由一系列处理模块构成的，这些模块负责对设计项目的检错、逻辑综合、结构综合、输出结果的编辑配置以及时序分析。在这一过程中将设计项目适配进 FPGA/CPLD 目标器件中，同时产生多种用途的输出文件，如功能和时序仿真文件、器件编程的目标文件等。编译器首先从工程设计文件间的层次结构描述中提取信息，包括每个低层次文件中的错误信息，供设计者排除，然后将这些层次构建产生一个结构化的以网表文件表达的电路原理图文件，并把各层次中所有的文件结合成一个数据包，以便更有效地处理。

在编译前，设计者可以通过各种不同的设置，指导编译器使用各种不同的综合和适配技术，以便提高设计项目的工作速度，优化器件的资源利用率。而且在编译过程中和编译完成后，可以从编译报告窗中获得所有相关的详细编译结果，以利于设计者及时调整设计方案。

下面首先选择 Processing 菜单的 Start Compilation 项，启动全程编译。注意这里所谓的编译(Compilation)，包括以上提到的 Quartus Ⅱ对设计输入的多项处理操作，其中包括排错、数据网表文件提取、逻辑综合、适配、装配文件(仿真文件与编程配置文件)生成，以及基于目标器件的工程时序分析等。

如果工程中的文件有错误，会自动产生错误报告和错误提示，在下方的 Processing 栏中会显示出来(如图 5-25 所示)。双击 Processing 栏中显示的错误提示，即可将光标直接指向错误处，修改后再次编译直至排除所有错误，出现如图 5-26 所示的编译成功信息。

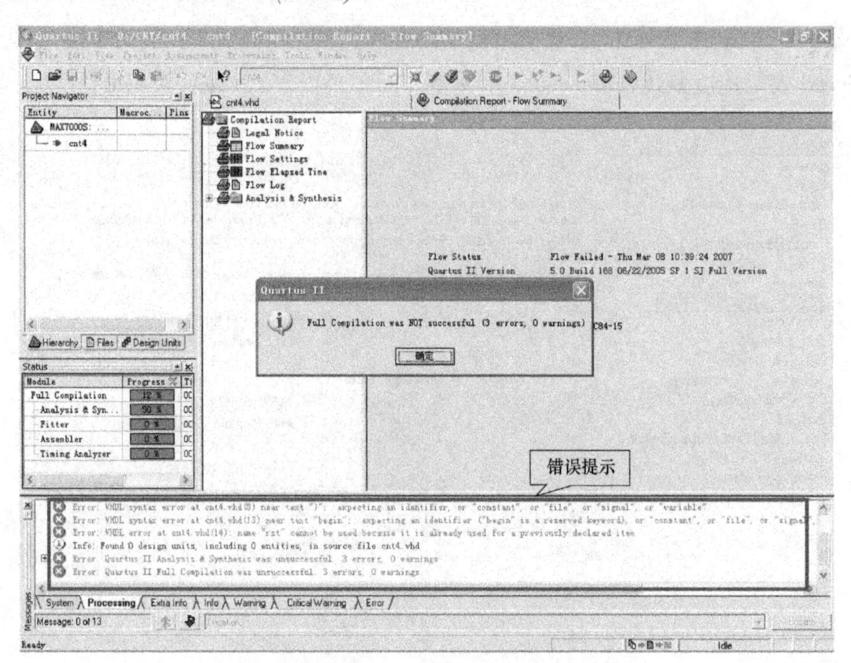

图 5-25　全程编译后出现报错信息

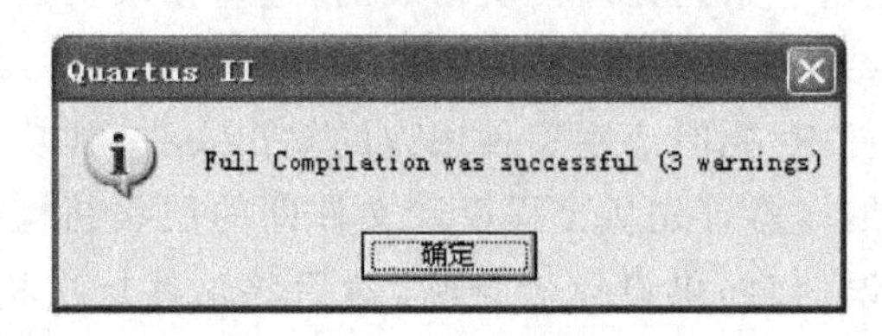

图 5-26　编译成功提示

了解编译结果包括以下一些内容：

(1) 阅读编译报告。编译成功后可以见到如图 5-27 所示的界面。此界面左上角是工程管理窗；在此栏下是编译处理流程，包括数据网表建立、逻辑综合、适配、配置文件装配和时序分析；最下栏是编译处理信息；右栏是编译报告，可以通过 Processing 菜单下的 Compilation Report 查看。

(2) 了解工程的时序报告。单击图 5-27 中间一栏的 Timing Analyses 项左侧的"+"号，可以看到相关信息。

(3) 了解硬件资源应用情况。单击图 5-27 中间一栏的 Flow Summary 项，可以查看硬件耗用统计报告；单击图 5-27 中间一栏的 Fitter 项左侧的"+"号，选择 Floorplan View，可以查看此工程在 PLD 器件中逻辑单元的分布情况和使用情况。

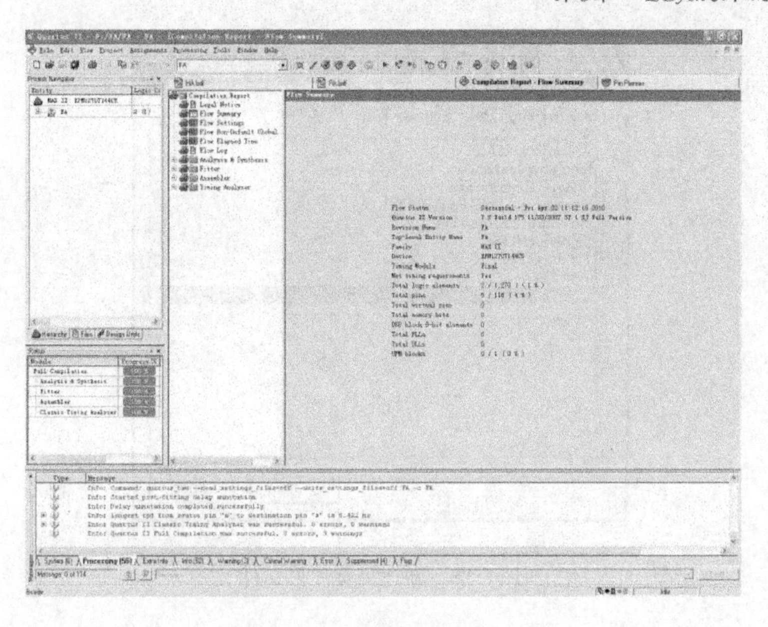

图 5-27 Quartus Ⅱ编译后的报告

4. 仿真

仿真就是对设计项目进行全面彻底的测试，以确保设计项目的功能和时序特性，以及最后的硬件器件的功能与原设计相吻合。仿真可分为功能仿真和时序仿真。功能仿真只测试设计项目的逻辑行为，而时序仿真则既测试逻辑行为，也测试实际器件在最差条件下设计项目真实运行情况。

仿真操作前必须利用 Quartus Ⅱ波形编辑器建立一个 VWF 文件作为仿真激励。VWF 文件全称是矢量波形文件(Vector Waveform File)，是 Quartus Ⅱ中仿真输入、计算、输出数据的载体。VWF 文件使用图形化的波形形式描述仿真器的输入向量和仿真的输出结果，也可以将仿真激励矢量用文本表达，即文本方式的矢量文件(. vec)。

Quartus Ⅱ允许对整个设计项目进行仿真测试，也可以对该设计中的任何子模块进行仿真测试。对工程的编译通过后，必须对其功能和时序性质进行仿真，以了解设计结果是否满足原设计要求。以 VWF 文件方式的仿真流程的详细步骤如下：

(1) 打开波形编辑器

选择菜单 File 中的 New 项，在 New 窗中选 Other Files 中的 Vector Waveform File(如图 5-28 所示)，单击 OK 按钮，即出现空白的波形编辑器(图 5-29)，图 5-30 是波形编辑工具栏，通过上面的快捷图标可以方便地设置、编辑波形图。

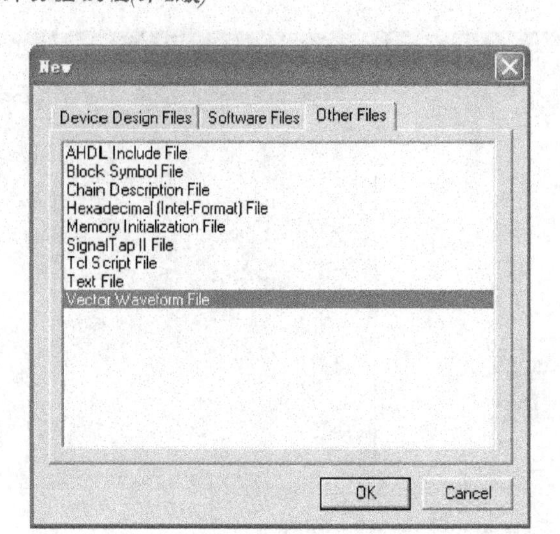

图 5-28　新建矢量波形文件

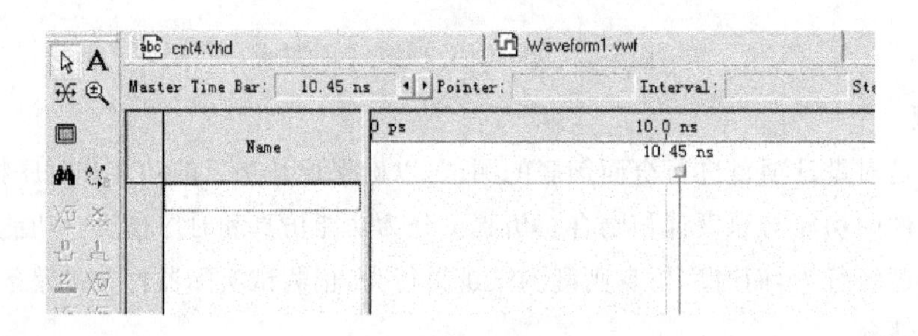

图 5-29　波形编辑器

图 5-30　波形编辑工具栏

(2) 设置仿真时间区域

为了使仿真时间轴设置在一个合理的时间区域上，在 Edit 菜单中选择 End Time 项，设置仿真结束时间(如图 5-31 所示)。以前面设计的全加器为例，可以在弹出的窗口中的 Time 栏中输入合适的数值并选择适当的单位，单击 OK 按钮，结束设置。

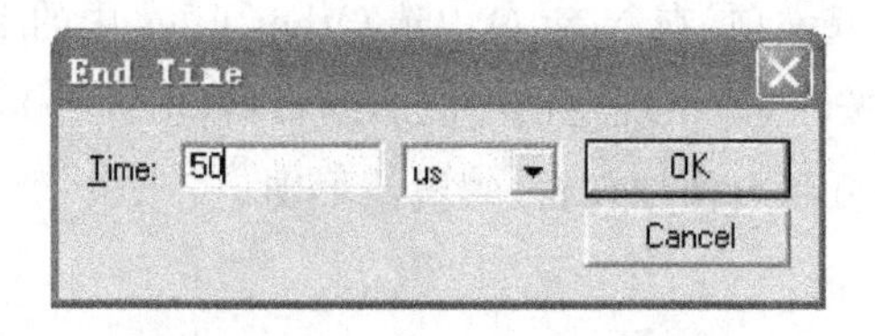

图 5-31　设置仿真时间区域

(3) 保存波形文件

选择 File 中的 Save As，将此文件保存，注意文件名必须与工程名一致，特别是多次为

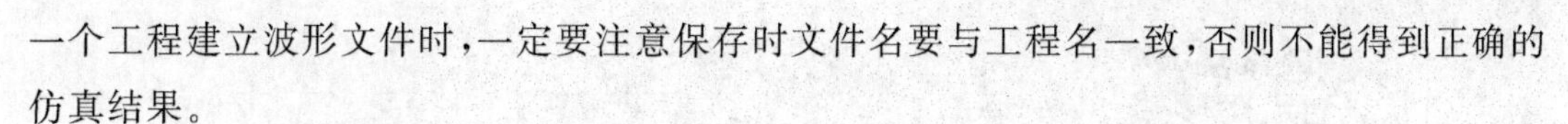
一个工程建立波形文件时，一定要注意保存时文件名要与工程名一致，否则不能得到正确的仿真结果。

(4) 输入信号节点

将全加器的端口信号选入波形编辑器中，方法是首先选 Edit 菜单中的 Insert Node Or Bus… 选项(如图 5-32 所示)，然后单击 Node Finder… 按钮，在图 5-33 的 Filter 框中选 Pins：all，然后单击 List，则在下方的 Nodes Found 窗口出现该工程的所有引脚名(如果此对话框中的 List 不显示，需要重新编译一次，然后再重复以上操作过程)。选择要插入的节点，可以单击“≥”、“≤”按钮逐个添加或删除节点，也可以单击“>>”、“<<”按钮添加或删除所有节点，选择完毕后单击“OK”按钮。单击波形窗口左侧的全屏显示按钮，使波形全屏显示，然后按放大缩小按钮，使仿真坐标处于适当位置，如图 5-34 所示。

图 5-32 插入节点

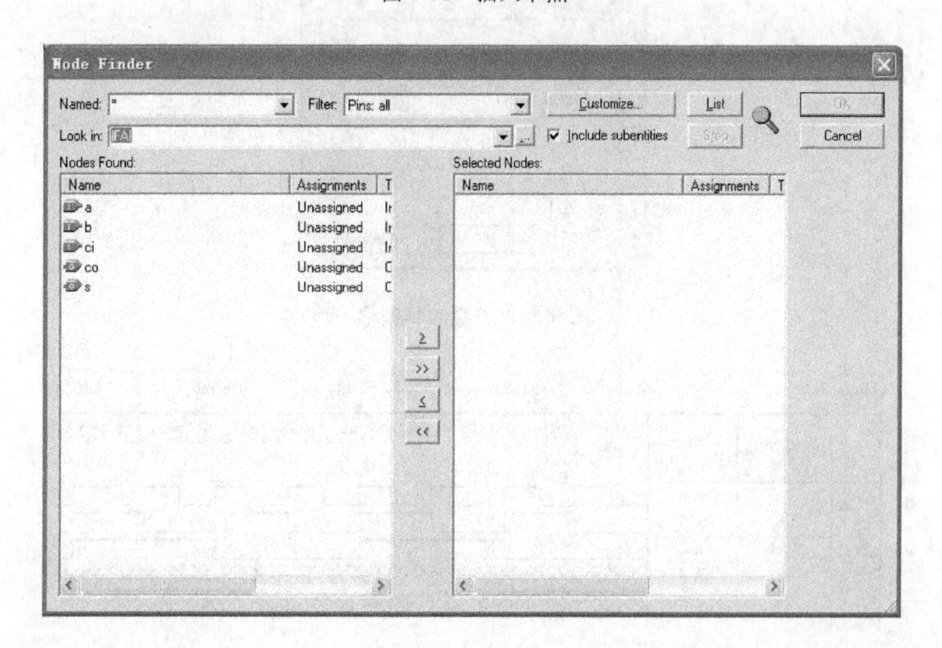

图 5-33 选择节点

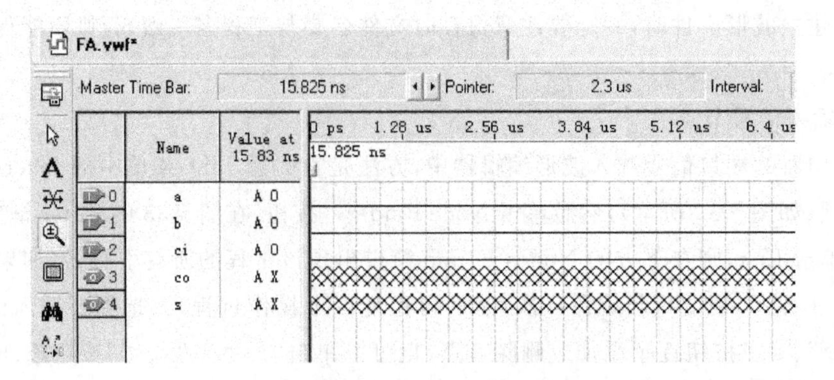

图 5-34　插入了信号节点的波形编辑器

(5) 编辑输入波形(输入激励信号)

单击图 5-34 中的输入信号名 a，使之变成蓝色，再单击左侧的时钟设置键，在 Clock 窗口中设置 a 的周期为 1 μs(如图 5-35 所示)，设置信号周期时应注意信号的周期要远远大于器件的最小延迟时间。图中的 Duty Cycle 是占空比，可以选 50，即占空比为 50%的方波。在组合电路中，为验证电路中可能出现的所有情况，输入信号的状态应包括电路中可能出现的所有状态，并且便于观测。如在本例中，有 a、b、c 三路输入，共 8 种状态，即“000”～“111”，因此设置波形时应使 3 路输入按照“000”～“111”连续变化。a 已经设定为周期 1 μs 的方波，按同样的方法设定 b 为周期 2 μs 的方波，c 为周期 4 μs 的方波，这样可以得到如图 5-36 所示的输入信号波形。

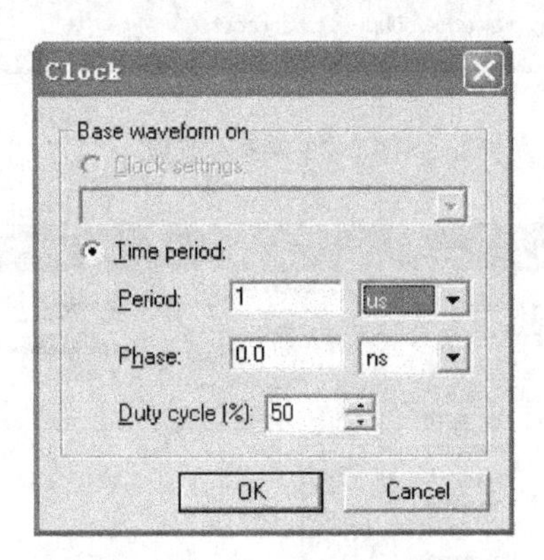

图 5-35　设置时钟波形

图 5-36　设置好的输入信号波形

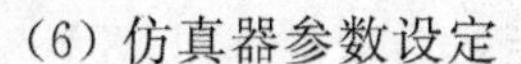

(6) 仿真器参数设定

选择菜单 Assignment 中的 Settings，在 Settings 窗口的 Category 下选 Simulator，在此项下可查看仿真总体设置情况；在 Simulation 栏确认仿真模式为时序仿真 Timing；在 Simulation Options 栏，确认选定 Simulation coverage reporting，这样仿真结束后将直接打开仿真波形报告。

(7) 启动仿真器

在菜单 Processing 项选择 Start Simulation，直到出现图 5-37 中的仿真成功信息，仿真结束。

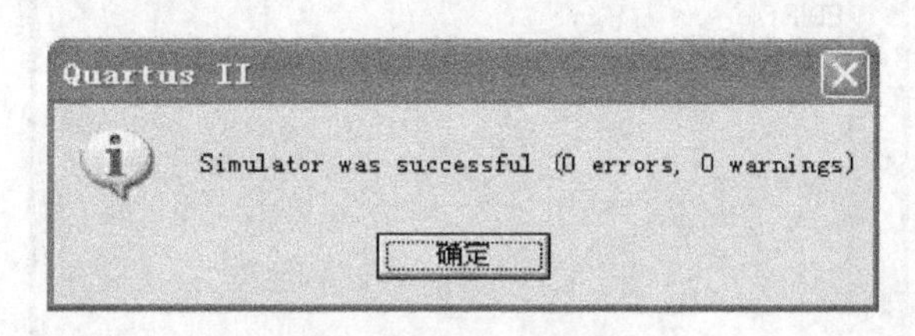

图 5-37 仿真成功信息

(8) 观察仿真结果

仿真波形文件 Simulation Report 通常会自动弹出(图 5-38)。注意 Quartus Ⅱ中，波形编辑文件(＊.vwf)与波形仿真报告文件(Simulation Report)是分开的，而 MAX＋Plus Ⅱ中编辑与仿真报告波形是合二为一的。如果在启动仿真后，没有出现仿真完成后的波形图，而是出现文字“Can’t open Simulation Report Window”，但报告仿真成功，则可以通过选择 Processing→Simulation Report 打开仿真波形报告。

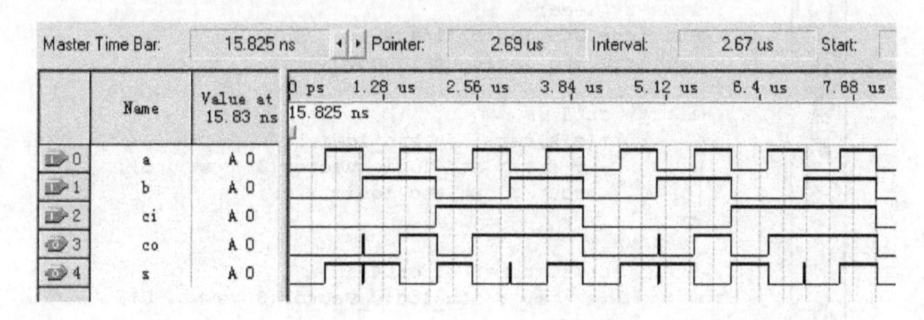

图 5-38 仿真波形输出

5.2.3 VHDL 设计输入

1. VHDL 程序输入

下面以设计一个 4 位二进制计数器为例，说明 VHDL 设计输入法的步骤。这里假设本项设计的文件夹取名为 CNT，在 D 盘中，路径为 D:\CNT。

按照前面介绍的创建工程的方法为本设计创建一个工程，工程名及顶层实体名为 cnt4。在建立了工程后就可以通过 Quartus Ⅱ的 VHDL 编辑器编辑设计文件，步骤如下：

(1) 输入源程序

打开 Quartus Ⅱ,选择菜单“File”→“New”,在 New 窗口中的“Device Design Files”中选择编辑文件的语言类型,这里选择“VHDL File”(如图 5-39 所示)。然后在 VHDL 文本编辑窗口中输入如图 5-40 所示 4 位二进制计数器的 VHDL 程序。

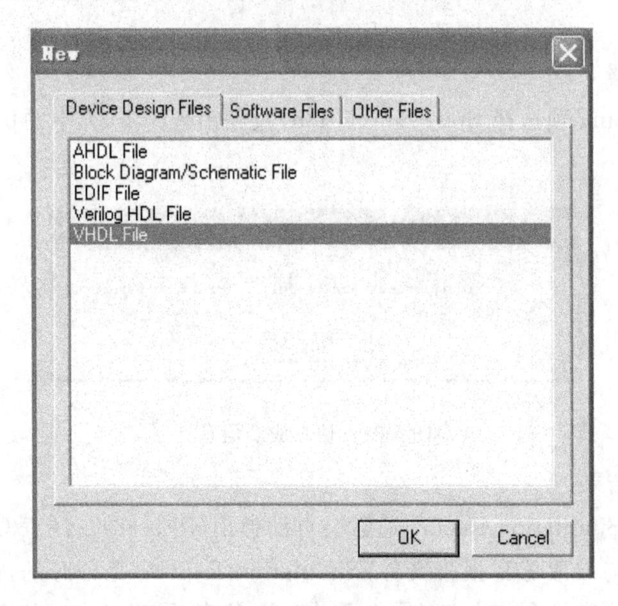

图 5-39　选择编辑文件的语言类型

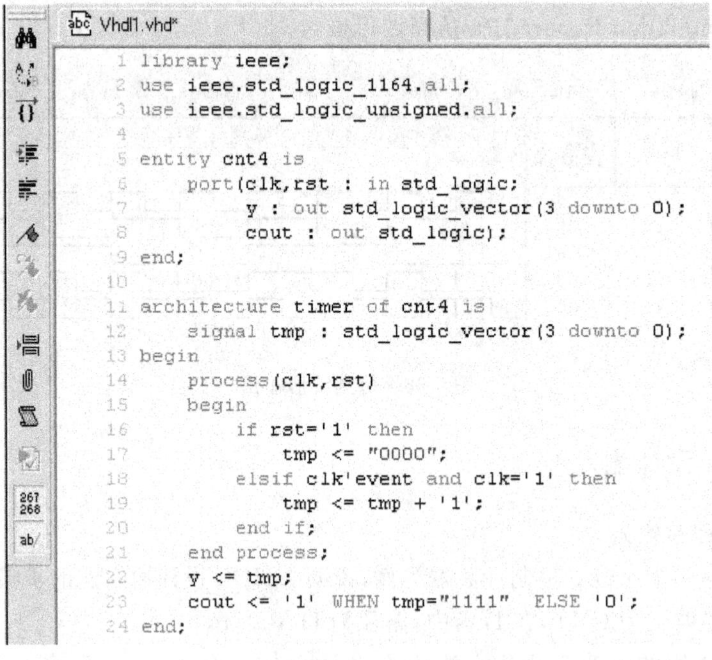

Vhdl1.vhd*

```
 1 library ieee;
 2 use ieee.std_logic_1164.all;
 3 use ieee.std_logic_unsigned.all;
 4
 5 entity cnt4 is
 6     port(clk,rst : in std_logic;
 7          y : out std_logic_vector(3 downto 0);
 8          cout : out std_logic);
 9 end;
10
11 architecture timer of cnt4 is
12     signal tmp : std_logic_vector(3 downto 0);
13 begin
14     process(clk,rst)
15     begin
16         if rst='1' then
17             tmp <= "0000";
18         elsif clk'event and clk='1' then
19             tmp <= tmp + '1';
20         end if;
21     end process;
22     y <= tmp;
23     cout <= '1' WHEN tmp="1111"  ELSE '0';
24 end;
```

图 5-40　编辑输入设计文件

(2) 文件存盘

选择菜单 File→Save，找到要保存的文件夹 D:\CNT，文件名应与实体名一致，即 cnt4.vhd。勾选 Add file to current project 复选框，表示将该文件加入当前工程中，如图 5-41 所示。

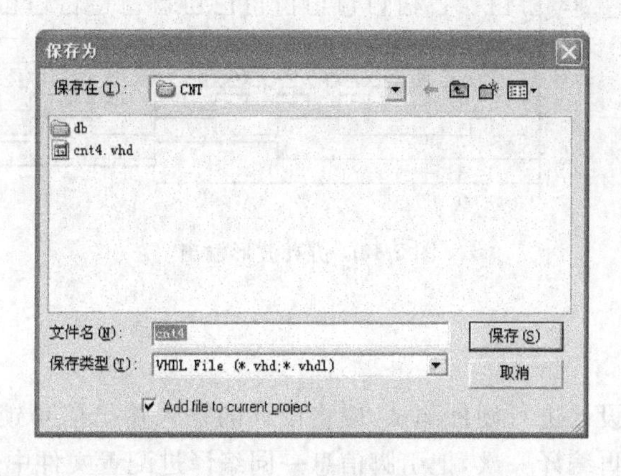

图 5-41 保存设计文件

2. 编译前设置及编译

VHDL 设计输入法的编译前设置及编译方法与原理图输入法相同，按照 5.2.2 节中介绍的步骤操作即可。编译成功后，可以查看设计所对应的 RTL 电路，选择菜单 Tools 下的 RTL Viewer，即可看到综合后的 RTL 电路图，如图 5-42 所示。

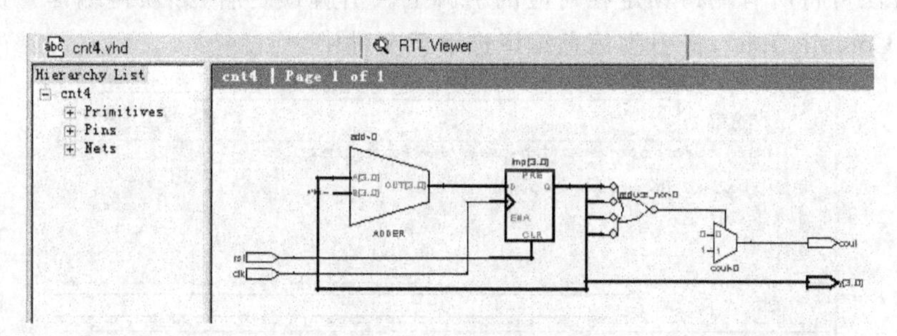

图 5-42 RTL 电路图

3. 仿真

仿真的方法也与前面相同，引入相关节点后设置输入波形。对于时钟信号 clk，单击左侧的时钟设置键( )，在 Clock 窗口中设置 clk 为周期 1 μs、占空比为 50%的方波。对于 rst 这样的异步信号信号，可以通过 和 直接将信号设为“0”或“1”，也可以按住鼠标左键在波形编辑区拖动选择某一段波形，将其值设为“0”或“1”。如果输入信号中包含总线数据，可以通过 设置其波形。所有输入设置完成后，保存文件(文件名与工程名要一致)，启动仿真器。本例中仿真结果如图 5-43 所示。

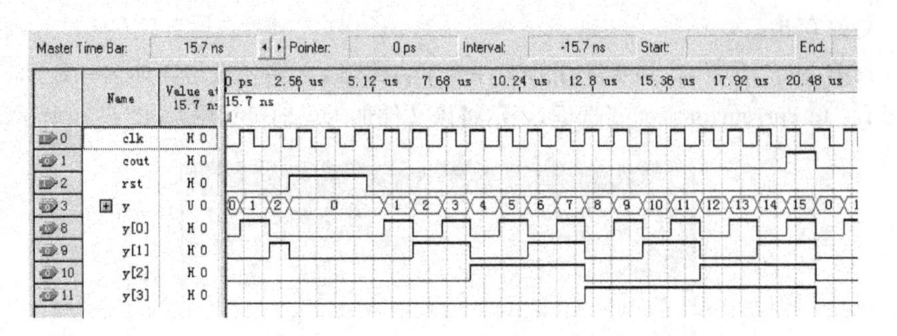

图 5-43　仿真波形输出

5.2.4　引脚锁定

为了能对所作的设计进行硬件测试，应将设计的输入输出信号锁定在芯片确定的引脚上。将引脚锁定后应再编译一次，把引脚信息一同编译进配置文件中，这样才可以把配置文件下载进目标器件中。

在菜单 Assignments 中选择 Pins 项，在图 5-44 中下面的表格里 To 列对应的行中双击鼠标左键，将显示本工程中所有的输入输出端口，选择要分配的端口，在 Location 对应的行中双击鼠标左键，将显示芯片所有的引脚，根据要求选择所使用的可编程器件的端口即可。以同样的方法可将所有端口锁定在对应的引脚上。引脚锁定后，必须再编译一次(Processing→Start Compilation)，将引脚信息编译进下载文件中。

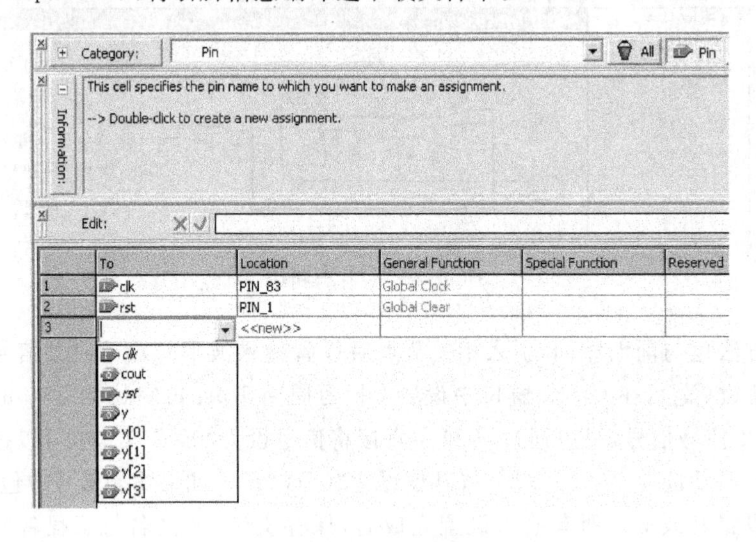

图 5-44　引脚锁定

5.2.5　下 载

引脚锁定后编译产生的下载文件就可以写入可编程器件中进行测试，下面介绍下载方法。

(1) 将 USB 线连接好,然后在菜单 Tool 中选择 Programmer,将出现如图 5-45 所示的编程窗口,注意 Device 栏和 File 栏是否正确。

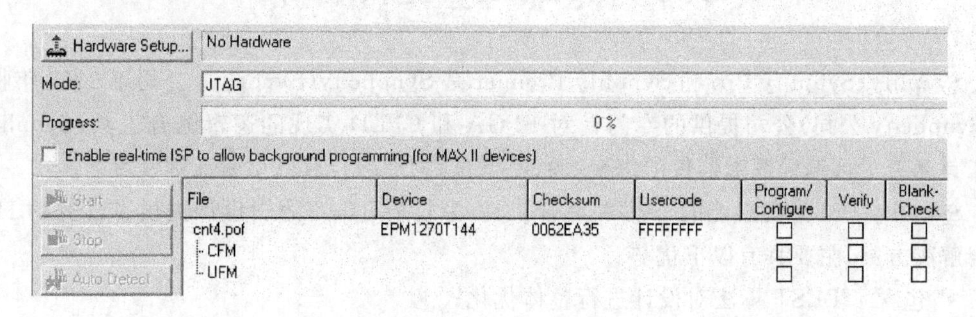

图 5-45　编程窗口

(2) 硬件设置。单击图 5-45 左上角的 Hardware Setup,可见图 5-46 所示的界面。双击 USB-Blaster ,然后单击 Close 按钮关闭该窗口。

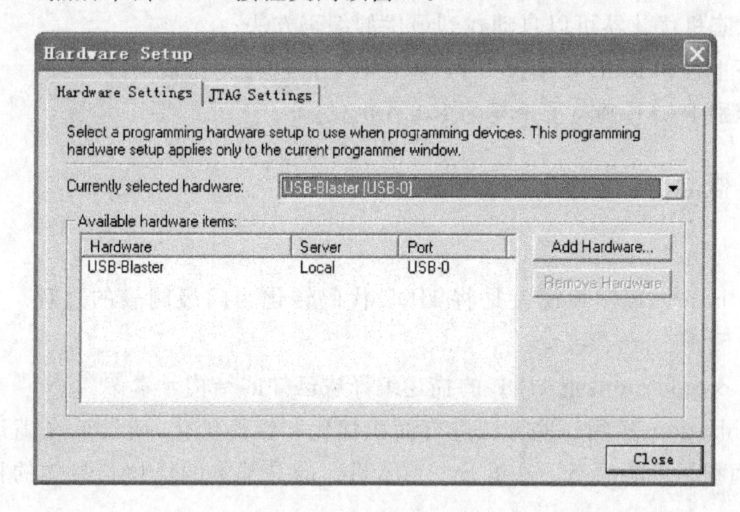

图 5-46　硬件设置

(3) 下载。将图 5-47 中的 Program/Configure、Verify、Blank-Check 下的小方框选中(打"√"),然后单击 Start 按钮开始下载,当 Process 进度条到 100%即下载成功。

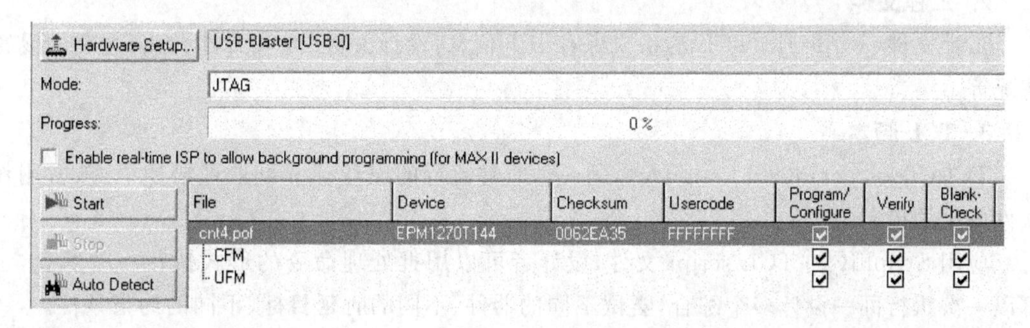

图 5-47　下载

5.3 Synplify 使用简介

Synplify、Synplify Pro 和 Synplify Premier 是 Synplicity(Synopsys 公司于 2008 年收购了 Synplicity 公司)公司提供的专门针对 FPGA 和 CPLD 实现的逻辑综合工具,Synplicity 的工具涵盖了可编程逻辑器件的综合、验证、调试、物理综合及原型验证等领域。

Synplify Pro 是高性能的 FPGA 综合工具,为复杂可编程逻辑设计提供了优秀的 HDL 综合解决方案,主要具有以下优势:

- 包含了 BEST 算法对设计进行整体优化;
- 自动对关键路径做 Retiming,可以提高性能高达 25%;
- 支持 VHDL 和 Verilog 的混合设计输入,并支持网表 *.edn 文件的输入;
- 增强了对 System Verilog 的支持;流水线功能提高了乘法器和 ROM 的性能;
- 有限状态机优化器可以自动找到最优的编码方法;
- 在时序报告和 RTL 视图及 RTL 源代码之间进行交互索引;
- 自动识别 RAM,避免了繁复的 RAM 例化。

5.3.1 基本概念

1. 综合

综合(Synthesis),简单地说就是将 HDL 代码转化为门级网表的过程。Synplify 对电路的综合包括下面三个步骤。

(1) HDL compilation:把 HDL 的描述编译成已知的结构元素。

(2) Optimization:运用一些算法进行面积优化和性能优化,使设计在满足给定性能约束的前提下,面积尽可能的小。这里 Synplify 进行的是基本的优化与具体的目标器件技术无关。

(3) Technology Mapping:将设计映射到指定厂家的特定器件上,针对目标器件结构优化,生成作为布局布线工具输入的网表。

2. 工程文件

工程文件(*.prj)以 TCL 的格式保存以下信息:设计文件、约束文件、综合选项的设置情况等。

3. TCL 脚本

TCL(Tool Command Language)是一种非常流行的工业标准批处理描述语言,常用作软件应用的控制。

应用 Synplify 的 TCL script 文件,设计者可以用批处理命令的形式执行一个综合,也可以一次执行同一设计多个综合,尝试不同的器件、不同的时延目标、不同的约束条件。

Synplify 的 script 文件以 *.tcl 保存。

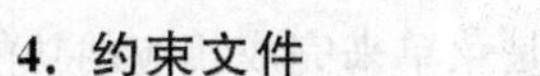

4. 约束文件

约束文件采用 TCL,以 *.sdc 保存,用来提供设计者定义的时间约束、综合属性、供应商定义的属性等。

5. 宏库

Synplify 在它内建的宏库中提供了由供应商给出的宏模块,比如一些门电路、计数器、寄存器、I/O 模块等。

6. 属性包

Synplify 为 VHDL 提供了一个属性包,内容有时间约束(如对黑匣子的时间约束)、供应商提供的一些属性、还有一些综合属性。使用时只需在 VHDL 源文件的开头加入以下属性包调用语句:

```
LIBRARY SYNPLIFY;
USE SYNPLIFY.ATTRIBUTES.ALL;
```

5.3.2 Synplify 使用

1. Synplify 的用户界面

图 5-48 是 Synplify 的用户界面,下面按照图中标示依次介绍各部分窗口。

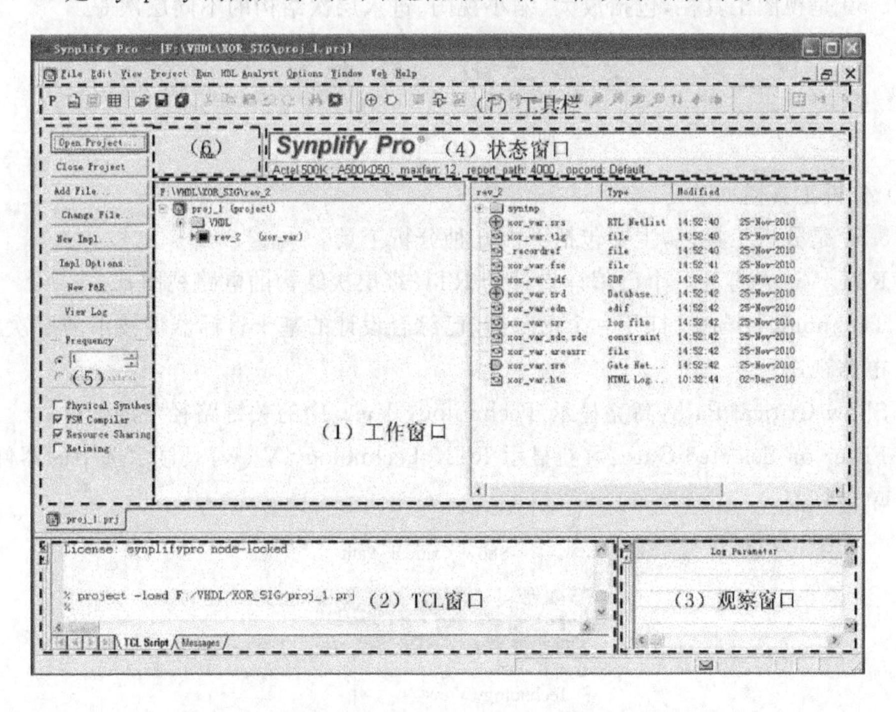

图 5-48 Synplify 的用户界面

(1) Synplify 的主要工作窗口:在这个窗口中可以显示设计者所创建的工程的详细信息,包括该工程包括的源文件、综合后的各种结果文件,同时,如果综合完成后每个源文件有多少错误或者警告,都会在这个窗口中显示出来。

(2) TCL 窗口:在这个窗口中设计者可以通过 TCL 命令而不是菜单来完成相应的功能。

(3) 观察窗口:在这里可以观察设计被综合后的一些特性,比如最高工作频率等。

(4) 状态窗口:它表示现在 Synplify 所处的状态,比如图中表示 Synplify 处于闲置状态;在综合过程中会显示编译状态、映射状态等。

(5) 图中所示的按钮是一些快捷方式,复选框可以对将要综合的设计的一些特性进行设置,Synplify 可以根据这些设置对设计进行相应的优化工作。

(6) 运行按钮:当一个工程加入之后,单击 Run 按钮,Synplify 就会对工程进行综合。

(7) Synplify 的工具栏。

2. 工具栏说明

(1) 工程工具栏

图 5-49 是工程工具栏,包括新建相关文件、打开、保存文件、复制、粘贴等。

图 5-49 工程工具栏

(2) 视图工具栏

图 5-50 是视图工具栏,包括放大、缩小视图、进入层次结构的不同层次等。

图 5-50 视图工具栏

(3) 分析工具栏

图 5-51 是分析工具栏,主要包括下面几种分析工具。

- RTL View:打开一个已编译设计的 RTL 级层次结构的电路视图;
- Technology View:打开一个已映射、已综合设计的基于目标器件技术的层次结构的电路视图;
- Show Critical Path:高亮显示 Technology View 中的关键路径上的器件;
- Filter on Selected Gate:重新显示 RTL Technology View,只显示选中的器件,再次单击恢复。

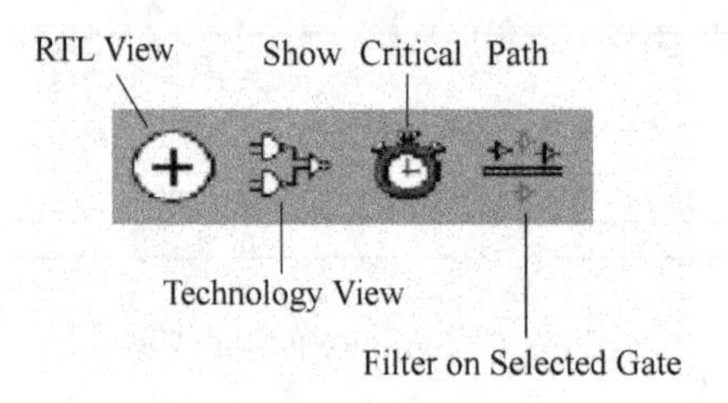

图 5-51 分析工具栏

3. 建立工程

默认情况下，当 Synplify 启动时将自动建立一个新工程，也可以选择菜单 File→New→… 或者单击工具栏上 P 的图标，然后选择新建一个工程文件(Project File)，如图 5-52 所示。

4. 添加源文件

建好工程之后，单击 Add File… 按钮添加源文件和约束文件，如图 5-53 所示。

5. 设置工程属性

单击 Impl Options… 按钮，出现属性页对话框，打开 Device 属性页，分别设置器件厂家、器件型号、速度级别和封装信息，如图 5-54 所示。在其他属性页可以对综合选项作进一步的设置。

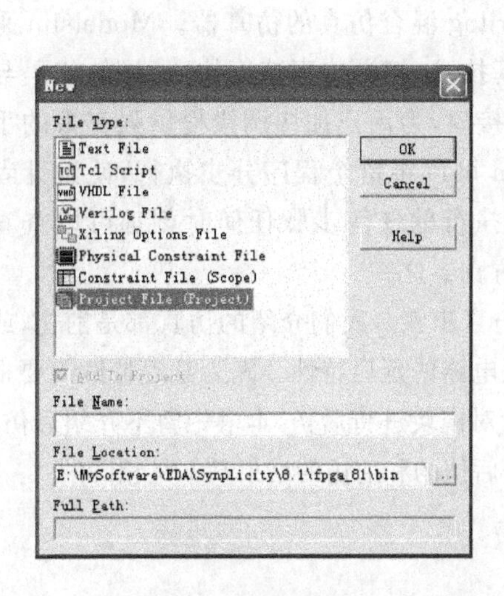

图 5-52 新建工程

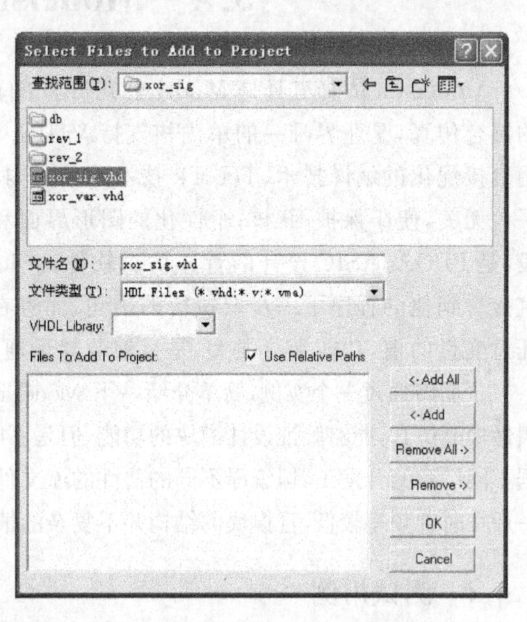

图 5-53 添加源文件

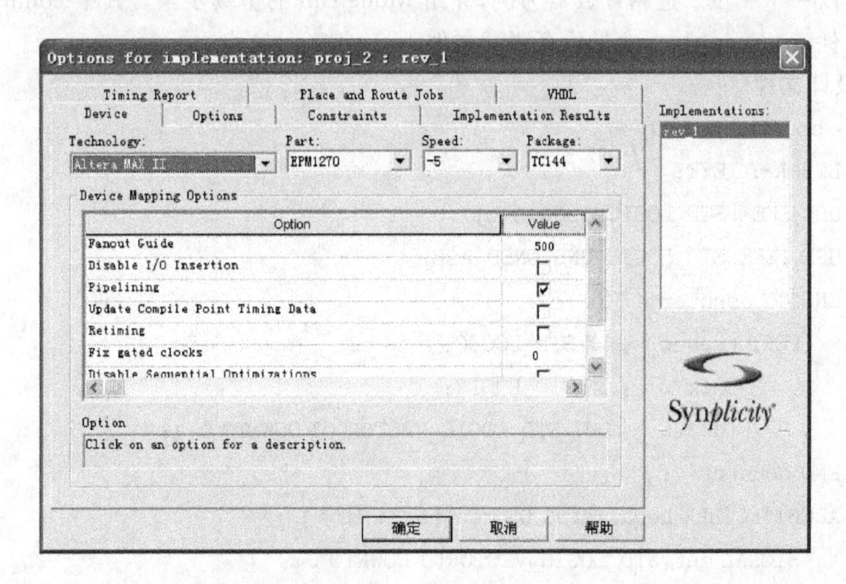

图 5-54 设置工程属性

6. 综合

完成所有设置之后,回到主窗口,单击 Run 按钮,即可开始综合。综合成功后状态栏显示如图 5-55 所示。

Run

Done (warnings)

Altera MAX II : EPM1270 : TC144 : -5, maxfan: 500, pipe, fixgatedclocks: 0

图 5-55 综合成功

5.4 Modelsim 使用简介

Modelsim 仿真工具是 Model 公司开发的仿真产品,它支持 Verilog、VHDL 以及它们的混合仿真,是业界唯一的单内核支持 VHDL 和 Verilog 混合仿真的仿真器。Modelsim 采用直接优化的编译技术、Tcl/Tk 技术和单一内核仿真技术,编译仿真速度快;编译的代码与平台无关,便于保护 IP 核;个性化的图形界面和用户接口,为用户加快调错提供强有力的手段,是 FPGA/ASIC 设计的首选仿真软件。Modelsim 可以将整个程序分步执行,使设计者直接看到他的程序下一步要执行的语句,而且在程序执行的任何步骤任何时刻都可以查看任意变量的值,功能十分强大,是目前业界最通用的仿真器之一。

下面将通过一个实例,简单介绍一下 Modelsim 的仿真步骤。我们介绍的仿真都是前仿,或叫做功能仿真,能够验证设计模块的功能,但是不能验证电路的延迟特性。因为延迟特性需要根据不同厂商的开发工具,编译不同的器件的库文件,然后对模块进行后仿,本书中暂不介绍后仿。一般在时钟频率较低,且模块的结构并不复杂的情况下,后仿的和前仿的结果基本是相同的。

5.4.1 测试用例

下面以一个 4 位二进制计数器为例,介绍 Modelsim 的仿真步骤。其中 counter_4. vhd 是设计文件,counter_tb. vhd 是仿真测试文件。

1. 设计文件

```
--counter_4.vhd
LIBRARY IEEE;
USE IEEE.STD_LOGIC_1164.ALL;
USE IEEE.STD_LOGIC_UNSIGNED.ALL;
ENTITY counter_4 IS
   PORT (reset   : IN STD_LOGIC;
         clk     : IN STD_LOGIC;
         dout    : OUT STD_LOGIC_VECTOR (3 DOWNTO 0));
END counter_4;
ARCHITECTURE behavioral OF counter_4 IS
   SIGNAL cnt:STD_LOGIC_VECTOR(3 DOWNTO 0);
BEGIN
```

```
    PROCESS(reset,clk)
    BEGIN
      IF (reset = '1') THEN
        cnt<= (OTHERS => '0');
        dout <= (OTHERS => '0');
      ELSIF (clk'EVENT AND clk = '1') THEN
        dout <= cnt;
        IF cnt = "1111" THEN
          cnt <= "0000";
        ELSE
          cnt <= cnt + '1';
        END IF;
      END IF;
    END PROCESS;
  END behavioral;
```

2. 仿真测试文件

```
  --counter_tb.vhd
  LIBRARY IEEE;
  USE IEEE.STD_LOGIC_1164.ALL;
  USE IEEE.STD_LOGIC_UNSIGNED.ALL;
  USE IEEE.NUMERIC_STD.ALL;
  ENTITY counter_tb IS
  END counter_tb;
  ARCHITECTURE behavior OF counter_tb IS
    -- Component Declaration for the Unit Under Test (UUT)
    COMPONENT counter_4
    PORT(
      reset  :  IN STD_LOGIC;
      clk    :  IN STD_LOGIC;
      dout   :  OUT STD_LOGIC_VECTOR(3 DOWNTO 0)
      );
    END COMPONENT;
    --Inputs
    SIGNAL reset : STD_LOGIC := '1';--Initial value
    SIGNAL clk : STD_LOGIC := '0';
    --Outputs
```

```
SIGNAL dout : STD_LOGIC_VECTOR(3 DOWNTO 0);
-- Clock period definitions
CONSTANT clk_period : time := 10 ns;
```

5.4.2 仿真过程

1. Modelsim 用户界面

Modelsim 的用户界面如图 5-56 所示。

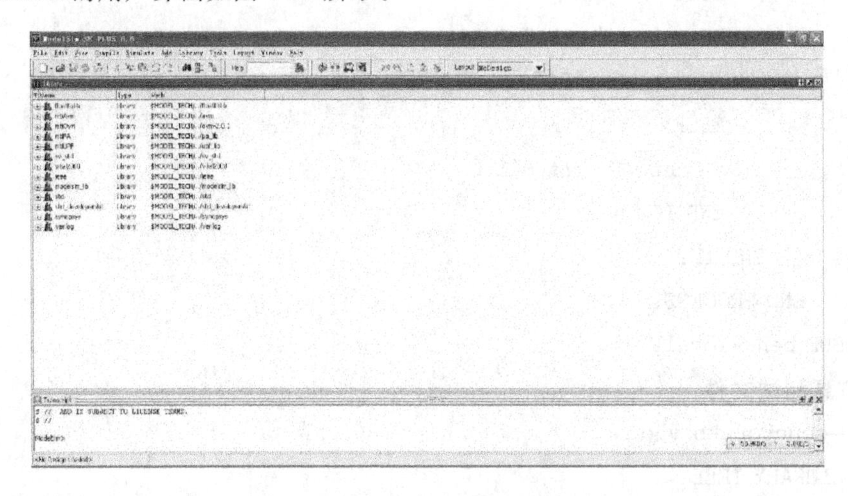

图 5-56 Modelsim 用户界面

2. 新建仿真工程

在菜单栏选择 File→New→Project→…，出现如图 5-57 所示的窗口。输入项目名称，并选择项目存放的位置。Default Library Name 项可以保留默认名字，或者自己命名，待编译后，生成的文件会出现在该名字命名的库中。设置完成单击 OK 按钮进入下一环节。

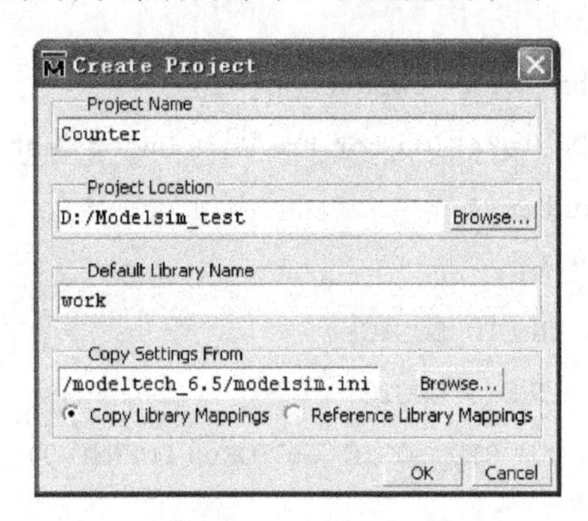

图 5-57 新建工程

3. 导入源文件

在菜单栏选择 Project→Add to Project→Existing File，然后将 counter. vhd 和 counter_tb. vhd 两个文件添加进工程中，如图 5-58 所示。在选择文件时，可以多选，一次性将所有需要的文件添加进去。

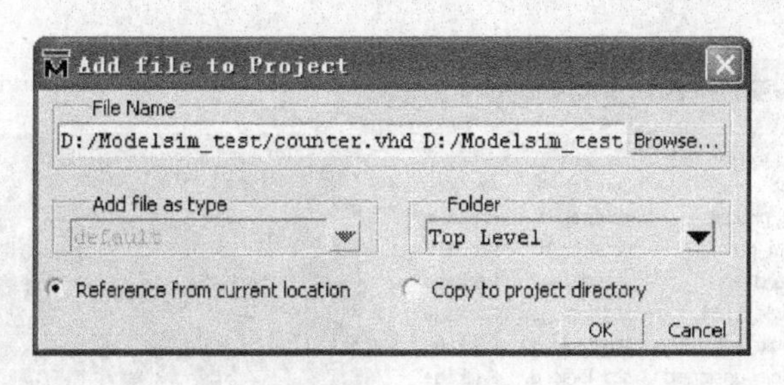

图 5-58 导入源文件

4. 编译源文件

将项目文件添加进工程后，可在 Project 标签中看到导入的源文件，如图 5-59 所示。在菜单栏选择 Compile→Compile All，将会编译导入的源文件。

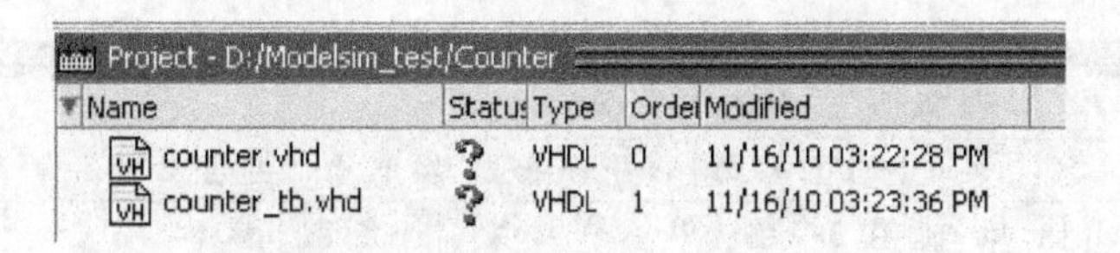

图 5-59 编译前的 Project 标签

5. 仿真

在 Library 标签下会看到默认的 work 库，里面会出现两个实体 counter_4 和 counter_tb。Couter_tb 是仿真文件的实体，也是我们需要执行的。展开 Couter_tb 项，我们会看到一个叫做 behavior 的 Architecture，如图 5-60 所示。

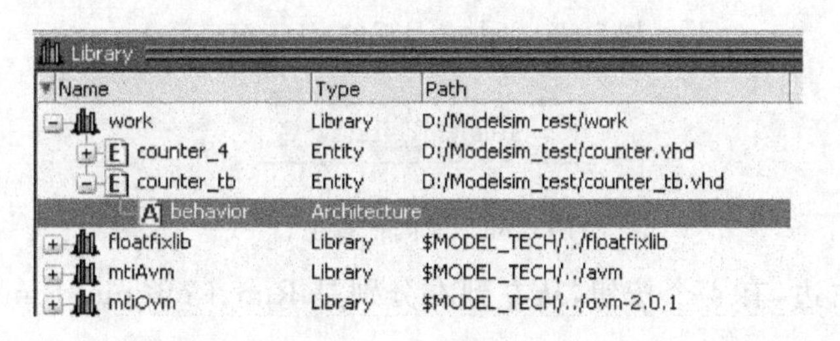

图 5-60 Library 标签

选择 behavior，右击→Simulate without Optimization。进入程序仿真。此处之所以选择 Simulate without Optimization，是因为在我们的设计中，可能有一些信号是没有意义，或者重复，但仿真时又需要观察的，优化后可能将这些信号去掉，导致无法观察相关信号。

在选择了仿真后，wave 界面并没有波形，现在需要手动添加。选择 Sim 以及 Object 标签，如图 5-61 所示。若没有 Object 标签，可在菜单栏中的 View 选项中找到。

在 Object 标签中，可以找到设计模块内部所有的信号(Signal)，以及 I/O 端口，但无法看到变量(Variable)。

选择需要观察的信号，右击→Add→To wave→Selected Signal。这时，可以看到需要观察的信号都已经添加到 Wave 窗口中，如图 5-62 所示。

最后一步即可看到仿真波形。在工具栏中，有一个显示时间信息的窗口，如图 5-63 所示。

在此窗口中写入仿真的时间长度。这个时间长度需要根据模块的时钟，模块的功能来估计。

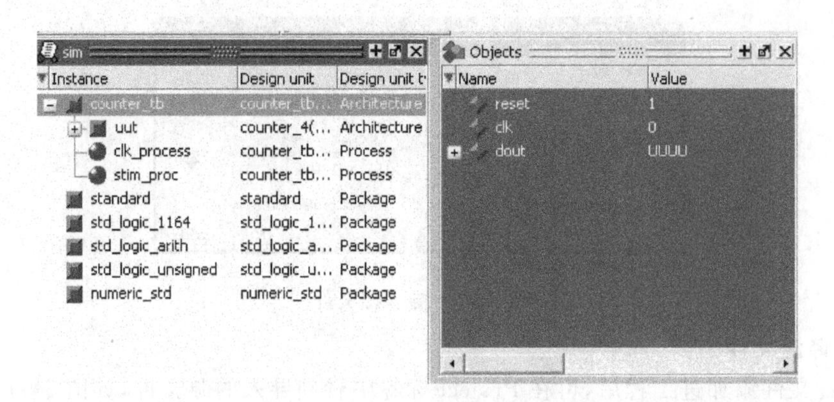

图 5-61　Sim 以及 Object 标签

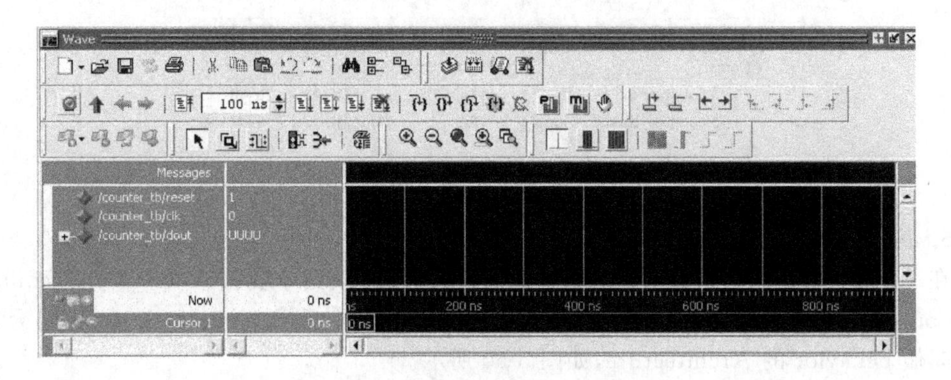

图 5-62　添加信号后的 wave 窗口

图 5-63　时间信息窗口

在时间窗口右边，有 4 个按钮，从左到右分别是 Run、Continue Run、Run-all 和 Break 按钮，说明如下：

Run 按钮会将程序按照 testbench 从头开始仿真，其仿真的时间长度为左边窗口指示的时间。

Continue Run 按钮会在仿真暂停后继续仿真，而不是从头开始。

Run-all 按钮会将程序一直仿真，直到在程序中设置的断点或者手动单击 break 才会暂停。

Break 按钮会暂停当前仿真，暂停后可通过 Continue Run 恢复。

现在，只需要设置好时间，单击 Run 按钮即可。

6. 波形观察

待仿真结束之后，可以在 wave 窗口中观察仿真的波形，如图 5-64 所示。

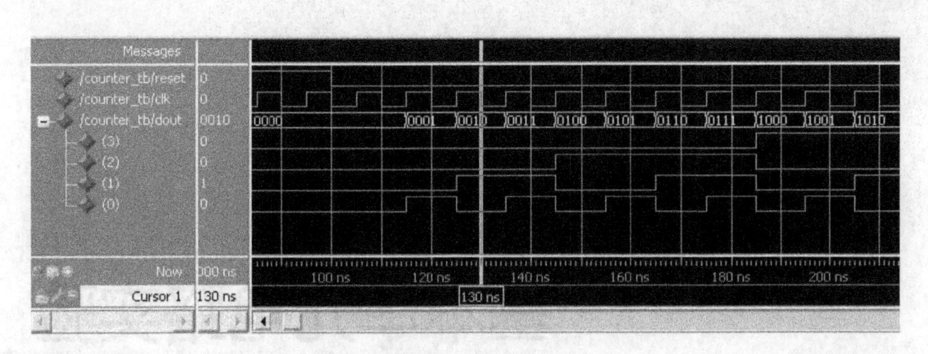

图 5-64　仿真波形

左边的 Messages 栏中可以看到之前添加的信号。在右边的波形窗口中，黄色的光标可以随意拖动，下边显示光标所在位置的仿真时间。若多个光标，会分行显示。工具栏中 这两个黄色按钮是添加和删除光标键。可以通过添加多个光标，来测量时间信息。

在工具栏中，有几个按钮可以用来方便的观察波形，从左往右依次是 Zoom In、Zoom Out、Zoom Full 和 Zoom In On active Cursor，下面是具体说明：

Zoom In，Zoom Out 是放大和缩小当前窗口的，它们会以 wave 窗口的中点作为基准放大或缩小。

Zoom Full 可以观测完整的仿真波形，从开始仿真到仿真结束。

Zoom In On active Cursor 很有用，它会以 wave 中的激活的(最粗的)黄色光标线为基准，放大波形，便于使用者选择合适的时间点放大。

工具栏中还有一些工具，可以方便使用者寻找信号变化的沿。这六个按钮只有在 wave 窗口中，选择了某一特定信号才有用，具体说明如下：

寻找上一个沿	寻找下一个沿
寻找上一个下降沿	寻找下一个下降沿
寻找上一个上升沿	寻找下一个上升沿

7. 程序的调试

在仿真的过程中，可以使用断点，单步调试的方法来调试程序。如图 5-65 所示，在 counter.vhd 的第 26 行添加断点，单击 26 右边的空白处，出现红点即可，然后选择 Run -all，程序将运行停止在此处，然后可利用工具栏中的四个按钮，进行逐步的调试。

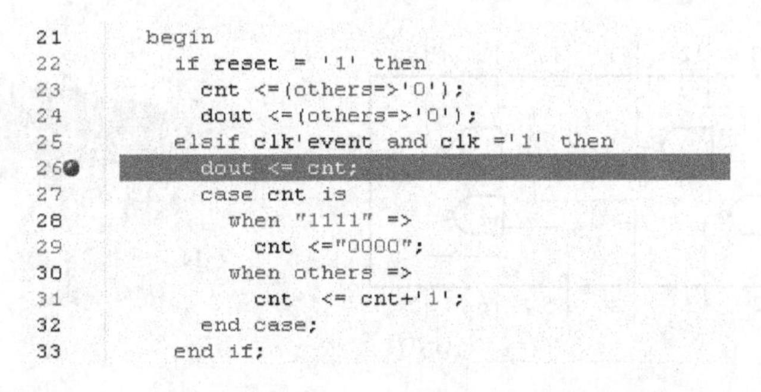
```
21    begin
22      if reset = '1' then
23        cnt <=(others=>'0');
24        dout <=(others=>'0');
25      elsif clk'event and clk ='1' then
26        dout <= cnt;
27        case cnt is
28          when "1111" =>
29            cnt <="0000";
30          when others =>
31            cnt  <= cnt+'1';
32        end case;
33      end if;
```

图 5-65　设置断点

第6章 基本单元电路实验

实验1 集成门电路电压参数的测量

【实验目的】

(1) 熟悉 TTL 电路和 CMOS 电路的使用规则和注意事项;
(2) 掌握集成门电路外特性参数的测量方法及其物理意义;
(3) 熟悉实验板的结构和使用方法。

【实验所用仪器及元器件】

(1) 计算机;
(2) 直流稳压电源;
(3) 数字电路实验板;
(4) 74LS00、74HC00。

【实验原理】

本实验选择 TTL 两输入四与非门 74LS00 和 CMOS 两输入四与非门 74HC00。74LS00 和 74HC00 集成电路外引线如图 6-1 所示,它们具有相同的外部管脚定义。

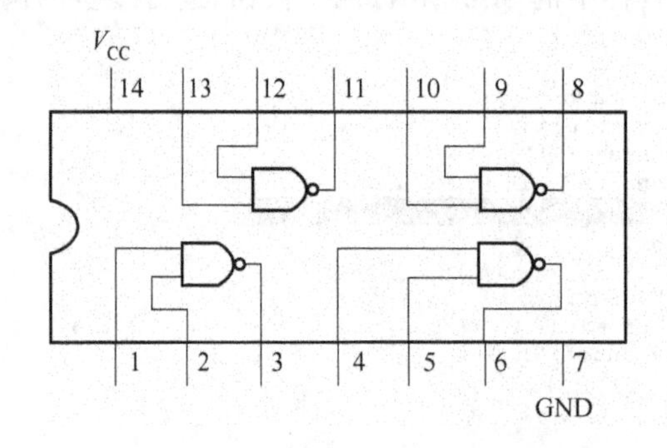

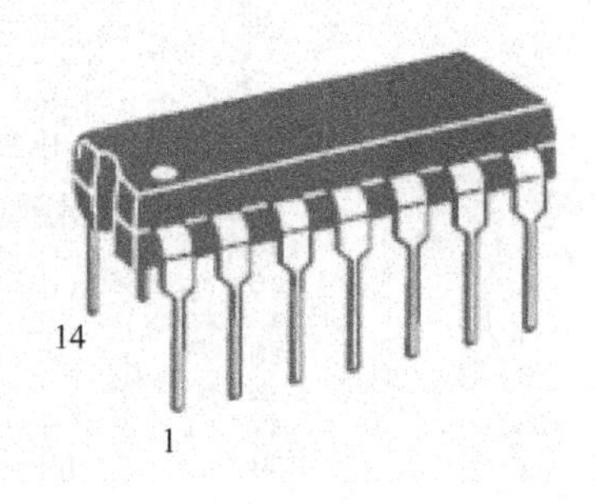

图 6-1 74LS00 和 74HC00 引脚分布图

与非门的参数分为静态参数和动态参数两种。静态参数指电路处于稳定的逻辑状态下测得的参数。门电路的主要电压静态参数如下：

1. 工作电压 V_{CC}，输入高电平 U_{IH} 和输入低电平 U_{IL}

有效的工作电压是芯片能够正常工作的基本前提条件。不同工艺的器件其工作电压范围不一样。对于 TTL 芯片，工作电压范围比较窄，5VTTL 的 74LS 系列芯片的正常工作电压范围一般在 4.5～5.5 V 之间。CMOS 器件的电压范围比较宽，74HC 系列的芯片可以在 2.0～5.5 V 之间正常工作。芯片的其他参数，如输入(输出)电压(电流)的值都与工作电源有关系，所以在数据手册中列出这些参数时都会指明该值是在什么工作电源的条件下测量的。

输入高电平 U_{IH} 是芯片能够可靠识别为逻辑 1 的输入电压最小值，输入低电平 U_{IL} 是芯片能够可靠识别为逻辑 0 的输入电压最大值。满足下面等式的大小关系：

$$U_{IL} \leqslant U_{TH} \leqslant U_{IH} \text{（}U_{TH}\text{是芯片的阈值电平）}$$

另外，芯片的工作温度也是一个重要前提，所有的参数值都是在某个温度范围测量的，如果超出了这个范围，芯片就可能工作不正常。温度指标通常从低到高分为 3 个级别：商用、工业用和军用。通常的 74 系列芯片其正常工作的温度范围在 0～70 ℃；军用 54 系列芯片的正常工作的温度范围在－55～＋125 ℃。不同厂家、不同型号的器件在工作温度上也有区别。

表 6-1 是 DM74LS00 数据手册给出的电压参数，表 6-2 是手册给出的极限工作参数。

表 6-1　DM74LS00 数据手册电压参数

符号	参数	最小值	典型值	最大值	单位
V_{CC}	电源电压	4.75	5	5.25	V
V_{IH}	输入高电平电压	2			V
V_{IL}	输入低电平电压			0.8	V

表 6-2　DM74LS00 数据手册电压、温度极限参数

电源电压	输入电压	自然条件温度范围	储存温度范围
7 V	7 V	0～＋70 ℃	－65～＋150 ℃

74HC 系列芯片是 CMOS 工艺的，工作电压范围比较宽，从 2.0～5.5 V 均可。表6-3是 74HC00 芯片的电压数据手册。另外有的器件手册还会给出极限工作参数如表 6-4 所示，不能使芯片工作在极限条件下。

表 6-3　74HC00 数据手册电压参数

符号	参数	最小值	典型值	最大值	单位
V_{CC}	电源电压	2.0	5.0	6.0	V
V_I	输入电压	0		V_{CC}	V
V_O	输出电压	0		V_{CC}	V
T_{amb}	环境温度	－40	＋25	＋125	℃

表 6-4　74HC00 数据手册电压极限参数

符号	参数	最小值	最大值	单位
V_{CC}	电源电压	−0.5	+7.0	V

2. 输出高电平 U_{OH} 和输出低电平 U_{OL}

一般情况 5V TTL 的 $U_{OH} \geqslant 2.4$ V, $U_{OL} \leqslant 0.4$ V;5V CMOS 的 $U_{OH} \geqslant 4.5$ V, $U_{OL} \leqslant 0.4$ V。具体每种芯片的 U_{OH} 和 U_{OL} 范围应该参考其数据手册,如表 6-5 所示。

表 6-5　DM74LS00 数据手册输出电压参数

符号	参数	最小值	典型值	最大值	单位	测试条件
V_{OH}	输出高电平电压	2.7	3.4		V	V_{CC}=Min, I_{OH}=Max, V_{IL}=Max
V_{OL}	输出低电平电压		0.35	0.5	V	V_{CC}=Min, I_{OL}=Max, V_{IH}=Max
			0.25	0.4	V	V_{CC}=Min, I_{OL}=4 mA

3. 电压传输特性

电压传输特性是指门电路的输出电压 U_o 随输入电压 U_i 而变化的曲线,它是门电路的主要特性之一。通过它可知道门电路的一些重要参数,如输出高电平 U_{OH}、输出低电平 U_{OL}、关门电平 U_{off}、开门电平 U_{on}、阈值电平 U_T 及抗干扰容限 U_{OL}、U_{NH} 等。

电压传输特性一般以电压传输特性曲线的形式来表示,以输入信号电压为横坐标,以输出信号电压为纵坐标所作的曲线就是电压传输特性曲线,可以用多种方法来测试电压传输特性曲线。

(1) 用稳压电源作为输入信号,用电压表测量输入信号电压和输出信号电压的值。此方法的测试电路如图 6-2 所示,采用逐点测试法,调节 R_W,使得 U_i 输入电压从 0 V 开始逐步升高直至能够调节的最大值,同时测量输出端电压值 U_o。根据测量数据绘制出电压传输特性曲线。测试时注意在输出电压变化快的地方,选择测试点间隔要小一些,变化慢的地方,测试点间隔可以大一些。

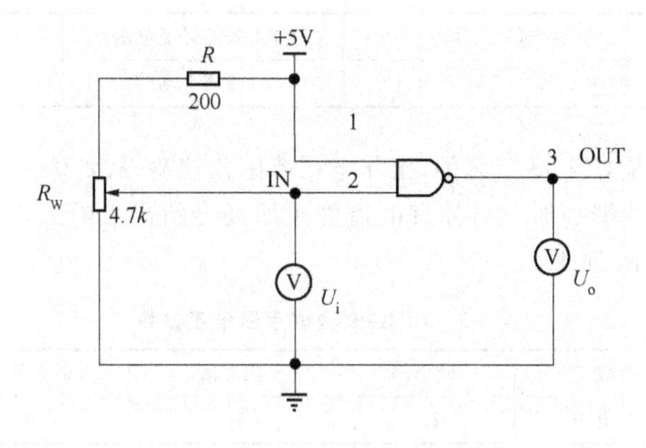

图 6-2　电压传输特性测试方法 1

(2) 用三角波信号作为输入信号,用双踪示波器测量输入信号波形和输出信号波形。这种测试方法的关键在于得到正确的三角波信号,要求三角波信号的最低电平是 0 V,最高电平是 5 V,如果信号电平不对,则容易损坏集成芯片,因此必须先用示波器对输入信号进行监测。三角波信号的频率可以调节到1 kHz左右。

此方法的测试电路如图6-3所示，示波器的CH1和CH2通道分别接到图中的U_i和U_o引脚。将示波器设为直流双踪显示，则示波器屏幕显示的波形大致为图6-4所示，其中上方的三角波是输入信号，下方是对应的输出信号，仔细观察和测量示波器显示的波形，找出门电路输出信号电压发生转折时的输入电压，并根据此波形绘制出电压传输特性曲线。

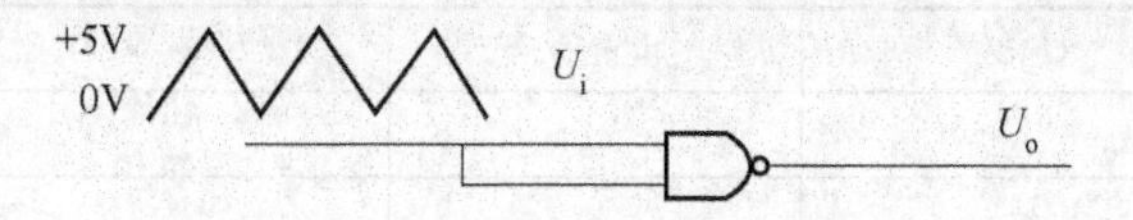

图6-3 电压传输特性测试方法2

(3) 用三角波信号作为输入信号，用双踪示波器的*X*-*Y*显示功能直接显示电压传输特性曲线。这一方法的接线和注意事项同方法2，但需要将示波器调节到*X*-*Y*显示方式，一般依习惯将输入信号作为*X*轴，输出信号作为*Y*轴，则可以直接在示波器上显示该集成电路的电压传输特性曲线，如图6-5所示。

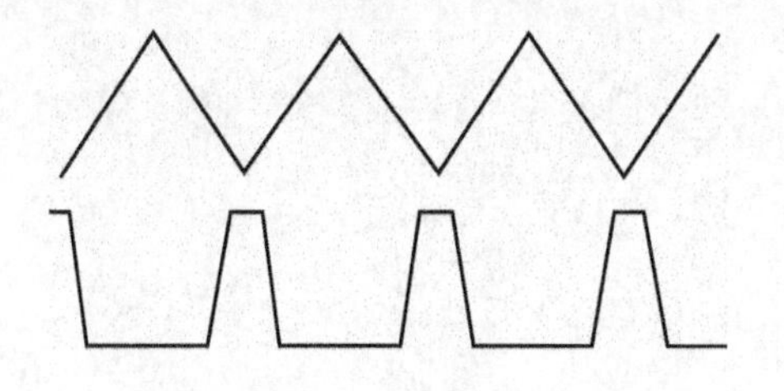

图6-4 方法2测试波形示意图

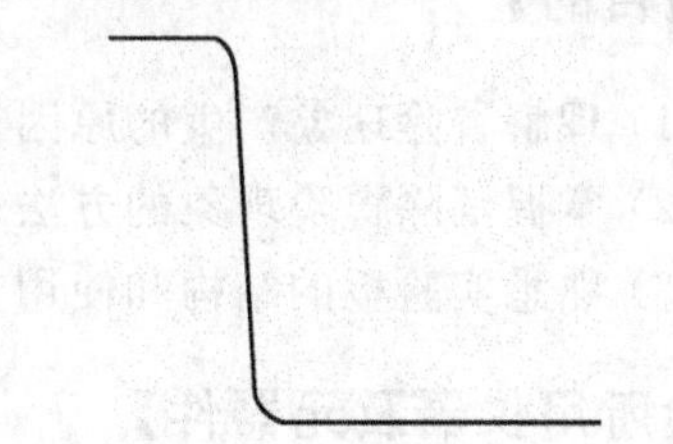

图6-5 方法3测试波形示意图

【实验内容】

1. 实验电路

电路图如图6-6所示，注意芯片一定要正确连接电源和地，并且不能够带电连接电路或者带电改变电路。

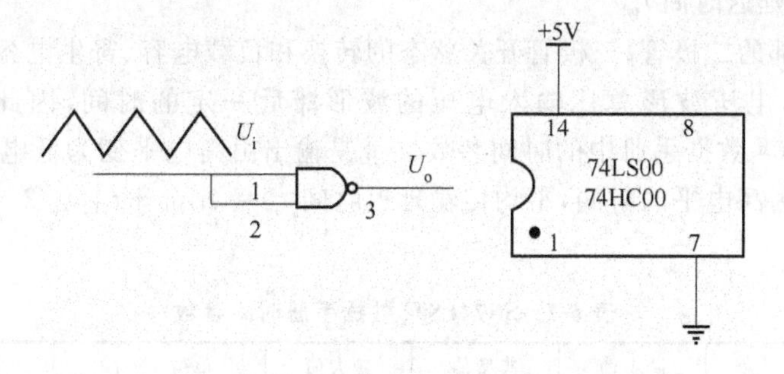

图6-6 输出高低电平测试电路

2. 测试内容及要求

(1) 芯片选择74LS00，将输入端接实验板上DA0，示波器的CH1和CH2分别接输入端(U_i)和输出端(U_o)，在示波器上同时显示输入和输出波形，调节稳定后将显示方式转为*X*-*Y*方式，在坐标纸上按1∶1的比例记录曲线(注意*X*轴和*Y*轴的零坐标的位置)。

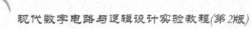

(2) 将芯片换为74HC00,重复前面的测试步骤。

(3) 根据测得的电压传输特性曲线,分析74LS00和74HC00的输入高电平U_{IH}和输入低电平U_{IL}、输出高电平U_{OH}和输出低电平U_{OL},并填入表6-6中。根据表6-6的数据分析TTL和CMOS芯片连接时在输入、输出电平的配合上可能遇到的问题,如有问题找出解决的办法。

表6-6 芯片输入、输出电平(电源电压5V)

芯片	U_{IH}/V	U_{IL}/V	U_{OH}/V	U_{OL}/V
74LS00				
74HC00				

实验2 组合逻辑电路冒险的研究与消除

【实验目的】

(1) 理解冒险现象产生的原因;

(2) 掌握消除冒险现象的方法;

(3) 熟悉实验板的结构和使用方法。

【实验所用仪器及元器件】

(1) 计算机;

(2) 直流稳压电源;

(3) 数字电路实验板;

(4) 74LS00、74LS04。

【实验原理】

1. 平均传输延迟时间t_{pd}

由于芯片内部的二极管、三极管开关状态的转换和负载电容、寄生电容的充放电都需要时间,从而使输出电压波形总比输入电压的波形滞后一定的时间,因此造成传输延迟。表6-7是SN74LS04数据手册中的时间参数,t_{PHL}是输出由高电平变为低电平的时间,t_{PLH}是输出由低电平变为高电平的时间,平均传输延迟时间$t_{pd}=(t_{PHL}+t_{PLH})/2$。图6-7是各个时间参数的意义。

表6-7 SN74LS04数据手册时间参数

符号	参数	最小值	典型值	最大值	单位	测试条件
t_{PLH}	输出由低电平到高电平传输延迟时间		9	15	ns	$V_{CC}=5.0$ V $C_L=15$ pF
t_{PHL}	输出由高电平到低电平传输延迟时间		10	15	ns	

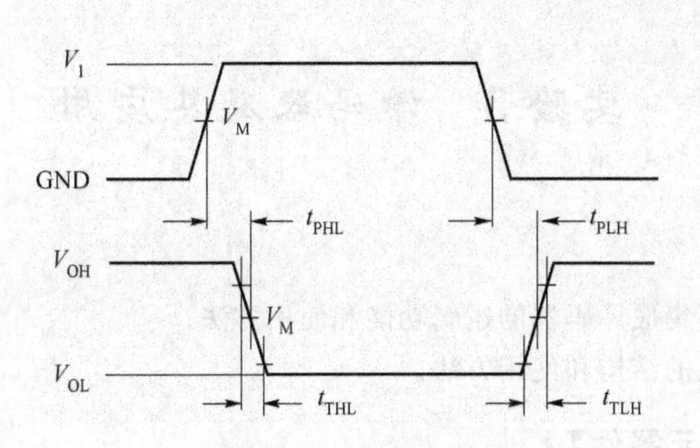

图 6-7 时间参数的意义

2. 组合逻辑电路的冒险

考虑门电路的延迟时间对电路产生的影响，实际上，从信号输入到输出的稳定需要一定的时间。由于从输入到输出的过程中，不同通路的门的级数不同，或者门电路平均延迟时间的差异，造成信号从输入经过不同通路传输到输出端的时间不同，从而使逻辑电路产生错误输出。通常这种现象称为冒险。

【实验内容】

1. 实验电路

电路图如图 6-8 所示，芯片选择 74LS04(非门)和 74LS00(与非门)，注意芯片一定要正确连接电源和地，并且不能够带电连接电路或者带电改变电路。

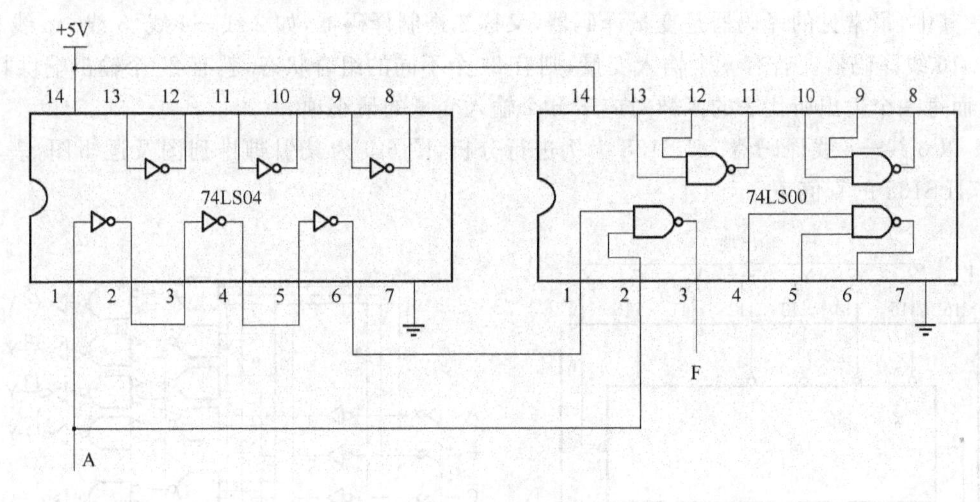

图 6-8 输出高低电平测试电路

2. 测试内容及要求

(1) 根据电路写出 F 的逻辑表达式，分析电路是否会出现冒险。如果出现冒险，是偏 1 型还是偏 0 型？

(2) 将输入端 A 接实验板上 IO4，示波器的 CH1 和 CH2 分别接输入端 A 和输出端 F，在示波器上同时显示输入和输出波形，调节稳定后观察输出 F 是否出现冒险，与前面的分析结果是否一致？

(3) 为使电路稳定工作，可以采用什么方法消除冒险？

实验3　译码器及其应用

【实验目的】

(1) 掌握中规模集成译码器的逻辑功能和使用方法；

(2) 熟悉实验板的结构和使用方法。

【实验所用仪器及元器件】

(1) 计算机；

(2) 直流稳压电源；

(3) 数字电路实验板；

(4) 74LS138、74LS00。

【实验原理】

译码器是一个多输入、多输出的组合逻辑电路。它的作用是把给定的代码进行“翻译”，变成相应的状态，使输出通道中相应的一路有信号输出。译码器在数字系统中有广泛的用途，不仅用于代码的转换、终端的数字显示，还用于数据分配、存储器寻址和组合控制信号等，不同的功能可选用不同种类的译码器。

其中，最常见的译码器是变量译码器，又称二进制译码器，如2线—4线、3线—8线和4线—16线译码器。若有 n 个输入变量，则有 2^n 个不同的组合状态，就有 2^n 个输出端供其使用，而每一个输出所代表的函数对应于 n 个输入变量的最小项。

以3线—8线译码器74LS138为例进行分析，图6-9为其引脚排列图及逻辑图，表6-8是74LS138的真值表。

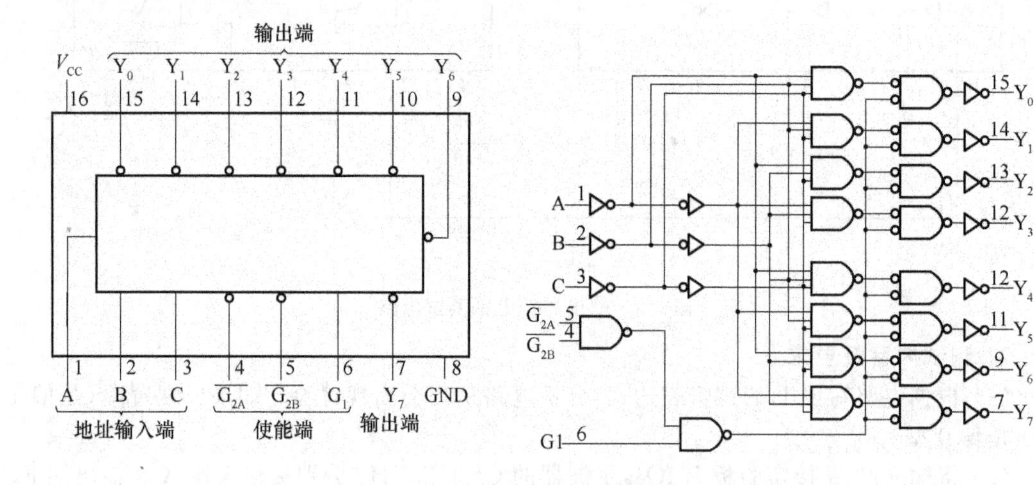

图6-9　3线—8线译码器74LS138引脚排列图及逻辑图

表 6-8　74LS138 的真值表

输入					输出							
G_1	$\overline{G_{2A}}+\overline{G_{2B}}$	C	B	A	Y_0	Y_1	Y_2	Y_3	Y_4	Y_5	Y_6	Y_7
1	0	0	0	0	0	1	1	1	1	1	1	1
1	0	0	0	1	1	0	1	1	1	1	1	1
1	0	0	1	0	1	1	0	1	1	1	1	1
1	0	0	1	1	1	1	1	0	1	1	1	1
1	0	1	0	0	1	1	1	1	0	1	1	1
1	0	1	0	1	1	1	1	1	1	0	1	1
1	0	1	1	0	1	1	1	1	1	1	0	1
1	0	1	1	1	1	1	1	1	1	1	1	0
0	X	X	X	X	1	1	1	1	1	1	1	1
X	1	X	X	X	1	1	1	1	1	1	1	1

74LS138 是一个 16 脚的双列直插式集成电路，第 16 脚接电源正极，第 8 脚接地。A、B、C 为地址输入端，$Y_0 \sim Y_7$ 为译码器输出端，G_1、$\overline{G_{2A}}$、$\overline{G_{2B}}$为使能端。当 $G_1=1$，$\overline{G_{2A}}+\overline{G_{2B}}=0$ 时，和译码器处于正常工作状态，地址端所指定的输出端有信号(0)输出，其他所有输出端均无信号(全为 1)。当 $G_1=0$，$\overline{G_{2A}}+\overline{G_{2B}}=X$ 时，或 $G_1=1$，$\overline{G_{2A}}+\overline{G_{2B}}=1$，译码器被禁止，所有输出同时为 1。

二进制译码器实际上也是负脉冲输出的脉冲分配器。若利用使能端中的一个输入端输入数据信息，器件就成为一个数据分配器(又称多路分配器)，如图 6-10 所示。若在 G_1 输入端输入数据信息，$\overline{G_2 A}=\overline{G_{2B}}=0$ 地址码所对应的输出是 G_1 数据信息的反码；若从$\overline{G_{2A}}$端输入数据信息，令 $G_1=1$，$\overline{G_{2B}}=0$ 地址码所对应的输出就是$\overline{G_{2A}}$端数据信息的原码。若数据信息是时钟脉冲，则数据分配器便成为时钟脉冲分配器。

二进制译码器还能方便地实现逻辑函数，如图 6-11 所示，实现的逻辑函数是 $Z=\overline{A}\,\overline{B}\,\overline{C}+\overline{A}B\overline{C}+A\overline{B}\overline{C}+ABC$。

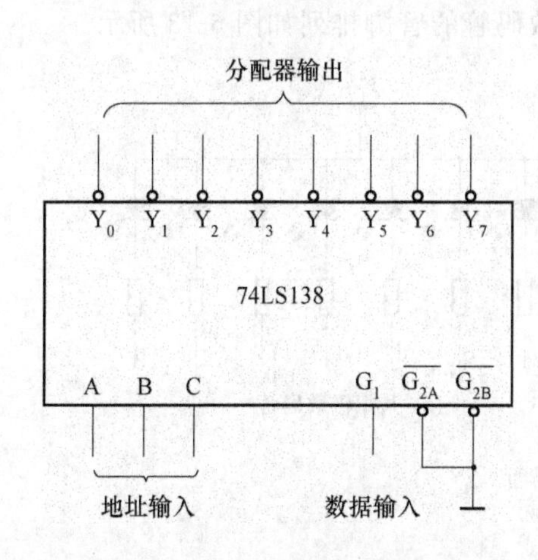

图 6-10　译码器做数据分配器

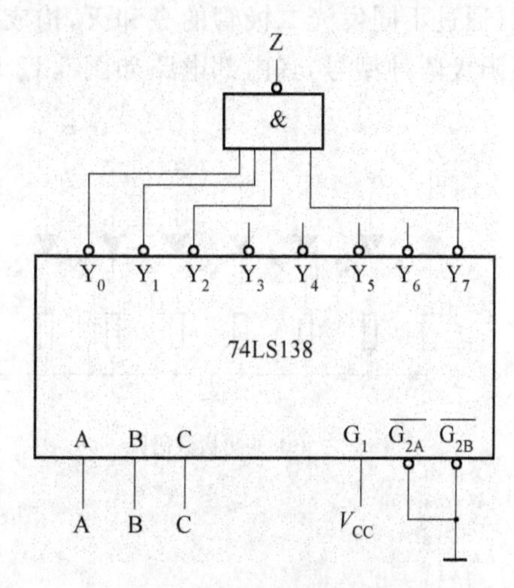

图 6-11　译码器实现逻辑函数

【实验内容】

(1) 74LS138译码器逻辑功能测试。将译码器使能端 G_1、$\overline{G_{2A}}$、$\overline{G_{2B}}$及地址端A、B、C分别接至拨码开关,8个输出端 $Y_0 \sim Y_7$ 依次连接在发光二极管LD0～LD7上,改变使能端和地址端的值,按表6-8逐项测试74LS138的逻辑功能。

(2) 用74LS138和74LS00实现逻辑函数 $Z=\overline{C}\overline{B}A+\overline{C}BA+C\overline{B}\overline{C}+CB\overline{A}$,用拨码开关作为输入,用发光二极管显示输出。

实验4　7段LED数码管显示实验

【实验目的】

(1) 掌握数码管的结构和使用方法;

(2) 熟悉七段显示译码器的使用;

(3) 熟悉实验板的结构和使用方法。

【实验所用仪器及元器件】

(1) 计算机;

(2) 直流稳压电源;

(3) 数字电路实验板;

(4) 74LS48、共阴极七段数码管。

【实验原理】

1. 7段数码管

7段数码管是一种显示器件,将8个发光二极管集成到一个器件上面,排列成为一定形状,通过不同发光二极管的亮和灭,构成可以人眼直接识别的符号。7段数码管有共阴极和共阳极两种型号,其内部电路如图6-12所示。7段数码管的管脚排列如图6-13所示。

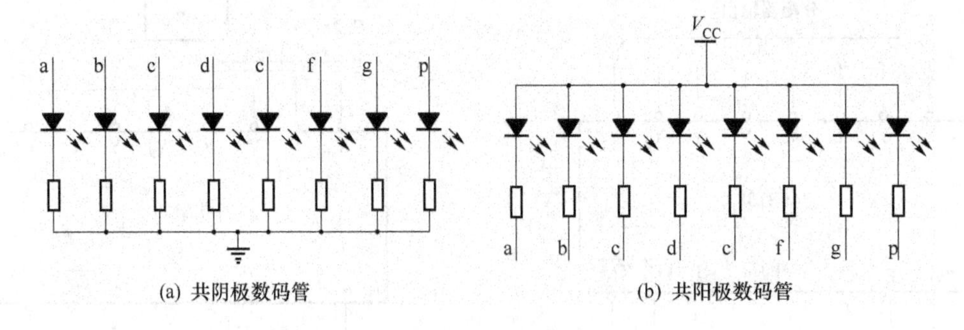

图6-12　7段数码管

共阳接法就是把所有发光二极管的阳极都接在一起，形成一个由高电平驱动的公共端COM，各管的阴极由低电平有效的段码信号a～g控制。共阴接法则相反，它的公共端COM是所有发光二极管的阴极，由低电平驱动，而各段发光二极管的阳极由高电平驱动。

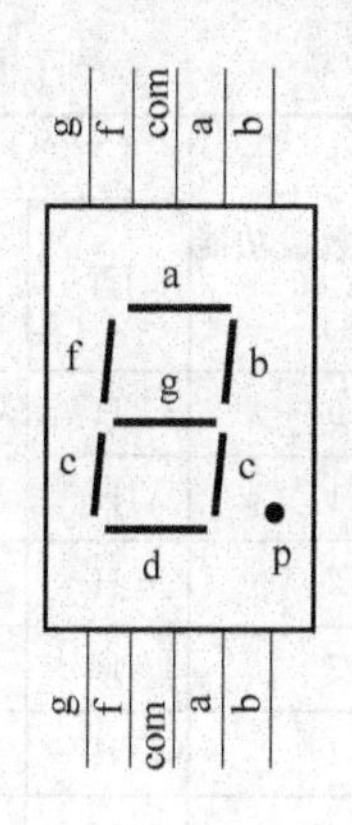

图6-13　数码管引脚图

一个LED数码管可用来显示一位0～9十进制数和一个小数点。数码管各段发光二极管正向导通时发光，每段发光二极管的正向压降，随显示光(通常为红、绿、黄、橙色)的颜色不同略有差别，通常为2～2.5 V，每个发光二极管的点亮电流在5～10 mA，电流太大可能会损坏器件。所以，使用时必须根据所加信号的电压值选择限流电阻。LED数码管要显示BCD码所表示的十进制数字就需要有一个专门的译码器，该译码器不但要完成译码功能，还要有相当的驱动能力。

2. 7段显示/译码驱动器74LS48

74LS48是一种实现码型转换的译码芯片。码型转换就是将一种编码的输入转换为另外一种编码输出。74LS48就是将8421BCD码转换成为7段数码管显示编码。它是共阴极驱动芯片，也就是在输出高电平时，该芯片具有较强的电流输出能力。它的管脚如图6-14所示。

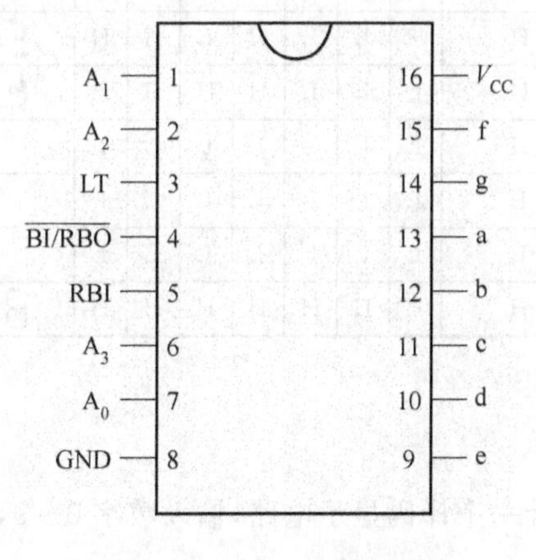

图6-14　74LS48引脚分布

其内部由门电路组成组合的逻辑电路，主要功能是将输入8421BCD码，译码输出相应十进制的七段码a～g中某些段码为高电平，驱动发光数码管显示对应的十进制数。

其中A_3～A_0为译码器的输入信号，Y_a～Y_g为译码器的7个输出，$\overline{LT}$为译码器的灯测试输入，$\overline{BI}/\overline{RBO}$为译码器的消隐输入/灭零输出，$\overline{RBI}$为灭零输入。表6-9为7段显示译码器的功能表。

根据表6-9 7段显示译码器74LS48的真值表，下面简单介绍三个功能端$\overline{LT}$、$\overline{BI}/\overline{RBO}$和$\overline{RBI}$的工作情况。

(1) 灯测试输入：当$\overline{LT}=0$且$\overline{BI}=1$时，无论A_3～A_0状态如何，输出Y_a～Y_g全部为高电平，都可使被驱动数码管的7段同时点亮，以检查该数码管各段能否正常发光。利用这个功能可以判断显示器的好坏。

(2) 消隐输入：也称灭灯输入。$\overline{BI}$为消隐输入，当$\overline{BI}=0$时，无论$\overline{LT}$，$\overline{RBI}$及输入A_3～A_0为何值，所有各段输出Y_a～Y_g均为低电平，显示器处于熄灭状态。$\overline{RBO}$为灭零输出。

(3) 灭零输入：$\overline{RBI}$可以按数据显示需要，将显示器所显示的0予以熄灭，而在显示1～9时不受影响。它在实际应用中是用来熄灭多位数字前后不必要的零位，使显示的结果更醒目。

将灭零输入端与灭零输出端配合使用，很容易实现多位数码显示系统的灭零控制。

表 6-9　74LS48 功能表

十进制数或功能	输入							输出							
	$\overline{LT}$	$\overline{RBI}$	A_3	A_2	A_1	A_0	$\overline{BI}/\overline{RBO}$	a	b	c	d	e	f	g	显示字形
0	H	H	L	L	L	L	H	H	H	H	H	H	H	L	0
1	H	X	L	L	L	H	H	L	H	H	L	L	L	L	1
2	H	X	L	L	H	L	H	H	H	L	H	H	L	H	2
3	H	X	L	L	H	H	H	H	H	H	H	L	L	H	3
4	H	X	L	H	L	L	H	L	H	H	L	L	H	H	4
5	H	X	L	H	L	H	H	H	L	H	H	L	H	H	5
6	H	X	L	H	H	L	H	L	L	H	H	H	H	H	6
7	H	X	L	H	H	H	H	H	H	H	L	L	L	L	7
8	H	X	H	L	L	L	H	H	H	H	H	H	H	H	8
9	H	X	H	L	L	H	H	H	H	H	L	L	H	H	9
10	H	X	H	L	H	L	H	L	L	L	H	H	L	H	
11	H	X	H	L	H	H	H	L	L	H	H	L	L	H	
12	H	X	H	H	L	L	H	L	H	L	L	L	H	H	
13	H	X	H	H	L	H	H	H	L	L	H	L	H	H	
14	H	X	H	H	H	L	H	L	L	L	H	H	H	H	
15	H	X	H	H	H	H	H	L	L	L	L	L	L	L	
$\overline{BI}$	X	X	X	X	X	X	L	L	L	L	L	L	L	L	
$\overline{RBI}$	H	L	L	L	L	L	L	L	L	L	L	L	L	L	
$\overline{LT}$	H	X	X	X	X	X	H	H	H	H	H	H	H	H	8

【实验内容】

用 7 段显示译码器 74LS48 和共阴极数码管设计一个译码显示电路，输入数字 0～9，在数码管上显示该数字。

(1) 用拨码开关作为输入；

(2) 控制端根据真值表接高电平或低电平，要求验证译码显示功能、试灯功能、消隐功能和灭零功能，将测试结果填入表 6-10(表中行数根据需要自行补充)。

表 6-10　7 段显示译码器 74LS48 功能测试表

输入情况							显示及功能
$\overline{LT}$	$\overline{RBI}$	A_3	A_2	A_1	A_0	$\overline{BI}$	

实验5　数据选择器及其应用

【实验目的】

(1) 掌握中规模集成数据选择器的逻辑功能及使用方法；
(2) 学习用数据选择器构成组合逻辑电路的方法。

【实验所用仪器及元器件】

(1) 计算机；
(2) 直流稳压电源；
(3) 数字电路实验板；
(4) 74LS151、74LS153。

【实验原理】

数据选择器又叫"多路开关"。数据选择器在地址码(或叫选择控制)电位的控制下，从几个数据输入中选择一个并将其送到一个公共的输出端。数据选择器的功能类似一个多掷开关，如图6-15所示，图中有四路数据 $D_0 \sim D_3$，通过选择控制信号 A_1、A_0(地址码)从四路数据中选中某一路数据送至输出端Q。

数据选择器为目前逻辑设计中应用十分广泛的逻辑部件，有2选1、4选1、8选1、16选1等类别。

数据选择器的电路结构一般由与或门阵列组成，也有用传输门开关和门电路混合而成的。

1. 8选1数据选择器74LS151

74LS151为互补输出的8选1数据选择器，引脚排列如图6-16所示，功能如表6-11所示。

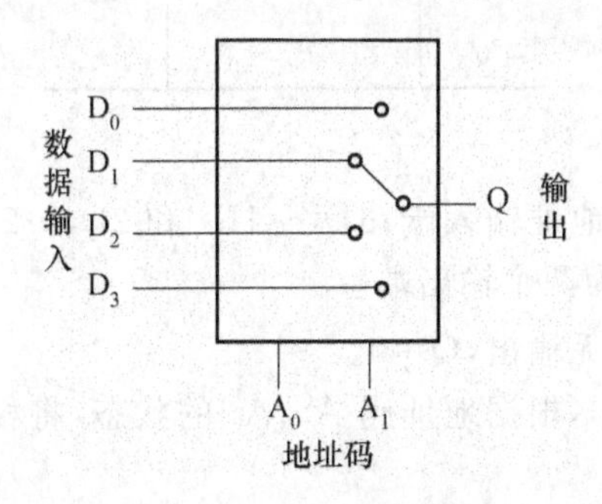

图6-15　4选1数据选择器示意图

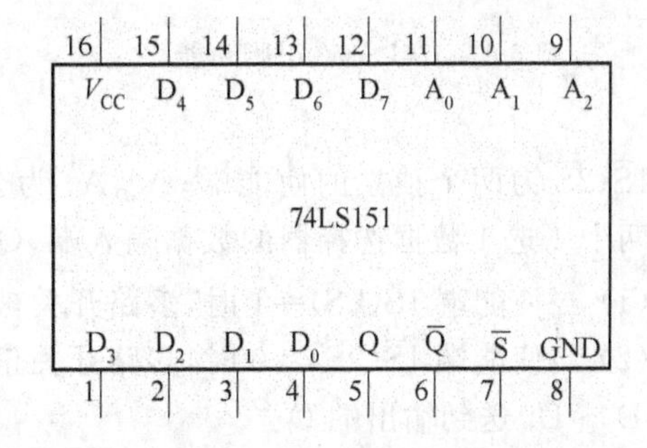

图6-16　74LS151引脚排列

表 6-11　74151 功能表

输　入				输　出	
$\overline{S}$	A_2	A_1	A_0	Q	$\overline{Q}$
1	×	×	×	0	1
0	0	0	0	D_0	$\overline{D_0}$
0	0	0	1	D_1	$\overline{D_1}$
0	0	1	0	D_2	$\overline{D_2}$
0	0	1	1	D_3	$\overline{D_3}$
0	1	0	0	D_4	$\overline{D_4}$
0	1	0	1	D_5	$\overline{D_5}$
0	1	1	0	D_6	$\overline{D_6}$
0	1	1	1	D_7	$\overline{D_7}$

选择控制端(地址端)为 $A_2 \sim A_0$，按二进制译码，从 8 个输入数据 $D_0 \sim D_7$ 中，选择一个需要的数据送到输出端 Q，$\overline{S}$ 为使能端，低电平有效。

使能端 $\overline{S}=1$ 时，不论 $A_2 \sim A_0$ 状态如何，均无输出($Q=0, \overline{Q}=1$)，多路开关被禁止。

使能端 $\overline{S}=0$ 时，多路开关正常工作，根据地址码 A_2、A_1、A_0 的状态选择 $D_0 \sim D_7$ 中某一个通道的数据输送到输出端 Q。

例如，$A_2A_1A_0=000$，则选择 D_0 数据到输出端，即 $Q=D_0$。

例如，$A_2A_1A_0=001$，则选择 D_1 数据到输出端，即 $Q=D_1$，其余类推。

2. 双 4 选 1 数据选择器 74LS153

所谓双 4 选 1 数据选择器就是在一块集成芯片上有两个 4 选 1 数据选择器。引脚排列如图 6-17 所示，功能如表 6-12 所示。

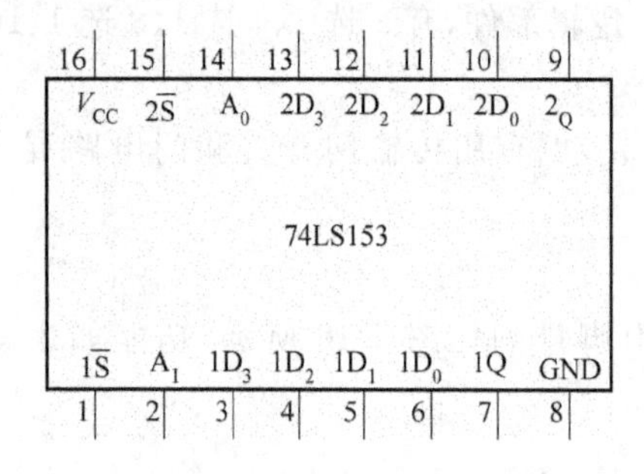

图 6-17　74LS153 引脚功能

表 6-12　74LS153 功能表

输入			输出
$\overline{S}$	A_1	A_0	Q
1	×	×	0
0	0	0	D_0
0	0	1	D_1
0	1	0	D_2
0	1	1	D_3

$1\overline{S}$、$2\overline{S}$ 为两个独立的使能端；A_1、A_0 为公用的地址输入端；$1D_0 \sim 1D_3$ 和 $2D_0 \sim 2D_3$ 分别为两个 4 选 1 数据选择器的数据输入端；Q_1、Q_2 为两个输出端。

(1) 当使能端 $1\overline{S}(2\overline{S})=1$ 时，多路开关被禁止，无输出，$Q=0$。

(2) 当使能端 $1\overline{S}(2\overline{S})=0$ 时，多路开关正常工作，根据地址码 A_1、A_0 的状态，将相应的数据 $D_0 \sim D_3$ 送到输出端 Q。

例如，$A_1A_0=00$ 则选择 D_0 数据到输出端，即 $Q=D_0$。

$A_1A_0=01$ 则选择 D_1 数据到输出端，即 $Q=D_1$，其余类推。

数据选择器的用途很多，例如多通道传输，数码比较，并行码变串行码，以及实现逻辑函数等。

3. 数据选择器的应用—实现逻辑函数

例 1 用 8 选 1 数据选择器 74LS151 实现函数 $F=A\overline{B}+\overline{A}C+B\overline{C}$。

作出函数 F 的功能表，如表 6-13 所示，将函数 F 功能表与 8 选 1 数据选择器的功能表相比较，可知：

(1) 将输入变量 C、B、A 作为 8 选 1 数据选择器的地址码 A_2、A_1、A_0。

(2) 使 8 选 1 数据选择器的各数据输入 $D_0 \sim D_7$ 分别与函数 F 的输出值一一相对应。即

$A_2A_1A_0=CBA$

$D_0=D_7=0$

$D_1=D_2=D_3=D_4=D_5=D_6=1$

则 8 选 1 数据选择器的输出 Q 便实现了函数 $F=A\overline{B}+\overline{A}C+B\overline{C}$。

接线图如图 6-18 所示。

表 6-13 函数 F 的功能表(例 1)

输入			输出
C	B	A	F
0	0	0	0
0	0	1	1
0	1	0	1
0	1	1	1
1	0	0	1
1	0	1	1
1	1	0	1
1	1	1	0

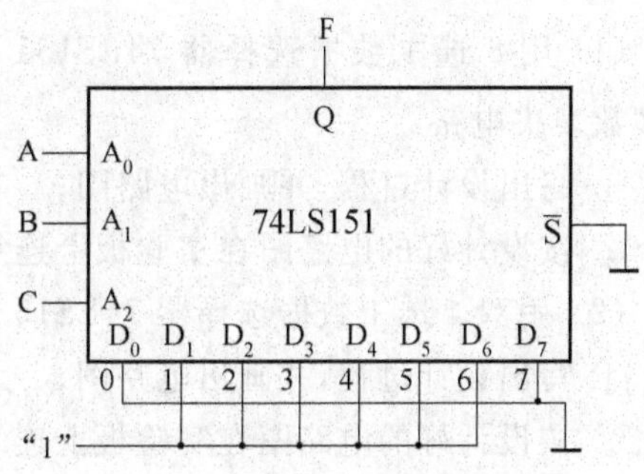

图 6-18 用 8 选 1 数据选择器实现 $F=A\overline{B}+\overline{A}C+B\overline{C}$

显然，采用具有 n 个地址端的数据选择实现 n 变量的逻辑函数时，应将函数的输入变量加到数据选择器的地址端(A)，选择器的数据输入端(D)按次序以函数 F 输出值来赋值。当函数输入变量数小于数据选择器的地址端(A)时，应将不用的地址端及不用的数据输入端(D)都接地。

例 2 用 4 选 1 数据选择器 74LS153 实现函数 $F=\overline{A}BC+A\overline{B}C+AB\overline{C}+ABC$。

函数 F 的功能如表 6-14 所示。

表 6-14 函数 F 的功能表(例 2)

输入			输出
A	B	C	F
0	0	0	0
0	0	1	0
0	1	0	0
0	1	1	1
1	0	0	0
1	0	1	1
1	1	0	1
1	1	1	1

表 6-15 函数 F 功能表的另一种形式

输入			输出	数据端
A	B	C	F	
0	0	0 1	0 0	$D_0=0$
0	1	0 1	0 1	$D_1=C$
1	0	0 1	0 1	$D_2=C$
1	1	0 1	1 1	$D_3=1$

函数 F 有三个输入变量 A、B、C，而数据选择器有两个地址端 A_1、A_0 少于函数输入变量个数，在设计时可任选 A 接 A_1，B 接 A_0。

将函数功能表改画成 6-15 形式，可见当将输入变量 A、B、C 中，B 接选择器的地址端 A_1、A_0，由表 6-15 不难看出：

$D_0=0$，$D_1=D_2=C$，$D_3=1$

则 4 选 1 数据选择器的输出，便实现了函数 $F=\overline{A}BC+A\,\overline{B}C+AB\,\overline{C}+ABC$ 接线图如图 6-19 所示。

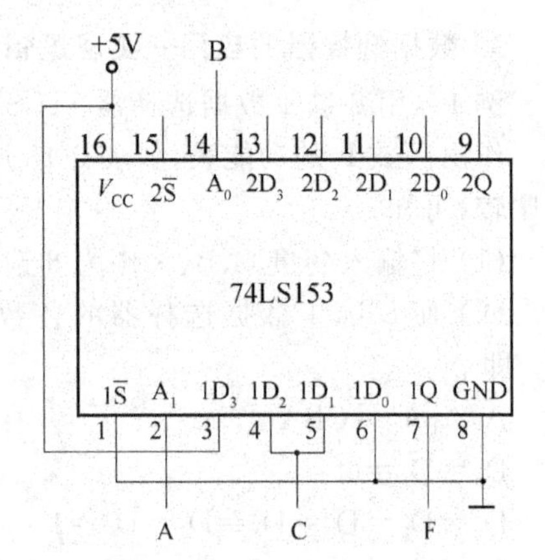

图 6-19　用 4 选 1 数据选择器实现 $F=\overline{A}BC+A\overline{B}C+AB\overline{C}+ABC$

【实验内容】

(1) 用 8 选 1 数据选择器 74LS151 设计三输入多数表决电路

① 写出设计过程，并画出电路图；

② 按设计好的电路图在实验板上连线，验证电路功能。

(2) 用双 4 选 1 数据选择器 74LS153 实现全加器

① 写出设计过程，并画出电路图；

② 按设计好的电路图在实验板上连线，验证电路功能。

实验 6　触发器及其应用

【实验目的】

(1) 掌握 JK 触发器和 D 触发器的逻辑功能；

(2) 熟悉触发器之间相互转换的方法；

(3) 学习用集成触发器构成计数器的方法。

【实验所用仪器及元器件】

(1) 计算机；

(2) 直流稳压电源；

(3) 数字电路实验板；

(4) 74LS74、74LS112。

【实验原理】

触发器具有两个稳定状态，用以表示逻辑状态“1”和“0”，在一定的外界信号作用下，可以从一个稳定状态翻转到另一个稳定状态，它是一个具有记忆功能的二进制信息存储器件，是构成各种时序电路的最基本逻辑单元。

1. JK 触发器

在输入信号为双端的情况下,JK 触发器是功能完善、使用灵活和通用性较强的一种触发器。本实验采用 74LS112 双 JK 触发器,是下降边沿触发的边沿触发器,其引脚分布及逻辑符号如图 6-20 所示,其功能如表 6-16 所示。

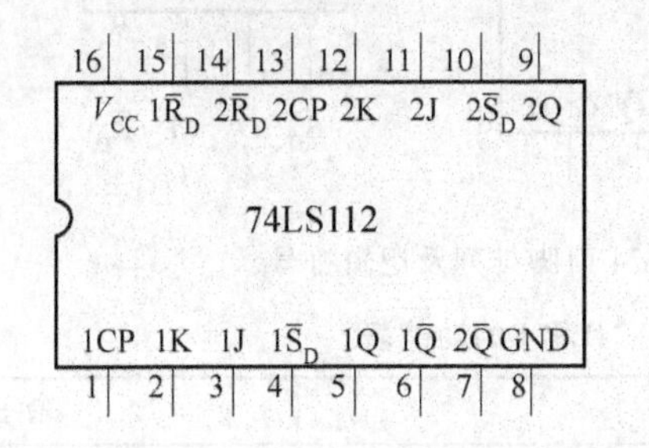

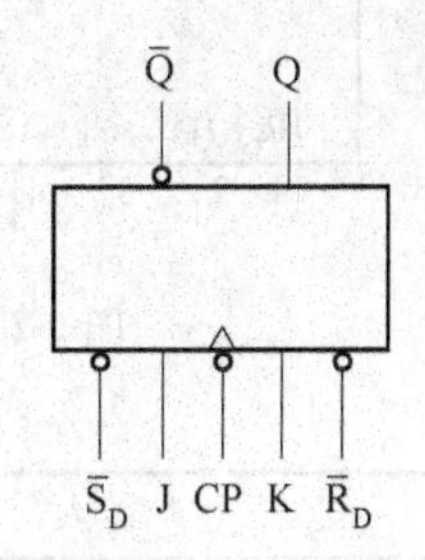

图 6-20　74LS112 双 JK 触发器引脚排列及逻辑符号

表 6-16　JK 触发器的功能表

输　入					输　出	
$\overline{S}_D$	$\overline{R}_D$	CP	J	K	Q^{n+1}	$\overline{Q}^{n+1}$
0	1	×	×	×	1	0
1	0	×	×	×	0	1
0	0	×	×	×	ϕ	ϕ
1	1	↓	0	0	Q^n	$\overline{Q}^n$
1	1	↓	1	0	1	0
1	1	↓	0	1	0	1
1	1	↓	1	1	$\overline{Q}^n$	Q^n
1	1	↑	×	×	Q^n	$\overline{Q}^n$

注:×表示任意态;↓表示高到低电平跳变;↑表示低到高电平跳变。

Q^n($\overline{Q}^n$)表示现态;Q^{n+1}($\overline{Q}^{n+1}$)表示次态;ϕ表示不定态。

JK 触发器的状态方程为 $Q^{n+1}=J\,\overline{Q}^n+\overline{K}Q^n$,J 和 K 是数据输入端,是触发器状态更新的依据,若 J、K 有两个或两个以上输入端时,组成"与"的关系。Q 与 $\overline{Q}$ 为两个互补输出端。通常把 Q=0、$\overline{Q}$=1 的状态定为触发器"0"状态;而把 Q=1,$\overline{Q}$=0 定为"1"状态。JK 触发器常被用作缓冲存储器,移位寄存器和计数器。

2. D 触发器

在输入信号为单端的情况下,D 触发器用起来最为方便,其状态方程为 $Q^{n+1}=D^n$,其输出状态的更新发生在 CP 脉冲的上升沿,故又称为上升沿触发的边沿触发器,触发器的状态只取决于时钟到来前 D 端的状态,D 触发器的应用很广,可用作数字信号的寄存,移位寄存,分频和波形发生等。有很多种型号可供各种用途的需要而选用,如双 D 触发器 74LS74、四 D 触发器 74LS175、六 D 触发器 74LS174 等。

图 6-21 为双 D 触发器 74LS74 的引脚排列及逻辑符号,功能如表 6-17 所示。

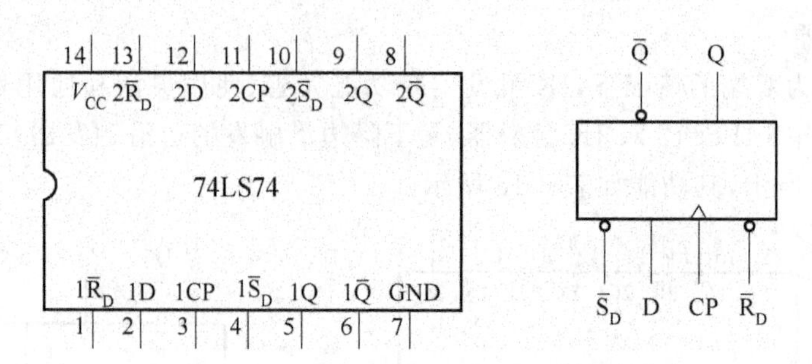

图 6-21 74LS74 引脚排列及逻辑符号

表 6-17 74LS74 的功能表

输入				输出	
$\overline{S}_D$	$\overline{R}_D$	CP	D	Q^{n+1}	$\overline{Q}^{n+1}$
0	1	×	×	1	0
1	0	×	×	0	1
0	0	×	×	ϕ	ϕ
1	1	↑	1	1	0
1	1	↑	0	0	1
1	1	↓	×	Q^n	$\overline{Q}^n$

3. 触发器之间的相互转换

在集成触发器的产品中,每一种触发器都有自己固定的逻辑功能。但可以利用转换的方法获得具有其他功能的触发器。例如将 JK 触发器的 J、K 两端连在一起,并认它为 T 端,就得到所需的 T 触发器。如图 6-22(a)所示,其状态方程为:$Q^{n+1}=T\overline{Q}^n+\overline{T}Q^n$。T 触发器的功能如表 6-18 所示。

由功能表可见,当 T=0 时,时钟脉冲作用后,其状态保持不变;当 T=1 时,时钟脉冲作用后,触发器状态翻转。所以,若将 T 触发器的 T 端置“1”,如图 6-22(b)所示,即得 T′ 触发器。在 T′ 触发器的 CP 端每来一个 CP 脉冲信号,触发器的状态就翻转一次,故称之为反转触发器,广泛用于计数电路中。

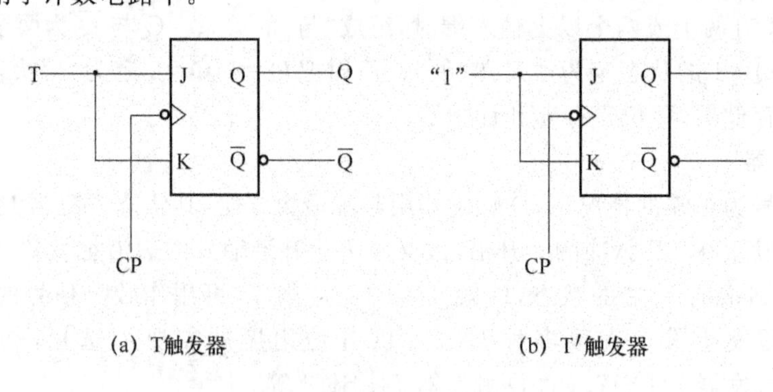

(a) T触发器　　(b) T′触发器

图 6-22 JK 触发器转换为 T、T′ 触发器

表 6-18　T触发器的功能表

输入				输出
$\overline{S}_D$	$\overline{R}_D$	CP	T	Q^{n+1}
0	1	×	×	1
1	0	×	×	0
1	1	↓	0	Q^n
1	1	↓	1	$\overline{Q}^n$

同样，若将D触发器 $\overline{Q}$ 端与D端相连，便转换成 T′ 触发器，如图 6-23 所示。

JK 触发器也可转换为D触发器，如图 6-24 所示。

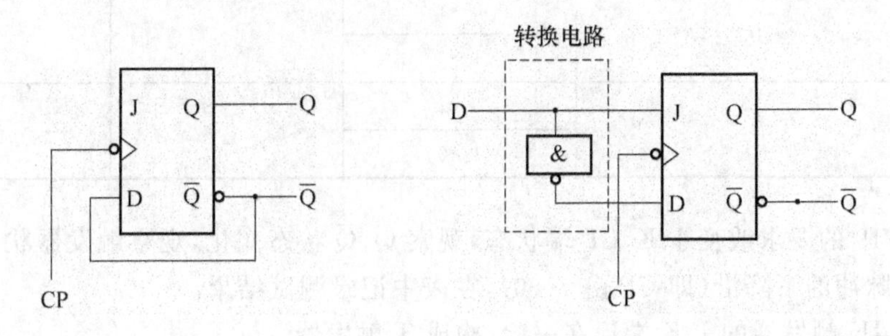

图 6-23　D转成 T′　　　　图 6-24　JK 转成 D

4. 用D触发器构成异步二进制加/减计数器

图 6-25 是用四个D触发器构成的四位二进制异步加法计数器，它的连接特点是将每只D触发器接成 T′触发器，再由低位触发器的 $\overline{Q}$ 端和高一位的 CP 端相连接。

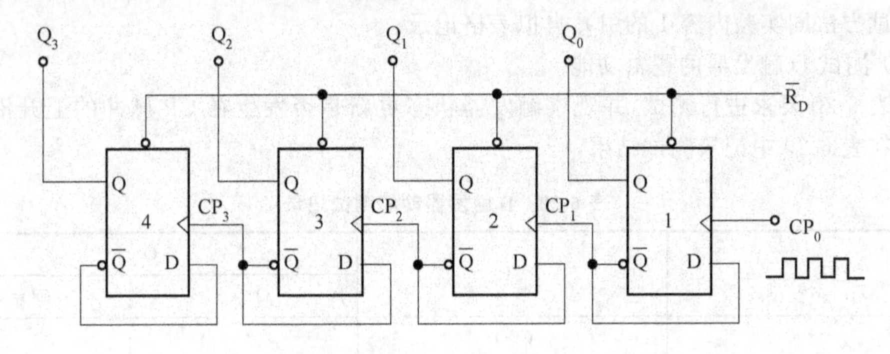

图 6-25　四位二进制异步加法计数器

若将图 6-25 稍加改动，即将低位触发器的 Q 端与高一位的 CP 端相连接，即构成了一个 4 位二进制减法计数器。

【实验内容】

1. 测试双 JK 触发器 74LS112 逻辑功能

(1) 测试 $\overline{R}_D$、$\overline{S}_D$ 的复位、置位功能

将 JK 触发器的 $\overline{R}_D$、$\overline{S}_D$、J、K 端接拨码开关，CP 端接按键，Q、$\overline{Q}$ 端接至发光二极管。要求改变 $\overline{R}_D$，$\overline{S}_D$(J、K、CP 处于任意状态)，并在 $\overline{R}_D=0(\overline{S}_D=1)$ 或 $\overline{S}_D=0(\overline{R}_D=1)$ 作用期间任意

改变J、K及CP的状态,观察Q、$\overline{Q}$状态。自拟表格并记录。

(2) 测试JK触发器的逻辑功能,并记录在表6-19中。

表6-19 JK触发器功能测试记录

J	K	CP	Q^{n+1}	
			$Q^n=0$	$Q^n=1$
0	0	0→1		
		1→0		
0	1	0→1		
		1→0		
1	0	0→1		
		1→0		
1	1	0→1		
		1→0		

按表6-19的要求改变J、K、CP端状态,观察Q、$\overline{Q}$状态变化,观察触发器状态更新是否发生在CP脉冲的下降沿(即CP由1→0),在表中记录测试结果。

(3) 将JK触发器的J、K端连在一起,构成T触发器。

在CP端输入100 kHz方波,用双踪示波器观察CP、Q、$\overline{Q}$端波形,注意相位关系,在坐标纸上画出这3路信号的同步波形。

2. 测试双D触发器74LS74的逻辑功能

(1) 测试$\overline{R}_D$、$\overline{S}_D$的复位、置位功能

测试方法同实验内容1的(1),自拟表格记录。

(2) 测试D触发器的逻辑功能

按表6-20要求进行测试,并观察触发器状态更新是否发生在CP脉冲的上升沿(即由0→1),在表6-20中记录测试结果。

表6-20 D触发器动能测试记录

D	CP	Q^{n+1}	
		$Q^n=0$	$Q^n=1$
0	0→1		
	1→0		
1	0→1		
	1→0		

(3) 将D触发器的$\overline{Q}$端与D端相连接,构成T′触发器。

测试方法同实验内容1的(3),画出CP、Q、$\overline{Q}$的同步波形。

3. 用D触发器设计并实现一个4位二进制异步加法计数器

在CP0端输入100 kHz连续脉冲,用双踪示波器观察CP_0、Q_0、Q_1、Q_2、Q_3端波形,注意相位关系,在坐标纸上画出这5路信号的同步波形。

实验7　中规模计数器的应用

【实验目的】

(1) 熟悉计数器的工作原理和使用方法；

(2) 熟悉实验板的结构和使用方法。

【实验所用仪器及元器件】

(1) 计算机；

(2) 直流稳压电源；

(3) 数字电路实验板；

(4) 74LS169、74LS48、共阴极七段数码管。

【实验原理】

1. 计数器

计数器是由若干个触发器构成的一种时序电路，它按预定的顺序改变其内部各触发器的状态，以表征累计的输入脉冲个数。输入脉冲可以是等时间间隔的周期性脉冲，也可以是随机到来的脉冲信号。计数器可以用来实现计数、定时、分频等功能，它广泛应用于各种数字系统中。

计数器是一个周期性的时序电路，其状态图有一个闭合环，闭合环循环一次所需要的时钟脉冲的个数(计数的状态组合的个数)称为计数器的模值 M。

计数器的类型：

- 按时钟控制方式来分：有异步、同步计数器；
- 按计数过程中数值的增减来分：有加法、减法、可逆计数器；
- 按模值来分：有二进制、十进值和任意进制计数器。

2. 4位二进制可逆计数器74LS169

74LS169是4位二进制计数器，计数循环从0000到1111，共16个状态。74LS169也是可逆计数器，利用加/减计数的控制端 $U/\overline{D}$ 控制加计数还是减计数，当 $U/\overline{D}=1$ 时为加计数，当 $U/\overline{D}=0$ 时为减计数。74LS169的引脚图和功能表分别如图6-25和表6-21所示。

从图6-26可以看出，$\overline{LOAD}$是同步预置端，低电平有效，必须在$\overline{LOAD}$有效后的下一个时钟有效沿到来时，才能实现预置。74LS169没有复位输入，只能通过预置的方式使得计数器回复到计数的初始状态。

74LS169有两个计数控制输入：$\overline{ENP}$和$\overline{ENT}$。只有这两个输入都是低电平时，计数器才可以进行计数。

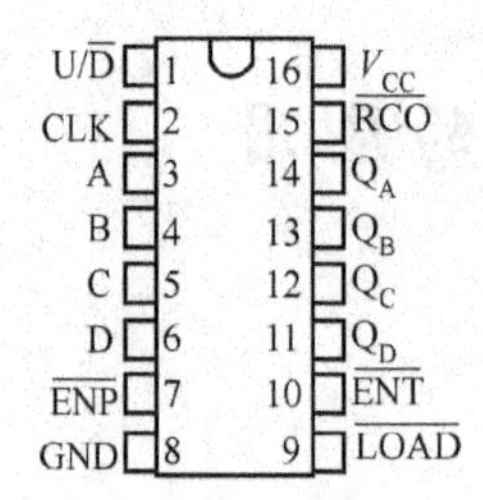

表 6-21 74LS169 功能表

$\overline{ENP}+\overline{ENT}$	$U/\overline{D}$	$\overline{LOAD}$	CLK	Q_3 Q_2 Q_1 Q_0
1	X	1	X	保持原状态
0	X	0	↑	预 置
0	1	1	↑	加计数
0	0	1	↑	减计数

图 6-26 74LS169 引脚图和功能表

【实验内容】

用中规模同步计数器 74LS169 和逻辑门设计一个模值 M=8 的加计数器,计数状态从“0010”递增到“1001”。

(1) 时钟端口接 IO_0;

(2) 用发光二极管显示计数结果,注意高位在左,低位在右;

(3) 通过 74LS48 译码,在 7 段数码管上显示计数结果。

实验 8 移位寄存器及其应用

【实验目的】

(1) 掌握中规模 4 位双向移位寄存器逻辑功能及使用方法;

(2) 熟悉移位寄存器的应用。

【实验所用仪器及元器件】

(1) 计算机;

(2) 直流稳压电源;

(3) 数字电路实验板;

(4) 74LS194。

【实验原理】

1. 移位寄存器

移位寄存器是一个具有移位功能的寄存器,是指寄存器中所存的代码能够在移位脉冲的作用下依次左移或右移。既能左移又能右移的称为双向移位寄存器,只需要改变左、右移的控制信号便可实现双向移位要求。根据移位寄存器存取信息的方式不同分为:串入串出、串入并出、并入串出、并入并出四种形式。

本实验选用的 4 位双向通用移位寄存器,型号为 74LS194,其逻辑符号及引脚排列如图6-27 所示。

其中 D_0、D_1、D_2、D_3 为并行输入端;Q_0、Q_1、Q_2、Q_3 为并行输出端;S_R 为右移串行输入端,S_L 为左移串行输入端;S_1、S_0 为操作模式控制端;$\overline{C}_R$ 为直接无条件清零端;CP 为时钟脉冲输入端。

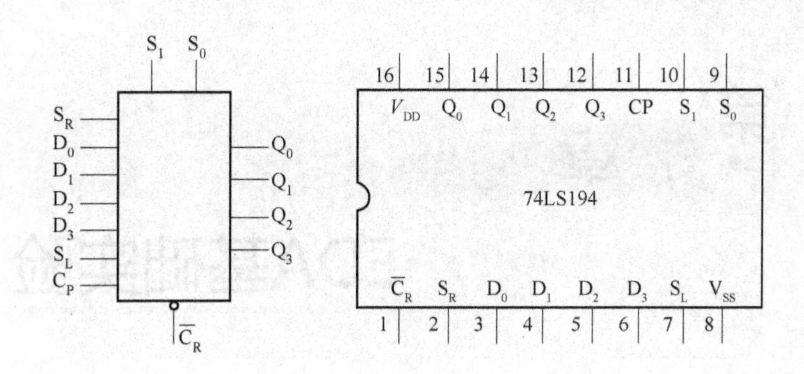

图 6-27　74LS194 的逻辑符号及引脚功能

74LS194 有 5 种不同操作模式：即并行送数寄存、右移（方向由 $Q_0 \to Q_3$）、左移（方向由 $Q_3 \to Q_0$）、保持及清零。74LS194 的功能如表 6-22 所示。

表 6-22　74LS194 的功能表

功能	输入										输出			
	CP	$\overline{C}_R$	S_1	S_0	S_R	S_L	D_O	D_1	D_2	D_3	Q_0	Q_1	Q_2	Q_3
清除	×	0	×	×	×	×	×	×	×	×	0	0	0	0
送数	↑	1	1	1	×	×	a	b	c	d	a	b	c	d
右移	↑	1	0	1	D_{SR}	×	×	×	×	×	D_{SR}	Q_0	Q_1	Q_2
左移	↑	1	1	0	×	D_{SL}	×	×	×	×	Q_1	Q_2	Q_3	D_{SL}
保持	↑	1	0	0	×	×	×	×	×	×	Q_0^n	Q_1^n	Q_2^n	Q_3^n
保持	↓	1	×	×	×	×	×	×	×	×	Q_0^n	Q_1^n	Q_2^n	Q_3^n

2. 移位寄存器的应用

移位寄存器应用很广，可构成移位寄存器型计数器、顺序脉冲发生器、串行累加器；可用作数据转换，即把串行数据转换为并行数据，或把并行数据转换为串行数据等。

中规模集成移位寄存器，其位数往往以 4 位居多，当需要的位数多于 4 位时，可把几片移位寄存器用级连的方法来扩展位数。

【实验内容】

1. 用 74LS194 设计并实现一个 4 位环形计数器

(1) 预置寄存器状态为 1000，然后进行循环右移；

(2) 时钟端口接 IO_0；

(3) 用发光二极管显示计数结果；

2. 实现数据的串、并行转换

用二片 74LS194 和逻辑门设计并实现七位串/并行数据转换电路。要求右移串入、并出，串入数据自定。

第7章 EDA基础实验

实验1 Quartus Ⅱ原理图输入法设计

【实验目的】

(1) 熟悉用 Quartus Ⅱ原理图输入法进行电路设计和仿真；

(2) 掌握 Quartus Ⅱ图形模块单元的生成与调用；

(3) 熟悉实验板的使用。

【实验所用仪器及元器件】

(1) 计算机；

(2) 直流稳压电源；

(3) 数字系统与逻辑设计实验开发板。

【实验内容】

(1) 用逻辑门设计实现一个半加器，仿真验证其功能，并生成新的半加器图形模块单元。

(2) 用实验内容1中生成的半加器模块和逻辑门设计实现一个全加器，仿真验证其功能，并下载到实验板测试，要求用拨码开关设定输入信号，发光二极管显示输出信号。

(3) 用3线－8线译码器(74LS138)和逻辑门设计实现函数 $F=\overline{C}\,\overline{B}\,\overline{A}+\overline{C}\,B\overline{A}+C\overline{B}\,\overline{A}+CBA$，仿真验证其功能，并下载到实验板测试。要求用拨码开关设定输入信号，发光二极管显示输出信号。

(4) 用D触发器设计一个4位可以自启动的环形计数器，仿真验证其功能，并下载到实验板测试。要求：用发光二极管显示时钟信号和输出信号。

(5) 用JK触发器设计一个8421码十进制计数器，仿真验证其功能，并下载到实验板测试。要求用发光二极管显示时钟信号和输出信号。

实验2　VHDL组合逻辑电路设计(一)

【实验目的】

(1) 熟悉用VHDL语言设计组合逻辑电路的方法；

(2) 熟悉用Quartus Ⅱ文本输入法进行电路设计。

【实验所用仪器及元器件】

(1) 计算机；

(2) 直流稳压电源；

(3) 数字系统与逻辑设计实验开发板。

【实验内容】

(1) 用VHDL语言设计实现一个3线—8线译码器，仿真验证其功能，并下载到实验板测试。要求用拨码开关设定输入信号，发光二极管显示输出信号。

(2) 用VHDL语言设计实现一个共阴极7段数码管译码器，仿真验证其功能，并下载到实验板测试。要求用拨码开关设定输入信号，7段数码管显示输出信号。

实验3　VHDL组合逻辑电路设计(二)

【实验目的】

(1) 熟悉用VHDL语言设计组合逻辑电路的方法；

(2) 熟悉用Quartus Ⅱ文本输入法进行电路设计；

(3) 熟悉不同的编码及其之间的转换。

【实验所用仪器及元器件】

(1) 计算机；

(2) 直流稳压电源；

(3) 数字系统与逻辑设计实验开发板。

【实验内容】

(1) 用VHDL语言设计实现一个8421码转换为格雷码的代码转换器，仿真验证其功能，并下载到实验板测试。要求用拨码开关设定输入信号，发光二极管显示输出信号。

(2) 用VHDL语言设计实现一个8421码转换为余3码的代码转换器，仿真验证其功能，并下载到实验板测试。要求用拨码开关设定输入信号，发光二极管显示输出信号。

实验4 VHDL组合逻辑电路设计(三)

【实验目的】

(1) 熟悉用VHDL语言设计组合逻辑电路的方法;

(2) 熟悉用Quartus Ⅱ文本输入法进行电路设计。

【实验所用仪器及元器件】

(1) 计算机;

(2) 直流稳压电源;

(3) 数字系统与逻辑设计实验开发板。

【实验内容】

(1) 用VHDL语言设计实现一个4人表决器,多数人赞成决议则通过,否则决议不通过,仿真验证其功能,并下载到实验板测试。要求用拨码开关设定输入信号,发光二极管显示输出信号。

(2) 用VHDL语言设计实现一个4位二进制奇校验器,输入奇数个'1'时,输出为'1',否则输出'0',仿真验证其功能,并下载到实验板测试。要求用拨码开关设定输入信号,发光二极管显示输出信号。

实验5 VHDL组合逻辑电路设计(四)

【实验目的】

(1) 熟悉用VHDL语言设计组合逻辑电路的方法;

(2) 熟悉用Quartus Ⅱ文本输入法进行电路设计。

【实验所用仪器及元器件】

(1) 计算机;

(2) 直流稳压电源;

(3) 数字系统与逻辑设计实验开发板。

【实验内容】

用VHDL语言设计实现一个举重比赛裁判器,仿真验证其功能,并下载到实验板测试。要求用拨码开关设定输入信号,发光二极管显示输出信号。

(1) 三人裁判举重比赛,一个主裁判、两个副裁判,认为成功时,按自己前面的按键(为1),否则不按(为0);裁判结果用红、绿灯表示,红绿灯都亮(均为1)表示完全成功,只红

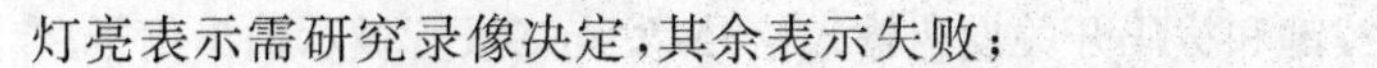

灯亮表示需研究录像决定，其余表示失败；

(2) 三个裁判均按下自己的按键，红绿灯全亮；

(3) 两个裁判(其中一个是主裁判)按下自己的按键，红绿灯全亮；

(4) 两个副裁判或一个主裁判按下自己的按键，只红灯亮；

(5) 其他情况红绿灯全灭。

实验6　VHDL组合逻辑电路设计(五)

【实验目的】

(1) 熟悉用VHDL语言设计组合逻辑电路的方法；

(2) 熟悉用Quartus Ⅱ文本输入法进行电路设计。

【实验所用仪器及元器件】

(1) 计算机；

(2) 直流稳压电源；

(3) 数字系统与逻辑设计实验开发板。

【实验内容】

(1) 用VHDL语言设计实现一个3线—8线译码器，仿真验证其功能，并下载到实验板测试。要求用拨码开关设定输入信号，发光二极管显示输出信号。

(2) 用VHDL语言设计实现一个共阴极7段数码管译码器，仿真验证其功能，并下载到实验板测试。要求用拨码开关设定输入信号，7段数码管显示输出信号。

实验7　触发器的设计

【实验目的】

(1) 了解时序逻辑电路的设计方法；

(2) 掌握触发器的逻辑功能及使用方法；

(3) 熟悉用Quartus Ⅱ图形输入法进行电路设计。

【实验所用仪器及元器件】

(1) 计算机；

(2) 直流稳压电源；

(3) 数字系统与逻辑设计实验开发板。

【实验内容】

(1) 用VHDL语言设计实现一个带同步置位和同步复位功能的D触发器，仿真验证其功能,并下载到实验板测试。要求用按键和拨码开关设定输入信号,发光二极管显示输出信号。

(2) 用 VHDL 语言设计实现一个带异步置位和异步复位功能的 JK 触发器,仿真验证其功能,并下载到实验板测试。要求用按键和拨码开关设定输入信号,发光二极管显示输出信号。

实验 8 VHDL 时序逻辑电路设计(一)

【实验目的】

(1) 熟悉用 VHDL 语言设计时序逻辑电路的方法;
(2) 熟悉计数器的设计与应用;
(3) 熟悉用 Quartus Ⅱ文本输入法进行电路设计。

【实验所用仪器及元器件】

(1) 计算机;
(2) 直流稳压电源;
(3) 数字系统与逻辑设计实验开发板。

【实验内容】

(1) 用 VHDL 语言设计实现一个带异步复位的 4 位二进制减计数器,仿真验证其功能,并下载到实验板测试。要求用按键设定输入信号,发光二极管显示输出信号。

(2) 用 VHDL 语言设计实现一个带异步复位的 8421 码十进制计数器,仿真验证其功能,并下载到实验板测试。要求用按键设定输入信号,发光二极管显示输出信号。

实验 9 VHDL 时序逻辑电路设计(二)

【实验目的】

(1) 熟悉用 VHDL 语言设计时序逻辑电路的方法;
(2) 熟悉用 Quartus Ⅱ文本输入法进行电路设计。

【实验所用仪器及元器件】

(1) 计算机;
(2) 直流稳压电源;
(3) 数字系统与逻辑设计实验开发板。

【实验内容】

(1) 用 VHDL 语言设计实现一个带异步复位的 4 位能自启动环形计数器,仿真验证其功能,并下载到实验板测试。要求用按键设定输入信号,发光二极管显示输出信号。

(2) 用 VHDL 语言设计实现一个带异步复位的 4 位能自启动扭环形计数器,仿真验证其功能,并下载到实验板测试。要求用按键设定输入信号,发光二极管显示输出信号。

实验10　VHDL 时序逻辑电路设计(三)

【实验目的】

(1) 熟悉用 VHDL 语言设计时序逻辑电路的方法;

(2) 熟悉寄存器和锁存器的设计方法;

(3) 熟悉用 Quartus Ⅱ文本输入法进行电路设计。

【实验所用仪器及元器件】

(1) 计算机;

(2) 直流稳压电源;

(3) 数字系统与逻辑设计实验开发板。

【实验内容】

(1) 用 VHDL 语言设计实现一个带控制端的 8 位二进制寄存器,当控制端为'1'时,电路正常工作;否则输出端为高阻态。要求在 Quartus Ⅱ平台上设计程序并仿真验证设计。

(2) 用 VHDL 语言设计实现一个带控制端的 8 位二进制锁存器,当控制端为'1'时,电路正常工作;否则输出端为高阻态。要求在 Quartus Ⅱ平台上设计程序并仿真验证设计。

实验11　VHDL 时序逻辑电路设计(四)

【实验目的】

(1) 熟悉用 VHDL 语言设计时序逻辑电路的方法;

(2) 熟悉分频器和移位寄存器的设计方法;

(3) 熟悉用 Quartus Ⅱ文本输入法进行电路设计。

【实验所用仪器及元器件】

(1) 计算机;

(2) 直流稳压电源;

(3) 数字系统与逻辑设计实验开发板。

【实验内容】

(1) 用 VHDL 语言设计实现一个分频系数为 12,分频输出信号占空比为 50%的分频器。要求在 Quartus Ⅱ平台上设计程序并仿真验证设计。

(2) 用VHDL语言设计实现一个带异步复位的8位环形右移移位寄存器。要求在Quartus Ⅱ平台上设计程序并仿真验证设计。

实验12　数码管扫描显示控制器设计与实现

【实验目的】

(1) 掌握VHDL语言的语法规范,掌握时序电路描述方法;

(2) 掌握多个数码管动态扫描显示的原理及设计方法。

【实验所用仪器及元器件】

(1) 计算机;

(2) 直流稳压电源;

(3) 数字系统与逻辑设计实验开发板。

【实验原理】

多个数码管动态扫描显示,是将所有数码管的相同段并联在一起,通过选通信号分时控制各个数码管的公共端,循环依次点亮多个数码管,利用人眼的视觉暂留现象,只要扫描的频率大于50 Hz,将看不到闪烁现象。图7-1是六个数码管动态扫描显示的电路连接图。

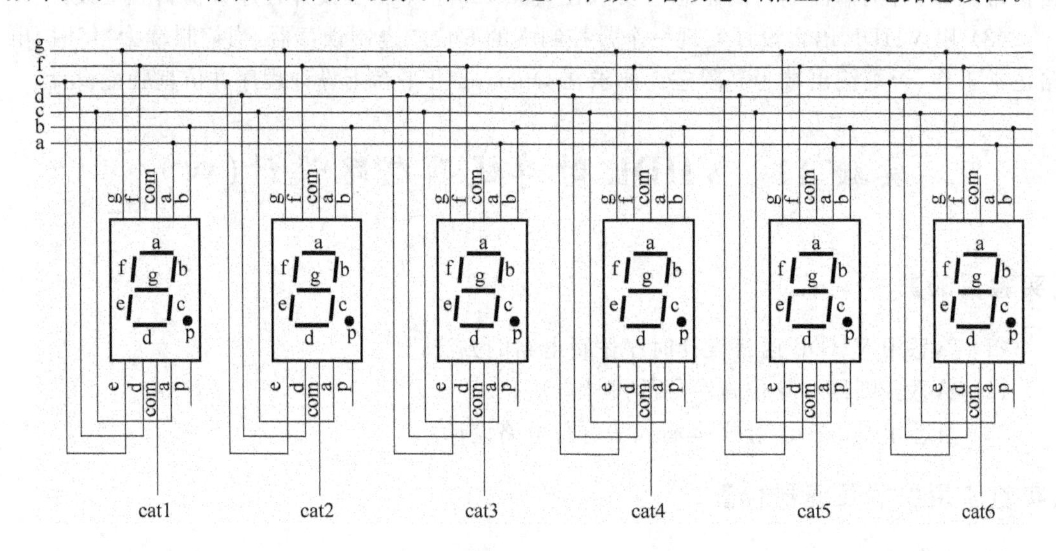

图7-1　六个数码管动态扫描电路

当闪烁显示的发光二极管闪烁频率较高时,我们将观察到持续点亮的现象。同理,当多个数码管依次显示,当切换速度足够快时,我们将观察到所有数码管都是同时在显示。一个数码管要稳定显示要求显示频率大于50 Hz,那么6个数码管则需要50×6=300 Hz以上才能看到持续稳定点亮的现象。

图7-1中,cat1～cat6是数码管选通控制信号,分别对应于6个共阴极数码管的公共端,

当 cat$n$=‘0’时，其对应的数码管被点亮。因此，通过控制 cat1～cat6，就可以控制 6 个数码管循环依次点亮，图 7-2 为 cat1～cat6 的时序关系图。

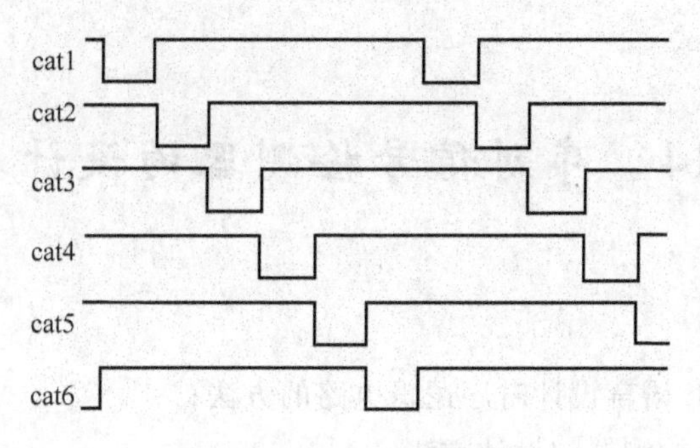

图 7-2 控制端时序波形图

【实验内容】

(1) 用 VHDL 语言设计并实现六个数码管串行扫描电路，要求同时显示 0、1、2、3、4、5 这 6 个不同的数字图形到 6 个数码管上，仿真验证其功能，并下载到实验板测试。

(2) 用 VHDL 语言设计并实现六个数码管滚动显示电路。

① 循环左滚动，始终点亮 6 个数码管，左出右进。状态为：012345→123450→234501→345012→450123→501234→012345

② 向左滚动，用全灭的数码管填充右边，直至全部变灭，然后再依次从右边一个一个地点亮。状态为：012345→12345X→2345XX→345XXX→45XXXX→5XXXXX→XXXXXX→XXXXX0→XXXX01→XXX012→XX0123→X01234→012345，其中‘X’表示数码管不显示。

实验 13 序列信号发生器的设计与实现

【实验目的】

(1) 熟悉用 VHDL 语言设计时序逻辑电路的方法；

(2) 熟悉序列信号发生器的设计方法；

(3) 熟悉用 Quartus Ⅱ 文本输入法进行电路设计。

【实验所用仪器及元器件】

(1) 计算机；

(2) 直流稳压电源；

(3) 数字系统与逻辑设计实验开发板。

【实验内容】

(1) 用 VHDL 语言设计实现一个序列信号发生器，产生的序列码为 01100111，仿真验证其功能,并下载到实验板测试。

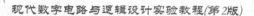

(2) 用 VHDL 语言设计实现一个序列长度为 7 的 M 序列信号发生器,仿真验证其功能,并下载到实验板测试。

实验 14 序列信号检测器的设计与实现

【实验目的】

(1) 熟悉用 VHDL 语言设计时序逻辑电路的方法;
(2) 熟悉序列信号检测器的设计方法;
(3) 了解状态机的设计方法。

【实验所用仪器及元器件】

(1) 计算机;
(2) 直流稳压电源;
(3) 数字系统与逻辑设计实验开发板。

【实验内容】

用 VHDL 语言设计实现一个序列信号检测器,当检测到"101"时,输出为'1';其他情况时,输出为'0',仿真验证其功能,并下载到实验板测试。

实验 15 发光二极管走马灯电路设计与实现

【实验目的】

(1) 进一步了解时序电路描述方法;
(2) 熟悉状态机的设计方法。

【实验所用仪器及元器件】

(1) 计算机;
(2) 直流稳压电源;
(3) 数字系统与逻辑设计实验开发板。

【实验内容】

设计并实现一个控制 8 个发光二极管亮灭的电路,仿真验证其功能,并下载到实验板测试。

(1) 单点移动模式:一个点在 8 个发光二极管上来回地亮。

(2) 幕布式:从中间两个点,同时向两边依次点亮直至全亮,然后再向中间点灭,依次往复。

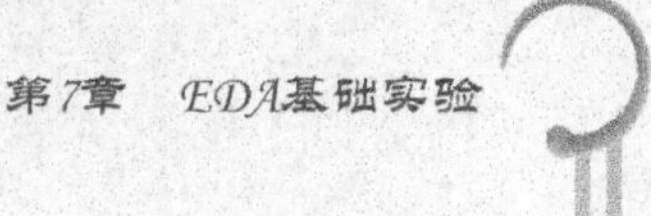

实验16　自动售货机设计与实现

【实验目的】

(1) 进一步了解时序电路描述方法；

(2) 熟悉状态机的设计方法。

【实验所用仪器及元器件】

(1) 计算机；

(2) 直流稳压电源；

(3) 数字系统与逻辑设计实验开发板。

【实验内容】

设计并实现一个自动售货机控制电路，仿真验证其功能，并下载到实验板测试。

(1) 自动售货机售A、B、C三种商品，它们的价格分别为1元、3元、4元；

(2) 售货机仅接受一元硬币；

(3) 售货机面板上设有投币孔和退钱键，每种商品标识处有选择按键，上有指示灯表明当前投钱数是否已足够选买该商品。

第8章 数字系统综合实验

实验1 数字钟

【实验目的】

(1) 熟练掌握 VHDL 语言和 Quartus Ⅱ软件的使用；
(2) 理解状态机的工作原理和设计方法；
(3) 掌握利用 EDA 工具进行自顶向下的电子系统设计方法。

【实验所用仪器及元器件】

(1) 计算机；
(2) 示波器；
(3) 直流稳压电源；
(4) 万用表；
(5) EDA 开发板及相应元器件。

【实验原理】

数字钟是一个将“时”、“分”、“秒”显示于人的视觉器官的计时装置。它的计时周期为24小时，显示满刻度为23时59分59秒；或者计时周期为12小时并配有上下午指示，显示满刻度为11时59分59秒；另外还应有校时功能和报时功能。

电路由晶体振荡器、时钟计数器、译码驱动电路和数字显示电路以及时间调整电路组成，其结构如图8-1所示。其中，时钟计数器、译码驱动电路及时间调整电路由 CPLD 设计完成，晶体振荡器负责给 CPLD 提供所需的高频时钟脉冲信号。

1. 晶体振荡器

晶体振荡器的作用是产生时间标准信号。数字钟的精度，主要取决于时间标准信号的频率及其稳定度。因此，一般采用石英晶体振荡器经过分频得到这一信号。也可采用由门电路或555定时器构成的多谐振荡器作为时间标准信号源。

2. 时钟计数器

有了时间标准“秒”信号后，就可以根据60秒为1分、60分为1小时、24小时为1天的

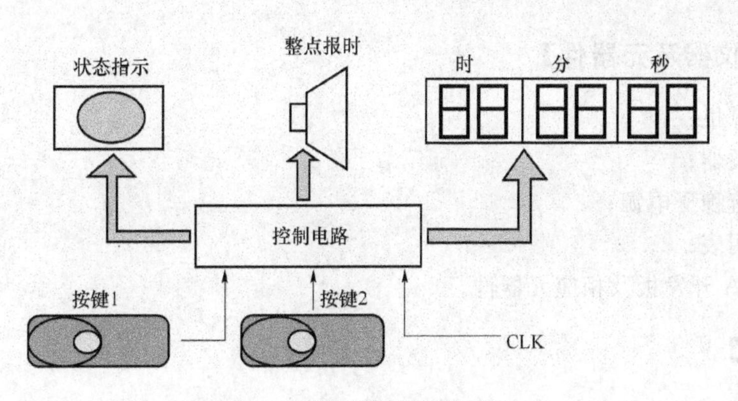

图 8-1　数字钟系统结构图

计数周期,分别组成两个六十进制(秒、分)、一个二十四进制(时)的计数器。将这些计数器适当地连接,就可以构成秒、分、时的计数,实现计时的功能。

3. 译码和数码显示电路

显示器件选用 LED 七段数码管,在译码显示电路输出的驱动下,显示出清晰、直观的数字符号。设计中,为了减少资源占用,采用共用译码器扫描显示,实现方法参见 EDA 基础实验部分的实验 12 数码管扫描显示控制器设计与实现。

4. 校时电路

实际的数字钟表电路由于秒信号的精确性不可能做到完全(绝对)准确无误,加之电路中其他原因,数字钟总会产生走时误差的现象。因此,电路中就应该有校准时间功能的电路。

【实验内容】

1. 基本内容

设计制作一个能显示时、分、秒的时钟:

(1) 可手动校对时间,能分别进行时和分的校正;

(2) 12 小时(有上、下午显示)、24 小时计时制可选。

2. 提高要求

(1) 整点报时功能;

(2) 闹铃功能,当计时到预定时间时,蜂鸣器发出闹铃信号,闹铃时间为 5 秒,可提前终止闹铃;

(3) 自拟其他功能。

实验 2　数字秒表

【实验目的】

(1) 熟练掌握 VHDL 语言和 Quartus Ⅱ 软件的使用;

(2) 理解状态机的工作原理和设计方法;

(3) 掌握利用 EDA 工具进行自顶向下的电子系统设计方法。

【实验所用仪器及元器件】

(1) 计算机;
(2) 示波器;
(3) 直流稳压电源;
(4) 万用表;
(5) EDA 开发板及相应元器件。

【实验原理】

秒表的逻辑结构比较简单,它主要由晶体振荡器、分频器、十进制计数器、显示译码器、报警器和六进制计数器组成,其系统结构如图 8-2 所示。在整个秒表中最关键是如何获得一个精确的 100 Hz 计时脉冲,除此之外,整个秒表还需要一个启动信号和一个归零信号,以便能够随时启动及停止。主要模块功能如下:

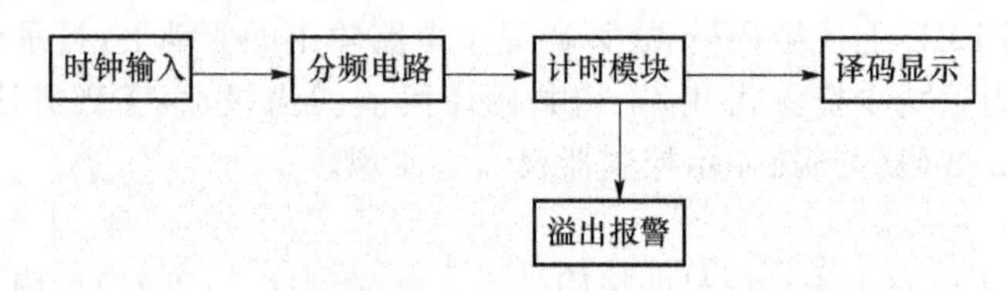

图 8-2 数字秒表系统结构图

1. 晶体振荡器及分频器

晶体振荡器的作用是产生时间标准信号,分频器则用来把这个时间标准信号变成所需要的频率值。数字秒表的精度,主要取决于时间标准信号的频率及其稳定度。因此,一般采用石英晶体振荡器经过分频得到这一信号。

2. 计数器

秒表有六个输出显示,分别为百分之一秒、十分之一秒、秒、十秒、分、十分,所以共有 6 个计数器与之对应,6 个计数器全为 BCD 码输出,这样便于同时显示译码器的连接。当计时达 60 分钟后,蜂鸣器鸣报警。

3. 译码和数码显示电路

显示器件选用 LED 七段数码管,在译码显示电路输出的驱动下,显示出清晰、直观的数字符号。设计中,为了减少资源占用,采用共用译码器扫描显示,实现方法参见 EDA 基础实验部分的实验——12 数码管扫描显示控制器设计与实现。

4. 报警器

当计时达到 60 分钟,报警器驱动蜂鸣器发声报警。

【实验内容】

1. 基本内容

设计制作一个计时精度为百分之一秒的计时秒表。

(1) 秒表计时长度为 59 分 59.99 秒,超过计时长度,有溢出报警。计时长度可以手动预置(验收时设定在 10 秒时产生溢出报警)。

(2) 设置复位开关。在任何情况下,只要按下复位开关,秒表都要无条件地执行复位清零操作。

(3) 设置启/停开关。用于进行计时操作。

2. 提高要求

自拟其他功能。

实验3　交通灯控制器

【实验目的】

(1) 熟练掌握 VHDL 语言和 Quartus Ⅱ软件的使用;

(2) 理解状态机的工作原理和设计方法;

(3) 掌握利用 EDA 工具进行自顶向下的电子系统设计方法。

【实验所用仪器及元器件】

(1) 计算机;

(2) 示波器;

(3) 直流稳压电源;

(4) 万用表;

(5) EDA 开发板及相应元器件。

【实验原理】

本实验要求利用 CPLD 设计实现一个十字路口的交通灯控制系统,与其他控制系统一样,本系统划分为控制器和受控电路两部分。控制器使整个系统按设定的工作方式交替指挥车辆及行人的通行,并接收受控部分的反馈信号,决定其状态转换方向及输出信号,控制整个系统的工作过程。

路口交通灯控制系统有东西路和南北路交通灯 R(红)、Y(黄)、G(绿)三色,所有灯均为高电平点亮;设置 20 s 的通行时间和 5 s 转换时间的定时电路,用数码管显示剩余时间,并设有系统复位和紧急请求两个控制开关,其系统结构框图如图 8-3 所示。

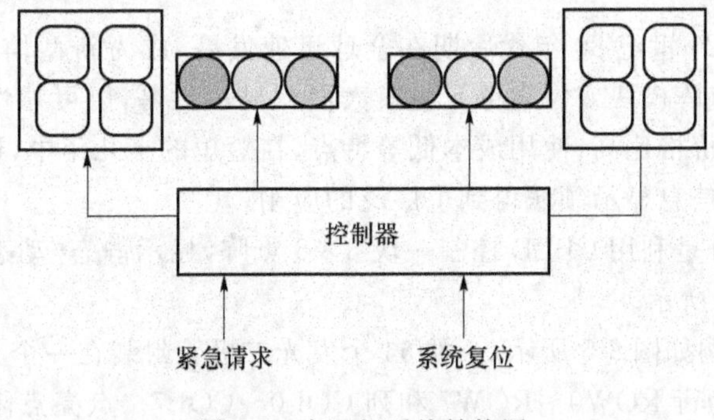

图 8-3　交通灯系统结构图

【实验内容】

1. 基本内容

设计制作一个用于十字路口的交通灯控制器。

(1) 南北和东西方向各有一组绿、黄、红灯用于指挥交通，绿灯、黄灯和红灯的持续时间分别为20秒、5秒和25秒；

(2) 当有特殊情况(如消防车、救护车等)时，两个方向均为红灯亮，计时停止，当特殊情况结束后，控制器恢复原来状态，继续正常运行；

(3) 用两组数码管，以倒计时方式显示两个方向允许通行或禁止通行的时间。

2. 提高要求

(1) 增加左、右转弯显示控制功能；

(2) 紧急状况时增加声光警告功能；

(3) 自拟其他功能。

实验4 点阵显示控制器

【实验目的】

(1) 熟练掌握VHDL语言和Quartus Ⅱ软件的使用；

(2) 理解状态机的工作原理和设计方法；

(3) 掌握利用EDA工具进行自顶向下的电子系统设计方法。

【实验所用仪器及元器件】

(1) 计算机；

(2) 示波器；

(3) 直流稳压电源；

(4) 万用表；

(5) EDA开发板及相应元器件。

【实验原理】

LED显示屏在20世纪80年代后期在全球迅速发展，成为新型信息显示媒体，它利用发光二极管构成的点阵模块或像素单元组成大面积显示屏幕，以可靠性高、使用寿命长、环境适应能力强、性能价格比高、使用成本低等特点，在短短的十几年中，迅速成长为平板显示的主流产品之一，在信息显示领域得到了广泛的应用。

本实验基本任务是利用CPLD控制一块8×8点阵，显示静态/动态的文字、图形等，其系统结构图如图8-4所示。

8×8点阵的结构如图8-5所示，一共64个发光二极管封装在一个元件上。元件对外的管脚有16条，分别为行ROW0～ROW7和列COL0～COL7。点亮点阵上某一点的条件是对应的ROW管脚为低电平，COL管脚为高电平。

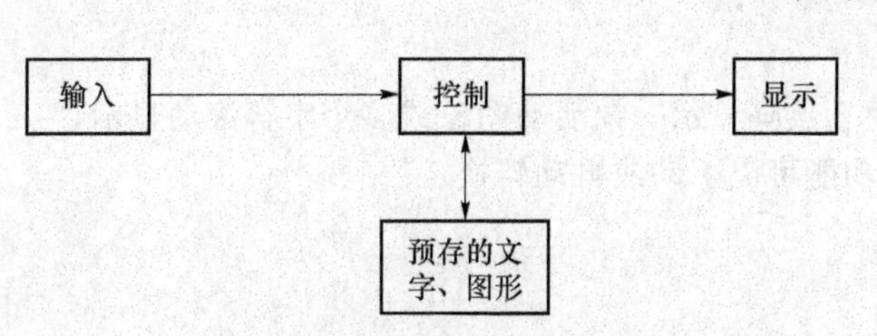

图 8-4 点阵扫描控制器系统结构图

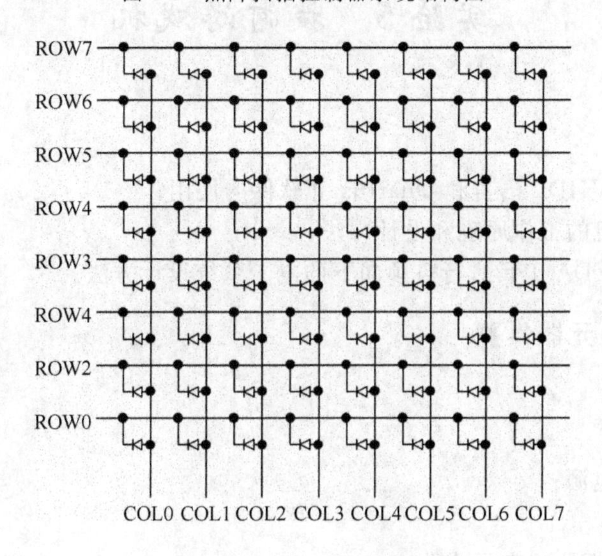

图 8-5 8×8 点阵结构图

只要不断地以扫描方式给点阵的行和列发送相应的高低电平，在点阵上就可以点亮不同的二极管。当扫描频率高于一定数值时，点阵上就会出现稳定的字符或者图形。点阵显示控制器的结构框图如图 8-6 所示。

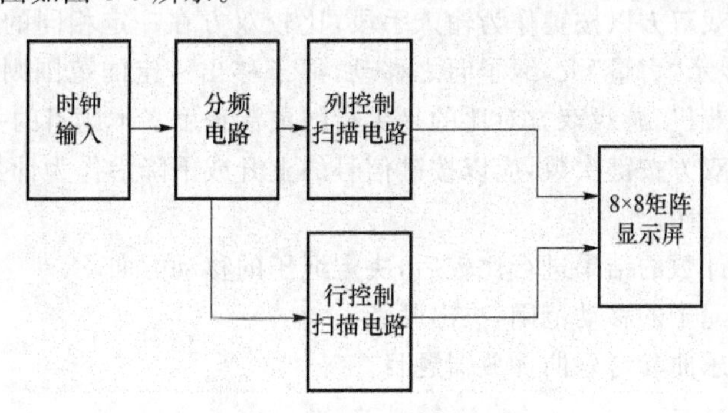

图 8-6 点阵显示控制框图

【实验内容】

1. 基本内容

(1) 使用 8×8 点阵做一个基本矩阵，设计扫描控制电路，使光点从左上角像素点开始扫描，终止于右下角像素点，然后周而复始地重复下去，扫过一帧所需时间为 16 秒；

(2) 用 8×8 点阵显示字符，每次显示 1 个字符，至少显示 4 个字符，每秒切换一个字符；

(3) 用1个8×8点阵显示一幅活动图象或多个字符滚动显示；

(4) 以上三种功能可以手动或自动转换。

2. 提高要求

自拟其他功能。

实验5 拔河游戏机

【实验目的】

(1) 熟练掌握VHDL语言和Quartus Ⅱ软件的使用；

(2) 理解状态机的工作原理和设计方法；

(3) 掌握利用EDA工具进行自顶向下的电子系统设计方法。

【实验所用仪器及元器件】

(1) 计算机；

(2) 示波器；

(3) 直流稳压电源；

(4) 万用表；

(5) EDA开发板及相应元器件。

【实验原理】

真正的拔河比赛是两队人力量的较量，而利用现有实验板的资源不可能实现力量的对比，在本设计中，游戏双方以按键作为输入手段，比较双方在一定相同的时间段内按下按键的次数，次数多者表示“力量”大，绳子向之移动，绳子移出一定的范围则决出胜负。所以设计实现的“拔河”游戏机，游戏双方对比的是手指的灵活程度。本题目的关键点如下：

第(1)点，记录双方按键次数，应以按键信号的上升或下降沿作为计数的时钟，按键按下不放时只能被计数一次。

第(2)点，两个计数的结果进行比较后，决定绳子的移动方向。

第(3)点，判断绳子的移动范围，决出胜者。

第(4)点，演奏乐曲参考乐曲播放器题目。

【实验内容】

1. 基本内容

简要说明：用7个发光二极管排列成一行，模拟拔河过程。游戏开始时只有中间的发光二极管点亮，作为拔河的中心线。用按键来模拟拔河队员，按下键表示用力，根据甲乙双方按键的快慢与多少，决定亮点移动的方向。移到任一方终端二极管时，该方获胜，该方计分牌自动加分，然后开始下一局的比赛。比赛采用五局三胜制，甲乙双方各自计分。当计分牌清零后，重新开始下一场拔河比赛。

(1) 设置“比赛开始”按键,实现一对一拔河;

(2) 设置复位键,按下后比分清零,双方重新开始比赛;

(3) 一场比赛结束时演奏一首欢快的曲子。

2. 提高要求

(1) 甲乙双方可选一到多个队员进行比赛;

(2) 自拟其他功能。

实验6 经典数学游戏

【实验目的】

(1) 熟练掌握VHDL语言和Quartus Ⅱ软件的使用;

(2) 理解状态机的工作原理和设计方法;

(3) 掌握利用EDA工具进行自顶向下的电子系统设计方法。

【实验所用仪器及元器件】

(1) 计算机;

(2) 示波器;

(3) 直流稳压电源;

(4) 万用表;

(5) EDA开发板及相应元器件。

【实验原理】

数学游戏内容有趣,能使人在游戏中启迪思想、开阔视野,锻炼思维能力。把数学游戏作为硬件语言描述的对象,是“好玩的数学”题中应有之义。

实现内容:一个人要将1只狗、1只猫、1只老鼠渡河,独木舟一次只能装载人和一只动物,但猫和狗不能单独在一起,而猫和老鼠也不能友好相处,试模拟这个人将三只动物安全渡河的过程。

电路由选择动物模块、渡河判断模块以及译码和数字显示电路组成,结构如图8-7所示。

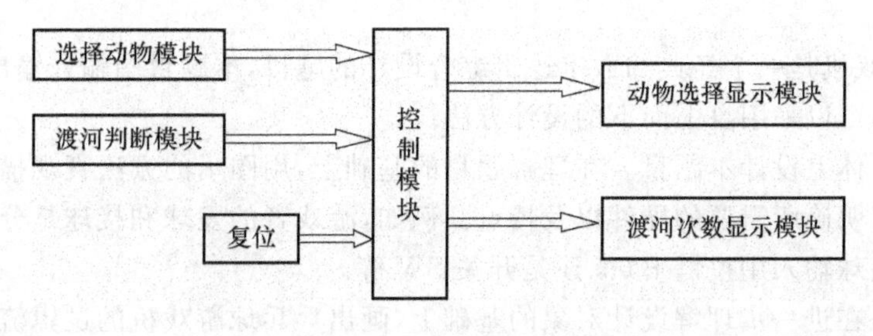

图8-7 系统结构图

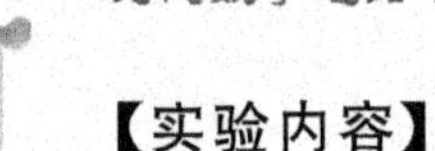

【实验内容】

1. 基本内容

一个人要将1只狗、1只猫、1只老鼠渡河,独木舟一次只能装载人和一只动物,但猫和狗不能单独在一起,而猫和老鼠也不能友好相处,试模拟这个人将三只动物安全渡河的过程。

用发光二极管亮点的移动模拟独木舟渡河的过程,选中渡河的动物及两岸的动物都应有显示,若选错应有报警显示,且游戏失败,按复位键游戏重新开始。当三只动物均安全渡过河时,游戏成功,并显示此次游戏独木舟往返渡河的次数。

2. 提高要求

(1) 游戏难度可以设置,不同难度要在不同的渡河次数之内完成游戏,在规定步数内未完成游戏按失败显示。

(2) 选做:渡河时若选错动物允许有一次修改机会。

(3) 自拟其他功能。

实验7　简易乒乓游戏机

【实验目的】

(1) 熟练掌握VHDL语言和Quartus Ⅱ软件的使用;

(2) 理解状态机的工作原理和设计方法;

(3) 掌握利用EDA工具进行自顶向下的电子系统设计方法。

【实验所用仪器及元器件】

(1) 计算机;

(2) 示波器;

(3) 直流稳压电源;

(4) 万用表;

(5) EDA开发板及相应元器件。

【实验原理】

乒乓球游戏机是一个经典的数字逻辑综合设计的题目,本题目中输入输出的信号较多,控制比较复杂,可以采用自上而下的设计方法。

第一步,整体上设计本题目。在理解题目的基础上,用图示的方法直观描述乒乓游戏机的外观和构成,明确所需要的硬件以及特点。例如,游戏者的发球和接球是分别设置还是合而为一;发球接球输入用按键BTN还是开关SW等。

第二步,是在进一步理解设计对象的基础上,画出乒乓球游戏机的逻辑流程图来描述游戏机的基本工作过程。在逻辑流程中体现出游戏机的各个具体功能。

第三步,根据逻辑流程图,将不同的输入输出用符合VHDL规范的标识符代表,用圆圈代表系统的状态，用定向线代表各个状态之间的转换，并表明转换条件和各个状态的输出情况，可以将逻辑流程图转化为 MDS 图。

第四步，在以上几步工作的基础上，画出详细的系统逻辑组成框图，并根据框图进行具体设计实现。

根据外观和构成进一步细化游戏机的功能组成，图 8-8 是参考的结构框图。

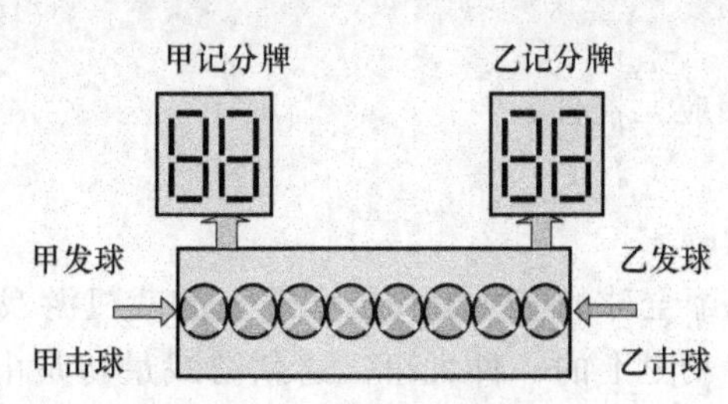

图 8-8　乒乓游戏机的结构图

【实验内容】

1. 基本内容

两人乒乓游戏机是以 8 个发光二极管代表乒乓球台，中间两个发光管兼作球网，用发光管按一定的方向依次闪亮来表示球的运动。在游戏机两侧各设一个发球/击球开关，当甲方发球时，靠近甲方的第一个发光管亮，然后依次点亮第二个……球向乙方移动，球过网后到达设计者规定的球位乙方即可击球，若乙方提前击球或未击到球，则甲方得分。然后重新发球进行比赛，直到某一方记分达到规定分，比赛结束。

(1) 以 8 个发光二极管代表乒乓球台，中间两个发光管兼作球网，乒乓球的位置和移动方向由灯亮及依次点亮的方向决定，击球规则可自行设定；

(2) 球移动的速度：0.1～0.5 s 均可；

(3) 用数码管分别显示双方的得分；

(4) 当某一方比分达到 11 分时，比赛结束，此时发球/击球开关无效；

(5) 设置复位键，按下后比分清零，双方重新开始比赛。

2. 提高要求

(1) 7 局 4 胜制，能记录和显示双方赢得的局数；

(2) 选做：发球权。双方按乒乓球比赛规则获得发球权，没有发球权的一方，发球开关无效；

(3) 自拟其他功能。

实验 8　简易俄罗斯方块游戏机

【实验目的】

(1) 熟练掌握 VHDL 语言和 Quartus Ⅱ软件的使用；

(2) 理解状态机的工作原理和设计方法；

(3) 掌握利用 EDA 工具进行自顶向下的电子系统设计方法。

【实验所用仪器及元器件】

(1) 计算机；

(2) 示波器；

(3) 直流稳压电源；

(4) 万用表；

(5) EDA 开发板及相应元器件。

【实验原理】

俄罗斯方块是一款风靡全球的电视游戏机和掌上游戏机游戏，它曾经造成的轰动与带来的经济价值可以说是游戏史上的一件大事。这款游戏最初是由苏联的游戏制作人 Alex Pajitnov 制作的，它看似简单但却变化无穷，令人上瘾。

简易俄罗斯方块游戏机设计上需要注意模块化设计，在本题目中需要做到应用逻辑模块与单元控制模块功能独立，有以下几个关键点：

首先是点阵显示模块，如何设计出一个独立于显示内容的点阵显示模块是本题目能否顺利实现的关键点之一。

其次是控制模块，如何把简易俄罗斯方块的图形显示映射到显示内存的表示方式是需要仔细考虑的。同时图形的变化控制信号较多，有外部按键输入，内部时钟驱动，判断的状态也比较多，特别是消行的判断位置等。这部分是整个系统的核心。设计过程中注意把操作过程“串行化”，不要在一个时钟周期完成所有的判断和操作，利用高速时钟，把判断和操作过程分为多个周期完成，简化设计。

最后利用显示存储器实现模块间的通信，控制模块把要显示的内容写入存储器，显示模块从显示存储器读出数据并显示。两边可以完全独立的操作。

通过这样的设计思路，让控制器完成所有的逻辑模块，把当前俄罗斯方块的位置信息写入显示存储器里面，它不关心俄罗斯方块是怎样显示的。这样的设计具有很好的扩展性和可实现性。通过编写不同的显示模块可以实现俄罗斯方块在不同的显示器件上的显示，甚至可以在 VGA 显示器上实现。

【实验内容】

1. 基本内容

用一个 8×8 点阵作为基本显示屏，一个发光点表示一个图形，完成俄罗斯方块游戏的基本功能：下落、左右移动、消行和显示得分情况，当某一列到顶时游戏结束。

(1) 在游戏开始前，请设置一个点阵像素的扫描环节，显示方式自选，以判断点阵的好坏。

(2) 游戏结束时，得分保持，按“开始”键游戏重新开始。

2. 提高要求

(1) 选做：用一个 8×8 点阵作为基本显示屏，用多个亮点组成各种形状的“方块”，实现俄罗斯方块游戏的基本功能。

(2) 自拟其他功能。

实验9 简易贪食蛇游戏机

【实验目的】

(1) 熟练掌握 VHDL 语言和 Quartus Ⅱ软件的使用；

(2) 理解状态机的工作原理和设计方法；

(3) 掌握利用 EDA 工具进行自顶向下的电子系统设计方法。

【实验所用仪器及元器件】

(1) 计算机；

(2) 示波器；

(3) 直流稳压电源；

(4) 万用表；

(5) EDA 开发板及相应元器件。

【实验原理】

贪吃蛇游戏机设计上需要注意模块化设计，在本题目中需要做到应用逻辑模块与单元控制模块功能独立，有以下几个关键点：

首先是点阵显示模块，如何设计出一个独立于显示内容的点阵显示模块是本题目能否顺利实现的关键点之一。

其次是控制模块，如何把贪吃蛇的图形显示映射到显示内存的表示方式是需要仔细考虑的。由于控制图形变化的信号较多，有外部按键输入，内部时钟驱动，判断的状态也比较多，蛇的位置、老鼠的位置、墙的位置等，所以复杂程度比较高。这部分是整个系统的核心。设计过程中注意把操作过程“串行化”，不要在一个时钟周期完成所有的判断和操作，利用高速时钟，把判断和操作过程分为多个周期完成，简化设计。

最后利用显示存储器实现模块间的通信，控制模块把要显示的内容写入存储器，显示模块从显示存储器读出数据并显示，两边可以完全独立的操作。

通过这样的设计思路，让控制器完成所有的逻辑模块，把当前蛇与老鼠的位置信息写入显示存储器里面，它不关心蛇和老鼠是怎样显示的。这样的设计具有很好的扩展性和可实现性。

【实验内容】

1. 基本内容

用一个 8×8 点阵作为基本显示屏，4 个连续移动的的发光点表示一条蛇，用任意出现的一个亮点表示老鼠，用 4 个排成一条线的发光点表示“墙”，用四个按键控制蛇的运动方向，完成贪食蛇游戏，蛇撞“墙”、边或者游戏时间到，则游戏结束。

(1) 老鼠出现的地方是随机的，在某个地点出现的时间是 5 秒钟，如果 5 秒钟之内没有被吃掉，它就会在其他地方出现；

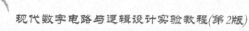

(2) 用数码管显示得分情况和游戏的剩余时间，每吃掉一只老鼠就加一分。

2. 提高要求

(1) 游戏时间和速度可以手动设置。

(2) 增加游戏难度或自拟其他功能。

实验 10 洗衣机控制器

【实验目的】

(1) 熟练掌握 VHDL 语言和 Quartus Ⅱ 软件的使用；

(2) 理解状态机的工作原理和设计方法；

(3) 掌握利用 EDA 工具进行自顶向下的电子系统设计方法。

【实验所用仪器及元器件】

(1) 计算机；

(2) 示波器；

(3) 直流稳压电源；

(4) 万用表；

(5) EDA 开发板及相应元器件。

【实验原理】

本实验意在模仿真正洗衣机的各种基本功能，包括开关控制，工作暂停，分辨各种洗衣模式(洗涤、漂洗、脱水)，工作状态的显示，倒计时工作时间并显示，预约洗衣时间，工作停止时报警等功能。

电路由模式选择、计数器、报警模块以及译码驱动电路和数字显示电路组成。

1. 模式选择模块

五种洗衣模式可供用户选择，模式选择模块将用户的选择信息传递到控制模块。

2. 减计数计数器模块

洗衣以倒计时模块的方式提示用户当前剩余的洗衣时间，该计数器能读取不同的模值进行计数。计时单位为一秒钟。

3. 译码和数码显示电路

译码和数码显示电路是将计时状态直观清晰地反映出来，被人们的视觉器官所接受。显示器件选用 LED 七段数码管。在译码显示电路输出的驱动下，显示出清晰、直观的数字符号。

4. 报警模块

当系统运行到“报警”状态时，蜂鸣器将会报警，时间为 5 秒。

【实验内容】

1. 基本内容

(1) 洗衣机的工作步骤为洗衣、漂洗和脱水三个过程，工作时间分别为：洗衣 20 秒，漂

洗25秒,脱水15秒;

(2) 用一个按键实现洗衣程序的手动选择:A. 单洗涤;B. 单漂洗;C. 单脱水;D. 漂洗和脱水;E. 洗涤、漂洗和脱水全过程;

(3) 用显示器件显示洗衣机的工作状态(洗衣、漂洗和脱水),并倒计时显示每个状态的工作时间,全部过程结束后,应提示使用者;

(4) 用一个按键实现暂停洗衣和继续洗衣的控制,暂停后继续洗衣应回到暂停之前保留的状态。

2. 提高要求

(1) 三个过程的时间有多个选项供使用者选择。

(2) 可以预约洗衣时间。

(3) 自拟其他功能。

实验11　简易乐曲播放器

【实验目的】

(1) 熟练掌握VHDL语言和Quartus Ⅱ软件的使用;

(2) 理解状态机的工作原理和设计方法;

(3) 掌握利用EDA工具进行自顶向下的电子系统设计方法。

【实验所用仪器及元器件】

(1) 计算机;

(2) 示波器;

(3) 直流稳压电源;

(4) 万用表;

(5) EDA开发板及相应元器件。

【实验原理】

1. 声音基础知识

人听到声音,是由于物体振动后引起的声波传到人的听觉器官引起的感觉。声波是一种机械波,声音音调的高低是由声波的不同频率决定的。

扬声器是一种把电信号转变为声音信号的换能器件。扬声器发出不同音调的声音是由接收到的不同频率的电信号决定的,所以要实现乐曲播放,需要不同频率的电信号按曲谱顺序依次送到扬声器上,而每个频率的信号持续的相对时间是由曲谱决定的。

2. 音调的控制

对于音调,乐曲的12平均率规定:每2个八度音(如简谱中的中音1和高音1)之间的频率相差1倍。在2个八度音之间,又可分为12个半音,每2个半音的频率比为2开12次方。另外,音符A(简谱中的低音6)的频率为440 Hz,音符B到C之间、E到F之间为半音,其余为全音。由此可以计算出简谱中从低音1到高音1之间每个音符的频率。不同音符对应频率见表8-1。

实验中,需要了解时钟信号的频率,然后用分频器将时钟信号分频,得到所需的不同频率的音符信号。

3. 音长的控制

音符的持续时间须根据乐曲的速度及每个音符的节拍数来确定。例如,如果全音符的持续时间为1 s,曲谱中最短的音符为四分音符,需提供一个4 Hz的时钟频率即可产生四分音符的时长。该频率可通过高频时钟分频得到。

要实现曲谱中各音符依次演奏,需设置一个计数器,计数器的每一个值,对应于曲谱中的一个音符。演奏时,计数器自增。该计数器的时钟频率的选择要考虑乐曲中各音符的节拍,也就是每个音的持续时间。

表 8-1　不同音符对应频率表

音符	频率 f/Hz	音符	频率 f/Hz	音符	频率 f/Hz
低音 1	261.63	中音 1	523.25	高音 1	1 045.50
低音 2	293.67	中音 2	587.33	高音 2	1 174.66
低音 3	329.63	中音 3	659.25	高音 3	1 318.51
低音 4	349.23	中音 4	698.46	高音 4	1 396.92
低音 5	391.99	中音 5	783.99	高音 5	1 567.98
低音 6	440.00	中音 6	880.00	高音 6	1 760.00
低音 7	493.88	中音 7	987.76	高音 7	1 975.52

【实验内容】

1. 基本内容

设计制作一个简易乐曲播放器。

(1) 播放器内预存3首乐曲;

(2) 播放模式:顺序播放、随机播放,并用数码管或LED显示当前播放模式。

顺序播放:按内部给定的顺序依次播放3首乐曲。

随机播放:随机产生一个顺序播放3首乐曲。

(3) 用数码管显示当前播放乐曲的顺序号。

(4) 设置开始/暂停键,乐曲播放过程中按该键则暂停播放,再按则继续播放。

(5) 设置Next和Previous键,按Next键可以听下一首,按Previous键回到本首开始。

2. 提高要求

(1) 用户可以自行设定播放顺序,设置完成后,播放器按该顺序依次播放乐曲。

(2) 自拟其他功能。

实验12　简易数字频率计

【实验目的】

(1) 熟练掌握VHDL语言和Quartus Ⅱ软件的使用;

(2) 理解状态机的工作原理和设计方法；

(3) 掌握利用 EDA 工具进行自顶向下的电子系统设计方法。

【实验所用仪器及元器件】

(1) 计算机；

(2) 示波器；

(3) 直流稳压电源；

(4) 万用表；

(5) EDA 开发板及相应元器件。

【实验原理】

1. 电子计数器测量频率的原理

电子计数器测量频率的原理是指周期性信号在单位时间(s)内变化的次数。其数学表示式为：

$$f=\frac{N}{t}$$

上式说明，在某个时间间隔 t 内，一个周期出现的重复次数为 N，便可从上式求出其频率。

根据这一定义，可将高稳定度的晶体振荡器信号分频，得到一个闸门时间，去控制计数时间间隔的长短或开、关门时间，被测频率的信号通过此闸门，进入计数器计数并显示其频率值，计数的多少，由闸门时间和输入信号频率决定。例如，令闸门时间 $T_s=1$ s，计数值为 256 400，则输入信号频率 $f=256\ 400$ Hz 或 256.4 kHz。

测量频率的参考框图如图 8-9 所示。

2. 计数器测量周期的原理

周期是频率的倒数，它表示电信号重复一次所需的时间。所以将被测信号分频后作为闸门信号，而把晶体振荡器的信号作为计数脉冲，就可实现对信号周期的测量。例如，设标准信号周期为 T_0，被测量信号的周期为 T_X，在闸门开通时间，通过计数器计数的值为 N，则以下关系式应成立：

$$T_X=NT_0$$

通常 T_0 的单位为负次幂秒，例如 10^{-3} s 为 1 ms，10^{-6} s 为 1 μs 等。

测量周期的参考框图如图 8-10 所示。

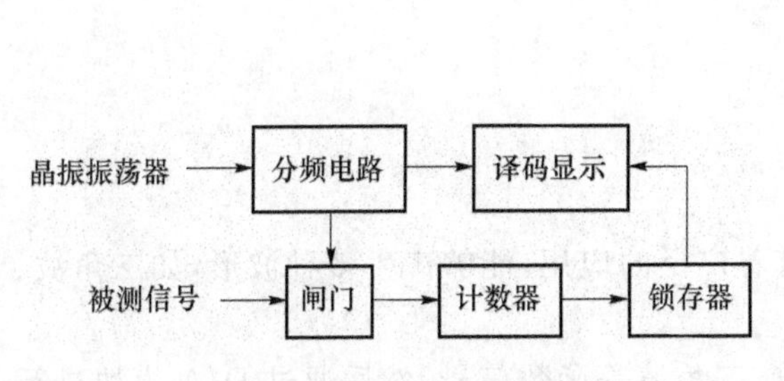

图 8-9 测量频率的参考框图

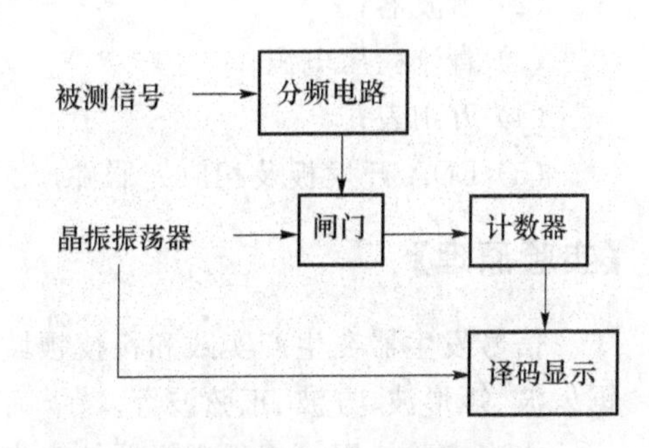

图 8-10 测量周期的参考框图

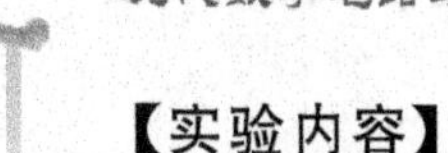

【实验内容】

1. 基本内容

设计一个四位十进制数字显示的数字式频率测量仪，其频率测量范围为 10 kHz～10 MHz。满刻度量程分为 10 kHz、100 kHz、1 MHz 和 10 MHz 四挡，即最大读数分别为 9.99 kHz、99.9 kHz、999.9 kHz 和 9 999 kHz，要求量程能够自动转换。具体要求如下：

(1) 当读数小于 0999 时，频率测量仪处于欠量程状态，下一次测量时，量程自动减小一挡。

(2) 当超出频率测量范围时，显示器显示溢出。

(3) 采用记忆显示方式，即计数过程中不显示数据，待计数过程结束后，显示测频结果，并将此显示结果保持到下次计数结束，显示时间不小于 1 s。

(4) 小数点位置随量程变化自动移位。

2. 提高要求

(1) 增加显示位数。

(2) 增大测频范围。

(3) 被测信号为正弦波。

(4) 自拟其他功能。

实验 13　简易函数发生器

【实验目的】

(1) 熟练掌握 VHDL 语言和 Quartus Ⅱ 软件的使用；

(2) 理解状态机的工作原理和设计方法；

(3) 掌握利用 EDA 工具进行自顶向下的电子系统设计方法；

(4) 熟悉 D/A 变换电路的设计。

【实验所用仪器及元器件】

(1) 计算机；

(2) 示波器；

(3) 直流稳压电源；

(4) 万用表；

(5) EDA 开发板及相应元器件。

【实验原理】

信号发生器在生产实践和科技领域中有着广泛的应用，能够产生多种波形，如三角波、锯齿波、矩形波、方波、正弦波等。

本次实验使用可编程逻辑器件产生方波、三角波等函数信号，然后通过 D/A 模块进行数模转换，产生出函数信号波形。

【实验内容】

1. 基本内容

设计制作一个简易函数发生器。

(1) 输出波形为方波和三角波,频率范围为1～2 kHz;

(2) 频率可进行调节并用数码管显示,加、减步进均为100 Hz;

(3) 输出三角波的峰峰值为4～5 V,方波幅度为TTL电平的大小。

2. 提高要求

(1) 产生频率范围为1～2 kHz、峰峰值为4～5 V的正弦波信号;

(2) 产生占空比可调的矩形波或其他波形;

(3) 自拟其他功能。

实验14　VGA图像显示控制器

【实验目的】

(1) 熟练掌握VHDL语言和Quartus Ⅱ软件的使用;

(2) 理解状态机的工作原理和设计方法;

(3) 掌握利用EDA工具进行自顶向下的电子系统设计方法;

(4) 熟悉VGA接口协议规范。

【实验所用仪器及元器件】

(1) 计算机;

(2) 示波器;

(3) 直流稳压电源;

(4) 万用表;

(5) EDA开发板及相应元器件。

【实验原理】

VGA的英文全称是Video Graphic Array,即显示绘图阵列。VGA接口是一种D型接口,上面共有15针孔,分成三排,每排五个。VGA接口是显卡上应用最为广泛的接口类型,绝大多数的显卡都带有此种接口。其工作原理是计算机内部以数字方式生成的显示图像信息,被显卡中的数字/模拟转换器转变为R、G、B三原色信号和行、场同步信号,信号通过电缆传输到显示设备中。对于模拟显示设备,如模拟CRT显示器,信号被直接送到相应的处理电路,驱动控制显像管生成图像。而对于LCD、DLP等数字显示设备,显示设备中需配置相应的A/D(模拟/数字)转换器,将模拟信号转变为数字信号

设计VGA控制器的关键是产生符合VGA接口协议规定的行同步和场同步信号,它们的时序关系如图8-11所示。

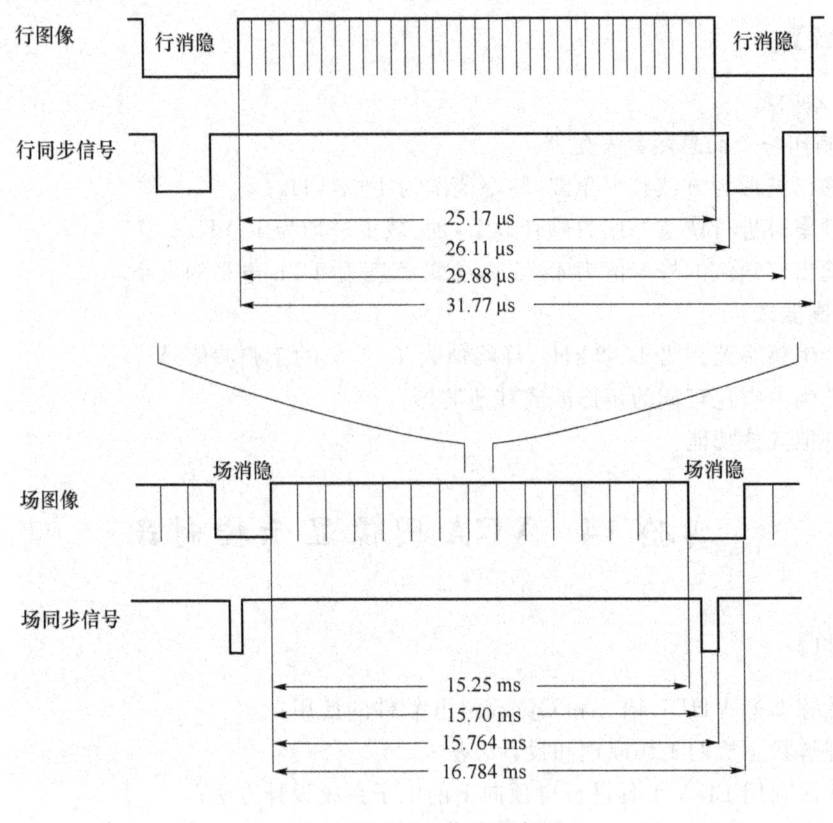

图 8-11　VGA 信号时序图

【实验内容】

1. 基本内容

设计一个 VGA 图像显示控制器。

(1) 显示模式为 640 Hz×480 Hz×60 Hz 模式；

(2) 用拨码开关控制 R、G、B(每个 2 位)，使显示器可以显示 64 种纯色；

(3) 在显示器上显示横向彩条信号(至少 6 种颜色)；

(4) 在显示器上显示纵向彩条信号(至少 8 种颜色)；

(5) 在显示器上显示自行设定的图形、图像等。

2. 提高要求

自拟其他功能。

实验 15　PS/2 键盘接口控制器设计

【实验目的】

(1) 熟练掌握 VHDL 语言和 Quartus Ⅱ 软件的使用；

(2) 理解状态机的工作原理和设计方法；

（3）掌握利用 EDA 工具进行自顶向下的电子系统设计方法；

（4）熟悉 PS/2 接口协议。

【实验所用仪器及元器件】

（1）计算机；

（2）示波器；

（3）直流稳压电源；

（4）万用表；

（5）EDA 开发板及相应元器件。

【实验原理】

1. PS/2 接口标准的发展过程

随着计算机工业的发展，作为计算机最常用输入设备的键盘也日新月异。1983 年 IBM 推出了 IBM PC/XT 键盘及其接口标准。该标准定义了 83 键，采用 5 脚 DIN 连接器和简单的串行协议。实际上，第一套键盘扫描码集并没有主机到键盘的命令。为此，1984 年 IBM 推出了 IBM AT 键盘接口标准。该标准定义了 84～101 键，采用 5 脚 DIN 连接器和双向串行通信协议，此协议依照第二套键盘扫描码集设有 8 个主机到键盘的命令。到了 1987 年，IBM 又推出了 PS/2 键盘接口标准。该标准仍旧定义了 84～101 键，但是采用 6 脚 mini-DIN 连接器，该连接器在封装上更小巧，仍然用双向串行通信协议并且提供有可选择的第三套键盘扫描码集，同时支持 17 个主机到键盘的命令。现在，市面上的键盘都和 PS/2 及 AT 键盘兼容，只是功能不同而已。

2. PS/2 协议

PS/2 通信协议是一种双向同步串行通信协议。通信的两端通过 Clock（时钟脚）同步，并通过 Data（数据脚）交换数据。任何一方如果想抑制另外一方通信时，只需要把 Clock（时钟脚）拉到低电平。如果是 PC 和 PS/2 键盘间的通信，则 PC 必须做主机，也就是说，PC 可以抑制 PS/2 键盘发送数据，而 PS/2 键盘则不会抑制 PC 发送数据。一般两设备间传输数据的最大时钟频率是 33 kHz，大多数 PS/2 设备工作在 10～20 kHz。推荐值在15 kHz左右，也就是说，Clock（时钟脚）高、低电平的持续时间都为 40 μs。每一数据帧包含 11～12 个位，具体含义如表 8-2 所示。

表 8-2　数据帧格式说明

1 个起始位	总是逻辑 0
8 个数据位	(LSB)低位在前
1 个奇偶校验位	奇校验
1 个停止位	总是逻辑 1
1 个应答位	仅用在主机对设备的通信中

表 8-2 中，如果数据位中 1 的个数为偶数，校验位就为 1；如果数据位中 1 的个数为奇数，校验位就为 0；总之，数据位中 1 的个数加上校验位中 1 的个数总为奇数，因此总进行奇校验。

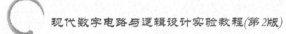

3. 第二套扫描码

如表 8-3 所示是第二套键盘扫描码的码值。

表 8-3　101 键、102 键和 104 键的键盘的通码与断码

KEY	通码	断码	KEY	通码	断码	KEY	通码	断码
A	1C	F0 1C	9	46	F0 46	[	54	F0 54
B	32	F0 32	`	0E	F0 0E	INSERT	E0 70	E0 F0 70
C	21	F0 21	—	4E	F0 4E	HOME	E0 6C	E0 F0 6C
D	23	F0 23	=	55	F0 55	PG UP	E0 7D	E0 F0 7D
E	24	F0 24	\	5D	F0 5D	DELETE	E0 71	E0 F0 71
F	2B	F0 2B	BKSP	66	F0 66	END	E0 69	E0 F0 69
G	34	F0 34	SPACE	29	F0 29	PG DN	E0 7A	E0 F0 7A
H	33	F0 33	TAB	0D	F0 0D	U ARROW	E0 75	E0 F0 75
I	43	F0 43	CAPS	58	F0 58	L ARROW	E0 6B	E0 F0 6B
J	3B	F0 3B	L SHFT	12	F0 12	D ARROW	E0 72	E0 F0 72
K	42	F0 42	L CTRL	14	F0 14	R ARROW	E0 74	E0 F0 74
L	4B	F0 4B	L GUI	E0 1F	E0 F0 1F	NUM	77	F0 77
M	3A	F0 3A	L ALT	11	F0 11	KP /	E0 4A	E0 F0 4A
N	31	F0 31	R SHFT	59	F0 59	KP *	7C	F0 7C
O	44	F0 44	R CTRL	E0 14	E0 F0 14	KP —	7B	F0 7B
P	4D	F0 4D	R GUI	E0 27	E0 F0 27	KP +	79	F0 79
Q	15	F0 15	R ALT	E0 11	E0 F0 11	KP EN	E0 5A	E0 F0 5A
R	2D	F0 2D	APPS	E0 2F	E0 F0 2F	KP	71	F0 71
S	1B	F0 1B	ENTER	5A	F0 5A	KP 0	70	F0 70
T	2C	F0 2C	ESC	76	F0 76	KP 1	69	F0 69
U	3C	F0 3C	F1	05	F0 05	KP 2	72	F0 72
V	2A	F0 2A	F2	06	F0 06	KP 3	7A	F0 7A
W	1D	F0 1D	F3	04	F0 04	KP 4	6B	F0 6B
X	22	F0 22	F4	0C	F0 0C	KP 5	73	F0 73
Y	35	F0 35	F5	03	F0 03	KP 6	74	F0 74
Z	1A	F0 1A	F6	0B	F0 0B	KP 7	6C	F0 6C
0	45	F0 45	F7	83	F0 83	KP 8	75	F0 75
1	16	F0 16	F8	0A	F0 0A	KP 9	7D	F0 7D
2	1E	F0 1E	F9	01	F0 01	]	58	F0 58
3	26	F0 26	F10	09	F0 09	;	4C	F0 4C
4	25	F0 25	F11	78	F0 78	'	52	F0 52
5	2E	F0 2E	F12	07	F0 07	,	41	F0 41

续表

KEY	通码	断码	KEY	通码	断码	KEY	通码	断码
6	36	F0 36	PRNT SCRN	E0 12 E0 7C	E0 F0 7C E0 F0 12	.	49	F0 49
7	3D	F0 3D	SCROLL	7E	F0,7E	/	4A	F0 4A
8	3E	F0 3E	PAUSE	E1 14 77 E1 F0 14 F0 77	-NONE-			

【实验内容】

1. 基本内容

设计制作一个 PS/2 键盘接口控制器。

按照 PS/2 键盘接口标准设计一个控制器，接收 PS/2 键盘发送的数据，用数码管和 8×8点阵显示接收到的键值。其中 0～9 用数码管显示，a～z 用 8×8 点阵显示，接收到其他键值则不显示)。

2. 提高要求

自拟其他功能。

实验 16　数字温湿度计

【实验目的】

(1) 熟练掌握 VHDL 语言和 Quartus Ⅱ 软件的使用；

(2) 理解状态机的工作原理和设计方法；

(3) 掌握利用 EDA 工具进行自顶向下的电子系统设计方法。

【实验所用仪器及元器件】

(1) 计算机；

(2) 示波器；

(3) 直流稳压电源；

(4) 万用表；

(5) EDA 开发板及相应元器件。

【实验原理】

1. 数字温度传感器 DS1820(DS18B20)

DSl820 数字温度计提供 9 位(二进制)温度读数，指示器件的温度。信息经过单线接口送入 DS1820 或从 DS1820 送出,因此从主机 CPU 到 DS1820 仅需一条线(和地线)。DS1820 的电源可以由数据线本身提供,而不需要外部电源。因为每一个 DS1820 在出厂时已经给定了唯一的序号,因此任意多个 DS1820 可以存放在同一条单线总线上,这允许在许多不同的地方放置温度敏感器件。DS1820 的测量范围从 -55 ℃到 $+125$ ℃,增量值为 0.5 ℃,可在1 s(典型值)内把温度变换成数字。

每一个 DS1820 包括一个唯一的 64 位长的序号,该序号值存放在 DS1820 内部的 ROM(只读存储器)中。开始 8 位是产品类型编码(DS1820 编码均为 10H),接着的 48 位是每个器件唯一的序号,最后 8 位是前面 56 位的 CRC(循环冗余校验)码。DS1820 中还有用于储存测得的温度值的两个 8 位存储器 RAM,编号为 0 号和 1 号。1 号存储器存放温度值的符号,如果温度为负(℃),则 1 号存储器 8 位全为 1,否则全为 0。0 号存储器用于存放温度值的补码,LSB(最低位)的"1"表示 0.5 ℃。将存储器中的二进制数求补再转换成十进制数并除以 2,就得到被测温度值(-55~125 ℃)。每只 DS1820 都可以设置成两种供电方式,即数据总线供电方式和外部供电方式。采取数据总线供电方式可以节省一根导线,但完成温度测量的时间较长,采取外部供电方式则多用一根导线,但测量速度较快。

2. 电容式相对湿度传感器 HS1100

HS1100 是一种电容式相对温度传感器,具有可靠性高、稳定性好、反应时间快等优点。

HS1100 湿度传感器的原理是:湿度传感器的干湿介质由于外界的相对湿度变化,吸附/脱附空气中的水汽分子,使感湿介质的介电常数发生变化,引起湿度传感器的电容值改变。相对湿度越大,湿度传感器的电容越大;相对湿度越小,湿度传感器的电容越小。对于 HS1100 湿度传感器而言,这一变化呈线性。HS1100 湿度传感器灵敏度为 0.34 pF/%RH 在相对湿度为 55%RH 时,电容值为 180 pF。为了便于应用和进行数据采集,一般应将电容的变化转换为电压的变化或者频率的变化。

本实验中,可将电容的变化转换为频率的变化来进行测量,转换电路如图 8-12 所示。该电路是一典型的用 NE555 定时器构成的多谐振荡器。HS1100 湿度传感器被用作振荡电容,连接到 555 定时器的第 2 脚和第 6 脚;它的等效电容通过 R_2 和 R_4 充电至阈值电压(约为 $0.67\,V_{CC}$),仅通过 R_2 放电到触发电平(约为 $0.33\,V_{CC}$);因为 R_4 通过第 7 脚接地。由于湿度传感器 HS1100 的充放电过程的电阻 R_2 和 R_4 不同,从而导致了输出频率 f_{out} 的一定的占空比。这样一个周期内高电平时间 t_{high} 为

$$t_{high}=C_{HS1100}(R_2+R_4)\ln 2$$

一个周期内低电平时间 t_{low} 为

$$t_{low}=C_{HS1100}R_2\ln 2$$

输出频率 f_{out} 为

$$f_{out}=\frac{1}{t_{high}+t_{low}}=\frac{1}{C_{HS1100}(2R_2+R_4)\ln 2}$$

占空比 q 为

$$q=f_{out}t_{high}=\frac{R_2+R_4}{2R_2+R_4}$$

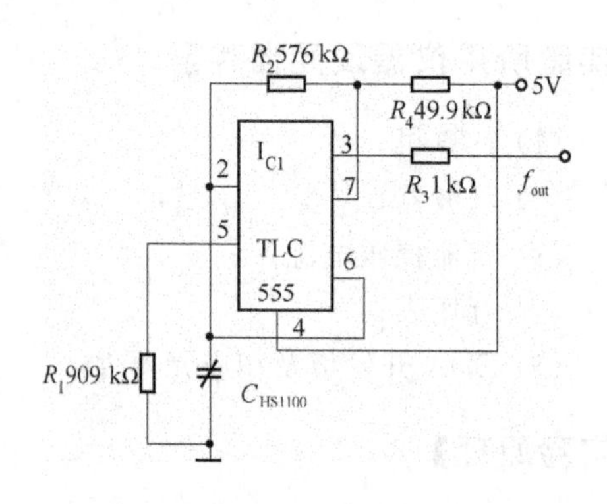

图 8-12 转换电路

从以上公式可以看出,电路输出脉冲的占空比始终大于 50%,为了得到接近 50%的占空

比，R_4 应当远大于 R_2。R_3 起短路保护作用。表 8-4 给出了输出脉冲频率 f_{out} 和相对湿度 RH 之间的关系。

表 8-4　输出脉冲频率 f_{out} 和相对湿度 RH 之间的关系

相对湿度	0	10	20	30	40	50	60	70	80	90	100
频率	7 351	7 224	7 100	6 976	6 853	6 728	6 600	6 468	6 330	6 186	6 033

【实验内容】

1. 基本内容

设计一个 LED 显示的数字温湿度计。

(1) 温度采集芯片为 DS18B20；

(2) 湿度采集芯片为 HS1101；

(3) 利用数码管显示温度和湿度；

(4) 测量的温度范围为 $-20 \sim 110$ ℃；

(5) 测量的湿度范围 1%～99%RH。

2. 提高要求

(1) 可设置上下限报警温度和湿度，超出正常温度和湿度范围报警；

(2) 自拟其他功能。

实验 17　基于 I^2C 总线传输的数字温度计

【实验目的】

(1) 熟练掌握 VHDL 语言和 Quartus Ⅱ 软件的使用；

(2) 理解状态机的工作原理和设计方法；

(3) 掌握利用 EDA 工具进行自顶向下的电子系统设计方法。

【实验所用仪器及元器件】

(1) 计算机；

(2) 示波器；

(3) 直流稳压电源；

(4) 万用表；

(5) EDA 开发板及相应元器件。

【实验原理】

1. I^2C(Inter-Integrated Circuit)总线协议

I^2C(Inter-Integrated Circuit)总线是一种由 PHILIPS 公司开发的两线式串行总线，用于连接微控制器及其外围设备。I^2C 总线产生于 20 世纪 80 年代，最初为音频和视频设备开发,如今主要在服务器管理中使用,其中包括单个组件状态的通信。I^2C 总线最主要的优点是其简单性和有效性。由于接口直接在组件之上,因此 I^2C 总线占用的空间非常小,减少了电路板的空间和芯片管脚的数量,降低了互联成本。总线的长度可高达 25 英尺,并且能够以 10 Kbit/s 的最大传输速率支持 40 个组件。I^2C 总线的另一个优点是,它支持多主控(Multi-Mastering),其中任何能够进行发送和接收的设备都可以成为主总线。一个主控能够控制信号的传输和时钟频率。当然,在任何时间点上只能有一个主控。

I^2C 总线是由数据线 SDA 和时钟 SCL 构成的串行总线,可发送和接收数据。在 CPU 与被控 IC 之间、IC 与 IC 之间进行双向传送,最高传送速率 100 kbit/s。各种被控制电路均并联在这条总线上,但就像电话机一样只有拨通各自的号码才能工作,所以每个电路和模块都有唯一的地址。在信息的传输过程中,I^2C 总线上并接的每一模块电路既是主控器(或被控器),又是发送器(或接收器),这取决于它所要完成的功能。CPU 发出的控制信号分为地址码和控制量两部分,地址码用来选址,即接通需要控制的电路,确定控制的种类;控制量决定该调整的类别(如对比度、亮度等)及需要调整的量。这样,各控制电路虽然挂在同一条总线上,却彼此独立,互不相关。

SDA 线上的数据必须在时钟的高电平周期保持稳定,数据线的高或低电平状态只有在 SCL 线的时钟信号是低电平时才能改变,如图 8-13 所示。

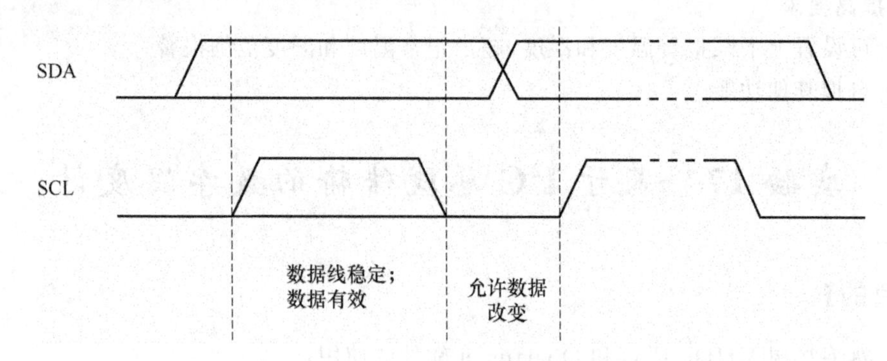

图 8-13　I^2C 总线的位传输

在 I^2C 总线中,起始条件(S)是在 SCL 线是高电平时,SDA 线从高电平向低电平跳变;停止条件(P)是在 SCL 是高电平时 SDA 线由低电平向高电平跳变,如图 8-14 所示。

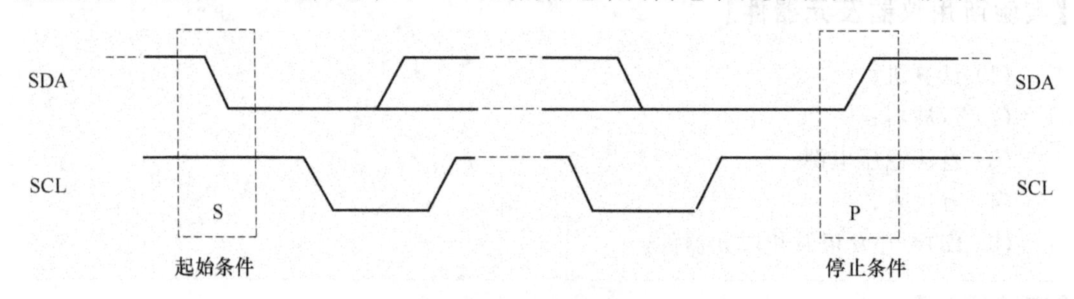

图 8-14　总线开始/停止

发送到 SDA 线上的每个字节必须为 8 位,每次传输可以发送的字节数量不受限制,每个字节后必须跟一个响应位。首先传输的是数据的最高位,如果从机要完成一些其他功能

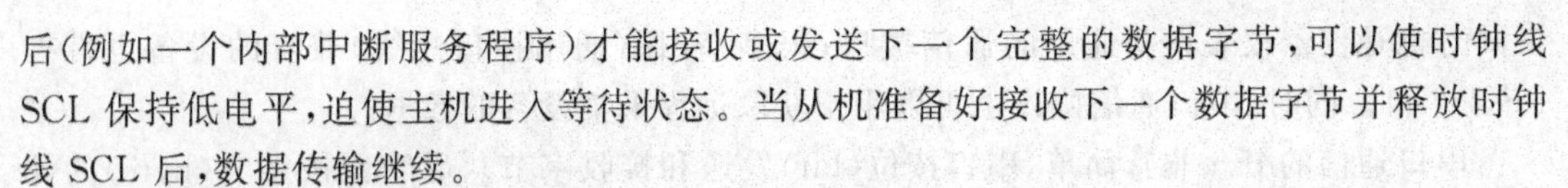

后(例如一个内部中断服务程序)才能接收或发送下一个完整的数据字节,可以使时钟线SCL保持低电平,迫使主机进入等待状态。当从机准备好接收下一个数据字节并释放时钟线SCL后,数据传输继续。

2. DS1775数字温度计和恒温器

DS1775数字温度计和恒温器采用小巧的5引脚SOT23封装,在−10～+85 ℃范围内具有±2 ℃精度。温度计数据采用2进制补码格式,具有9～12位分辨率(用户可编程),通过2线串行总线读出。DS1775具有8个不同的硬件连线地址,允许多达8个DS1775器件工作在同一条总线上。

DS1775提供温控器功能,具有用户可编程的过温(T_{OS})和欠温(T_{HYST})门限,保存在片内SRAM中。两个门限提供可编程的温控器滞回:当测量温度超过T_{OS}时,温控器输出有效,并保持有效直到测量温度降至T_{HYST}以下。

【实验内容】

1. 基本内容

设计一个基于I^2C总线传输的数字温度计。

(1) 温度传感器芯片为DS1775;

(2) 根据I^2C总线传输协议读取温度传感器的数据,将读取的数据译码后在数码管上显示温度值。

2. 提高要求

(1) 可设置上下限报警温度,超出正常温度范围报警;

(2) 自拟其他功能。

实验18 RS232串口通信控制器

【实验目的】

(1) 熟练掌握VHDL语言和Quartus Ⅱ软件的使用;

(2) 理解状态机的工作原理和设计方法;

(3) 掌握利用EDA工具进行自顶向下的电子系统设计方法。

【实验所用仪器及元器件】

(1) 计算机;

(2) 示波器;

(3) 直流稳压电源;

(4) 万用表;

(5) EDA开发板及相应元器件。

【实验原理】

串口是计算机上一种非常通用的接口,大多数计算机包含两个基于RS232的串口。串口同时也是仪器仪表设备通用的通信接口;很多 GPIB(通用接口总线)兼容的设备也带有 RS-232 口。同时,串口通信协议也可以用于获取远程采集设备的数据。

串口通信的概念非常简单,串口按位(bit)发送和接收字节。尽管比按字节(byte)的并行通信慢,但是串口可以在使用一根线发送数据的同时用另一根线接收数据。它很简单并且能够实现远距离通信。

串口典型的应用是 ASCII 码字符的传输。通信使用 3 根线完成:①地线;②发送;③接收。由于串口通信是异步的,端口能够在一根线上发送数据同时在另一根线上接收数据。其他线用于握手,但不是必需的。串口通信最重要的参数是波特率、数据位、停止位和奇偶校验。对于两个进行通信的端口,这些参数必须匹配。

(1) 波特率:这是一个衡量通信速度的参数,它表示每秒钟传送的 bit 的个数。例如 300 波特表示每秒钟发送 300 个 bit。

(2) 数据位:这是衡量通信中实际数据位的参数。当计算机发送一个信息包,实际的数据不会是 8 位的,标准的值是 5 位、7 位和 8 位,如何设置取决于用户想传送的信息。比如,标准的 ASCII 码是 0～127(7 位),扩展的 ASCII 码是 0～255(8 位)。如果数据使用简单的文本(标准 ASCII 码),那么每个数据包使用 7 位数据。每个包是指一个字节,包括开始/停止位,数据位和奇偶校验位。

(3) 停止位:用于表示单个包的最后一位。由于数据是在传输线上定时的,并且每一个设备有其自己的时钟,很可能在通信中两台设备间出现了小小的不同步。因此停止位不仅仅是表示传输的结束,并且提供计算机校正时钟同步的机会。适用于停止位的位数越多,不同时钟同步的容忍程度越大,但是数据传输率同时也越慢。

(4) 奇偶校验位:在串口通信中一种简单的检错方式。对于偶和奇校验的情况,串口会设置校验位(数据位后面的一位),用一个值确保传输的数据有偶个或者奇个逻辑高位。例如,如果数据是 011,那么对于偶校验,校验位为 0,保证逻辑高的位数是偶数个。如果是奇校验,校验位位 1,这样就有 3 个逻辑高位。

【实验内容】

1. 基本内容

设计并实现一个可以和 PC 通过 RS232 协议进行通信的串口通信控制器。

(1) PC 通过串口调试工具来验证程序的功能;

(2) 实现一个收发一帧 10 个 bit 的串口控制器,10 个 bit 是 1 位起始位,8 位数据位,1 位结束位;

(3) 串口的波特率选择 9 600 bit,串口处于全双工工作状态;

(4) 按"发送数据"按键后,CPLD 向 PC 发送字符串(内容自定,串口调试工具设成按 ASCII 码接受方式);

(5) PC 可随时向 CPLD 发送 0～F 的十六进制数据,CPLD 接收后译码显示在 7 段数码管上。

2. 提高要求

自拟其他功能。

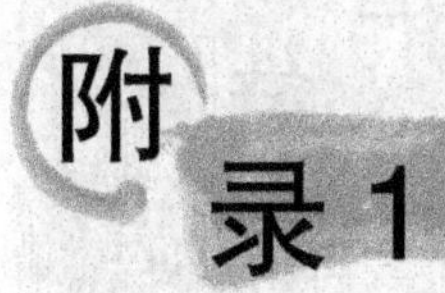

附录1 数字实验装置

附 1.1　MAX Ⅱ数字逻辑实验开发板

MAX Ⅱ数字逻辑实验开发板是以 Altera 公司的 MAX Ⅱ系列可编程器件 EPM1270T144C5 为核心，具有多种外部接口和显示器件的通用数字电路实验平台。支持在系统编程(ISP)，可以完成普通数字电路实验及数字可编程电路实验。

开发板布局如附图 1-1 所示，由以下几个部分构成：

- 核心板
- 电源
- 下载接口
- 时钟
- 显示器件(数码管、发光二极管、点阵)
- 蜂鸣器
- 基本输入接口(按键、拨码开关)
- 高级输入/输出接口(PS2 、串口、VGA)
- RAM
- AD、DA

1. 核心板

核心板是可以更换的，正面有主芯片、安装指示(三角形箭头朝上)和电源指示，背面为 50M 晶振、去耦电容和板对板的插座，如附图 1-2 所示。

2. 电源模块

MAX Ⅱ实验板是双路电源供电，可以由电源插座和 USB 两种方式供电，如附图 1-3 所示。

3. 下载模块

MAX Ⅱ实验板提供两种下载接口：并行下载接口(见附图 1-4)和 USB 下载接口(见附图 1-5)。并行下载接口是标准 LPT 接口，电路采用 ByteblasterⅡ，可以支持 Altera 的所有器件。

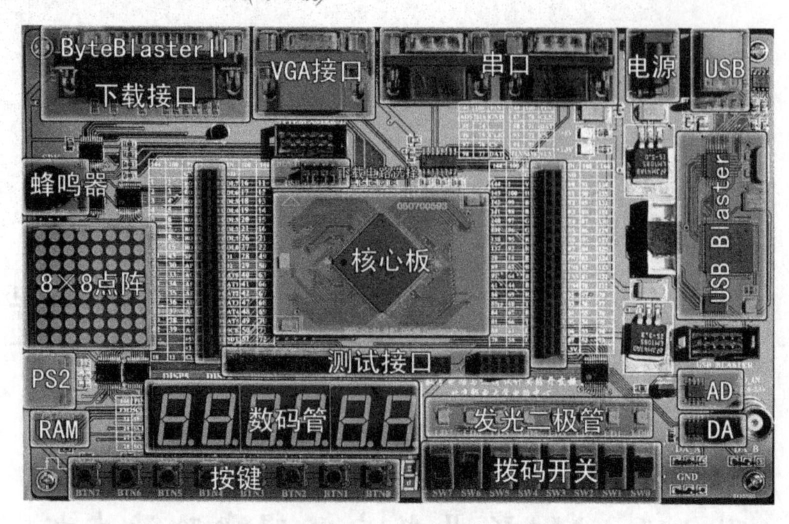

附图 1-1　MAX Ⅱ数字逻辑实验开发板

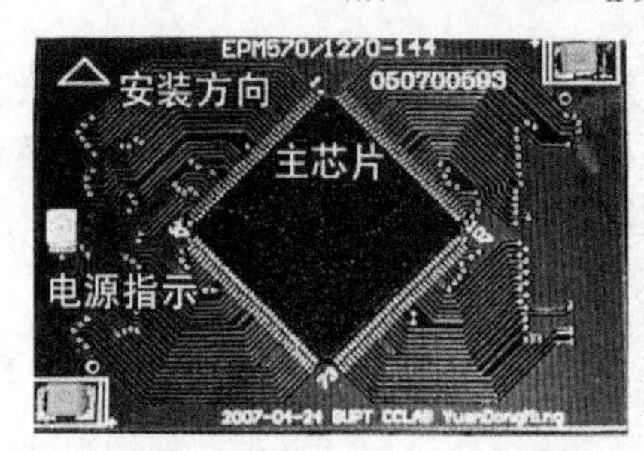

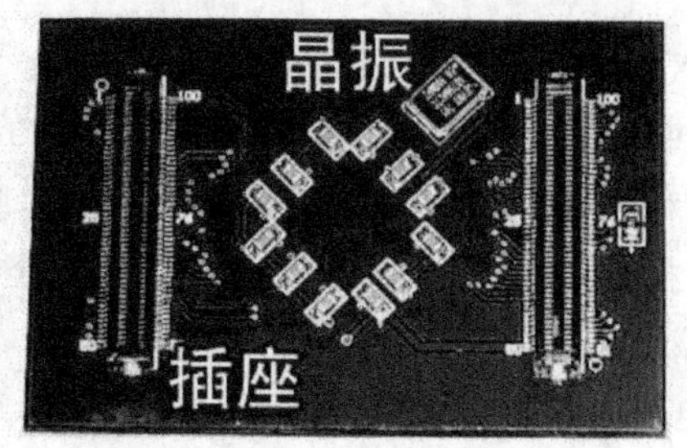

附图 1-2　MAX Ⅱ核心板

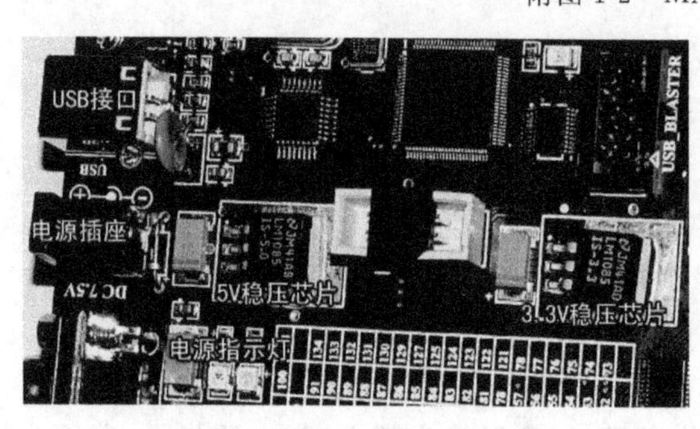

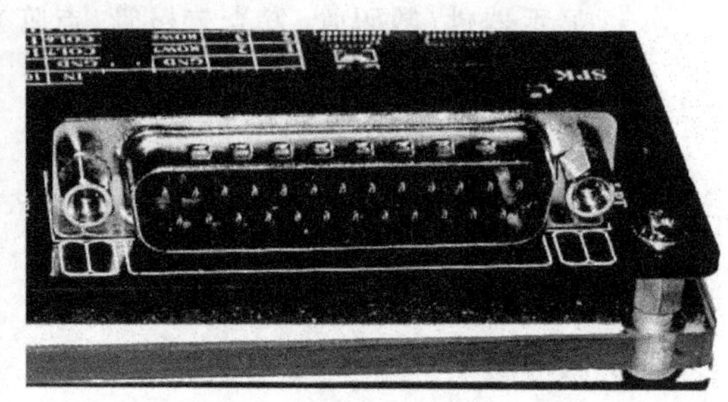

附图 1-3　MAX Ⅱ电源模块

附图 1-4　并行下载接口

USB 接口既有供电功能，又有下载功能，适合没有并口的笔记本式计算机使用，而且免去了额外的电源模块。

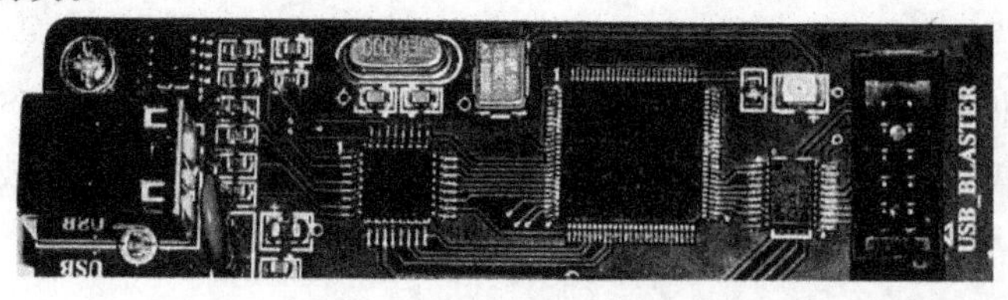

附图 1-5　USB 下载接口

4. 发光二极管模块

发光二极管模块由 8 个发光二极管组成，标示为 LD0 ～ LD7。依次使用 EPM1270T144C5 芯片的 80 脚、79 脚、78 脚、77 脚、76 脚、75 脚、74 脚和 73 脚。当对应管脚输出高电平时，与该管脚对应的发光二极管就亮；当对应管脚输出低电平时，与该管脚对应的发光二极管就灭，见附图 1-6。由于 EPM1270T144C5 的驱动能力有限，所以电路图上使用了 LC245 驱动芯片，用于驱动发光二极管点亮。同时还有保护电阻，避免电流过大损坏发光二极管。后面的所有显示电路均带有驱动芯片和保护电阻。

附图 1-6 发光二极管显示模块

5. 7 段数码管模块

7 段数码管模块由 6 个 7 段数码管组成，标示为 DISP0～DISP5。在数码管右边电路板上有各段的编号图示(a～g 和 p，见附图 1-7)。本开发板上 6 个数码管的 8 个段输入端是并联在一起的，起名为 AA，AB，AC，AD，AE，AF，AG，AP；依次使用 EPM1270T144C5 芯片的 62 脚、59 脚、58 脚、57 脚、55 脚、53 脚、52 脚和 51 脚。6 个数码管的共阴极端是各自独立的，用 CAT0～CAT5 表示，依次使用 EPM1270T144C5 芯片的 63 脚、66 脚、67 脚、68 脚、69 脚和 70 脚。

当 AA～AP 管脚输出高低电平，同时需要显示的数码管的共阴极端 CATn 为低电平时，该数码管相应的段位就亮。

当有超过一个以上的 CAT 端为低电平时，会在多个数码管上同时显示相同的值。

附图 1-7 7 段数码管模块

6. 点阵模块

点阵模块(见附图 1-8)使用块 8×8 点阵，是由 8 行 8 列一共 64 个发光二极管封装在一个元件上面构成的。元件对外的管脚有 16 条，分为行 ROW0～ROW7 和列 COL0～COL7。

ROW0～ROW7 依次使用 EPM1270T144C5 芯片的 8 脚、7 脚、6 脚、5 脚、4 脚、3 脚、2 脚和1 脚；COL0～COL7 依次使用 EPM1270T144C5 芯片的 22 脚、21 脚、16 脚、15 脚、14 脚、13 脚、12 脚和 11 脚。

点亮点阵上某一个点的条件是对应该点的行管脚输出高电平，列管脚输出低电平。

7. 蜂鸣器模块

蜂鸣器模块(见附图 1-9)使用一个电平控制的蜂鸣器，当输入电平为高时，蜂鸣器就鸣叫。使用EPM1270T144C5芯片的60脚控制,当该脚输出高电平时,蜂鸣器发声。可以通过蜂鸣器下面的跳线选择打开或关闭蜂鸣器。

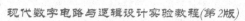

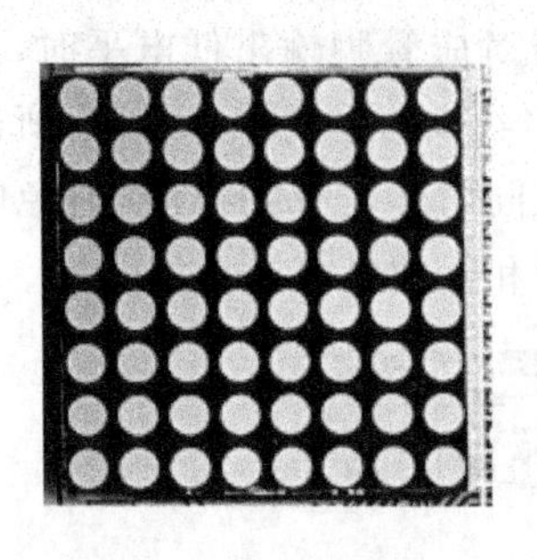

附图1-8 点阵模块

图1-9 蜂鸣器模块及电路图

8. 按键模块

开发板上一共有4个按键,它们是BTN0~BTN7,依次使用EPM1270T144C5芯片的20脚、89脚、91脚、61脚、121脚、122脚、123脚和124脚。

按键平时输出低电平,按下去输出高电平,放开后自动弹起又输出低电平,在BTN7左边有一个波形示意图(见附图1-10)。

附图1-10 按键模块

9. 拨码开关模块

开发板上一共有8个拨码开关,它们是SW0~SW7,依次使用EPM1270T144C5芯片的134脚、133脚、132脚、131脚、130脚、129脚、127脚和125脚。

在拨码开关SW0的右边有图示标明,当拨码开关拨上去时输出高电平,拨下来时输出低电平(见附图1-11)。

附图1-11 拨码开关模块

10. PS2模块

PS2接口可以连接标准的PS2键盘或者PS2鼠标。PS2模块使用两个端口,它们是时钟(PSCLK)和数据(PSDA),依次使用EPM1270T144C5芯片的71和72脚(见附图1-12)。

11. 串口模块

串口模块(见附图1-13)包含两个独立的串口,一共使用4个端口,它们是RX1,TX1,RX2,TX2,依次使用EPM1270T144C5芯片的86脚、85脚、84脚和81脚。

附图 1-12　PS2 模块及电路图

附图 1-13　串口模块

串口对外接口符合 RS232 电平规范，可以直接与计算机的标准串口连接。其中的 9 针 COM1(RX1，TX1)口是 2 脚输出，3 脚输入；9 针 COM2(RX2，TX2)口是 3 脚输出，2 脚输入，要根据不同的串口线选择合适的串口进行通信。

12. VGA 模块

VGA 模块(见附图 1-14)为标准 15 针模拟 VGA 信号接口，一共使用 8 个端口，它们是 RED0，RED1，GREEN0，GREEN1，BLUE0，BLUE1，HSYNC，VSYNC，依次使用 EPM1270T144C5 芯片的 137 脚、138 脚、139 脚、140 脚、141 脚、142 脚、143 脚和 144 脚。最多可以显示 64 种颜色。

附图 1-14　VGA 模块

13. RAM 模块

RAM 模块采用铁电技术制造的串行 RAM 芯片 FM25L16，铁电随机存储器(FRAM)具有非易失性，掉电数据不丢失，并且可以像 RAM 一样快速读写。RAM 模块一共使用 4 个端口，它们是 SI，SCK，CS 和 SO，依次使用 EPM1270T144C5 芯片的 23 脚、24 脚、27 脚和 28 脚(见附图 1-15)。

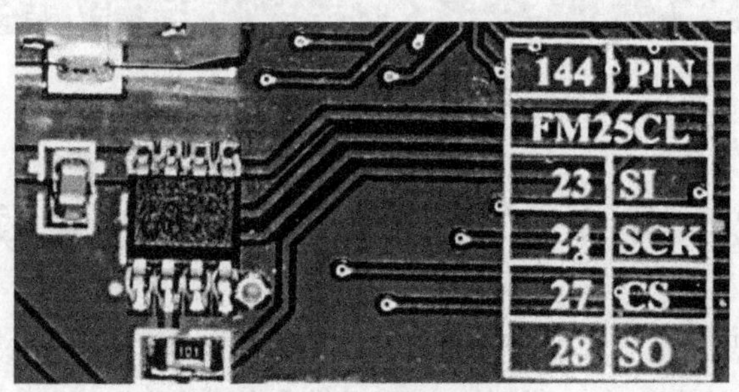

附图 1-15　RAM 模块

14. AD 模块

AD 模块(见附图 1-16)采用 TI 的串行 AD 芯片 ADS7816,采样精度为 12 bit,采样速率 200 kHz。接口为串行控制接口。AD 模块一共使用 3 个端口,它们是 CLK,CS 和 DAT,依次使用 EPM1270T144C5 芯片的 96 脚、97 脚和 98 脚。

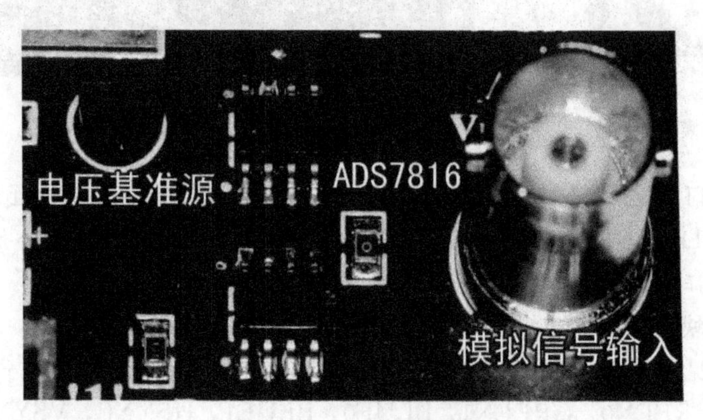

附图 1-16　AD 模块

15. DA 模块

DA 模块(见附图 1-17)采用 TI 的串行 DA 芯片 TLV5638,双路 12 bit 数模转换芯片,转换速率 1 μs 或 3.5 μs,接口为串行控制接口。DA 模块一共使用 3 个端口,它们是 CLK,DAT 和 CS,依次使用 EPM1270T144C5 芯片的 87 脚、88 脚和 93 脚。

附图 1-17　DA 模块

附 1.2　数字电路与逻辑设计基础实验板

数字电路与逻辑设计基础实验板主要用于数字电路基本实验的设计与实现,具有多种外部输入和显示器件,具有 5 个 IC 模块,并可提供多种信号源。

开发板布局如附图 1-18 示,由以下几个部分构成:

- 电源
- 显示器件(数码管、发光二极管)
- 基本输入接口(按键、拨码开关)
- 信号源模块
- IC 模块

附图 1-18　数字电路与逻辑设计实验板

1. 电源模块

数字电路与逻辑设计实验板是双路电源供电,可以由电源插座和 USB 两种方式供电(见附图 1-19)。实验板上有 2 组＋5V 和 GND 输出(见附图 1-20),可为实验板上的其他模块提供电源和地。

附图 1-19　电源模块

附图 1-20　＋5V 和 GND 输出接口

2. 发光二极管模块

发光二极管模块(见附图 1-21)由 8 个发光二极管组成,标示为 LD0～LD7。当对应的接口输入高电平时,与该接口对应的发光二极管就亮;当对应的接口输出低电平时,与该接口对应的发光二极管就灭。

附图 1-21　发光二极管显示模块

3. 7 段数码管模块

7 段数码管模块(见附图 1-22)由 1 个共阴极 7 段数码管组成,其公共端已通过电阻接地。在数码管右边电路板上有各段的编号图示(a～g 和 p)。当 a～p 接口输入高电平时，该数码管相应的段位就亮。

附图 1-22　7 段数码管模块

4. 按键模块

实验板上一共有 4 个按键，它们是 BT0～BT3。按键平时输出低电平，按下去输出高电平，放开后自动弹起又输出低电平(见附图 1-23)。

5. 拨码开关模块

实验板上一共有 4 个拨码开关，它们是 SW0～SW3。当拨码开关拨上去时输出高电平，拨下来时输出低电平(见附图 1-24)。

附图 1-23　按键模块

附图 1-24　拨码开关模块

6. 信号源模块

信号源模块(见附图 1-25)为测试提供相关的信号，由晶振、可编程器件(EPM240T100C5)、DA 芯片和信号输出端口组成，输出信号可根据测试需要设计相关电路并下载到可编程器件。目前输出端口对应的信号为：

- DA0(黄色)：三角波(0～5 V，频率 1.2 kHz)
- DA1(黄色)：锯齿波(0～5 V，频率 2.5 kHz)
- IO0～IO3(蓝色)：方波(频率分别 1 Hz、2 Hz、4 Hz、8 Hz)
- IO4～IO5(绿色)：方波(频率分别 100 kHz、500 kHz)

7. IC 模块

实验板上共有 5 组 IC 模块，其中 14 脚插座 3 组，16 脚插座 2 组，可根据实验需要配置相应的中小规模芯片。芯片的引脚均引出至相应的接口(见附图 1-26)，编号与芯片引脚一致，实验时根据设计需要连线即可，注意不可以带电连线。实验板上现有芯片如下：

- IC-1：74HC00(2 输入四与非门，CMOS)
- IC-2：74LS00(2 输入四与非门，TTL)

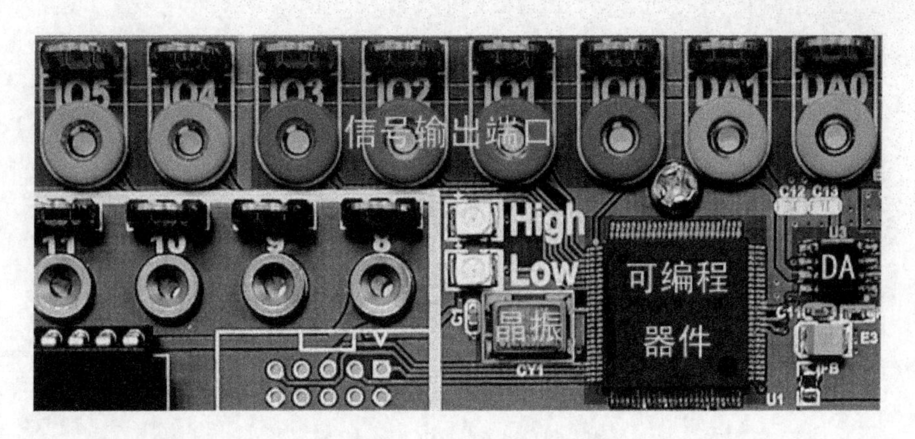

附图 1-25 信号源模块

- IC-3:74LS04(六非门,TTL)
- IC-4:74LS48(七段显示译码器,TTL)
- IC-5:74LS169(4 位二进制可逆计数器,TTL)

附图 1-26 IC 模块

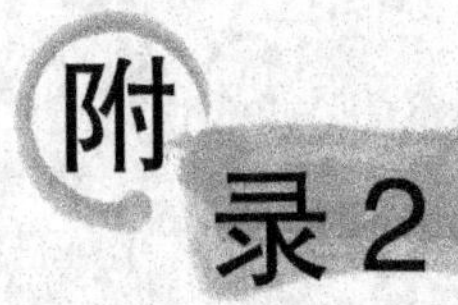

附录2 常用芯片引脚图

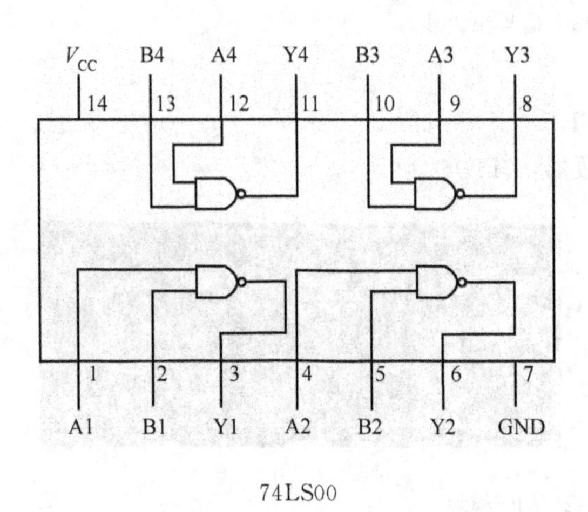

74LS00

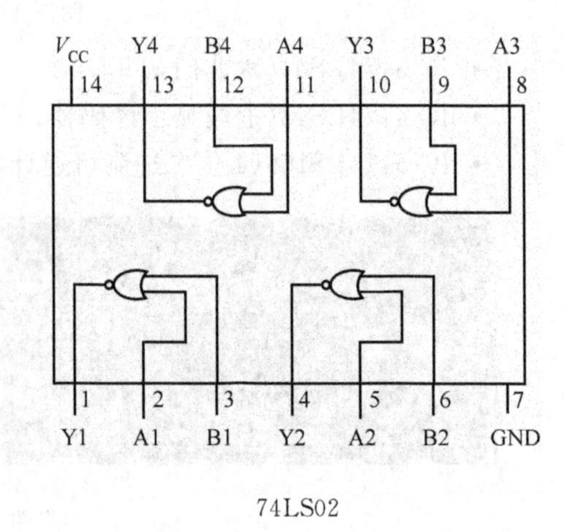

74LS02

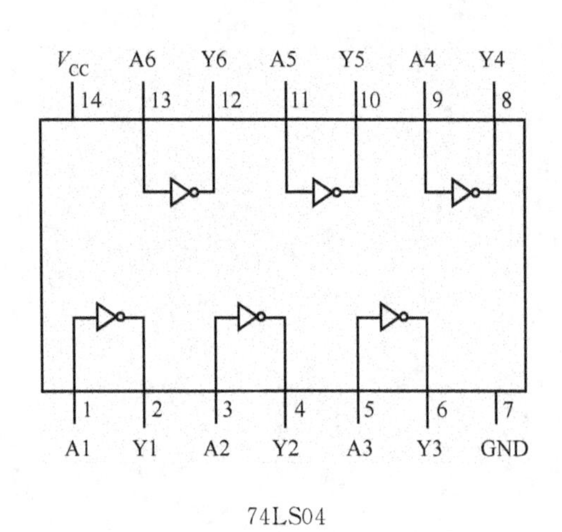

74LS04

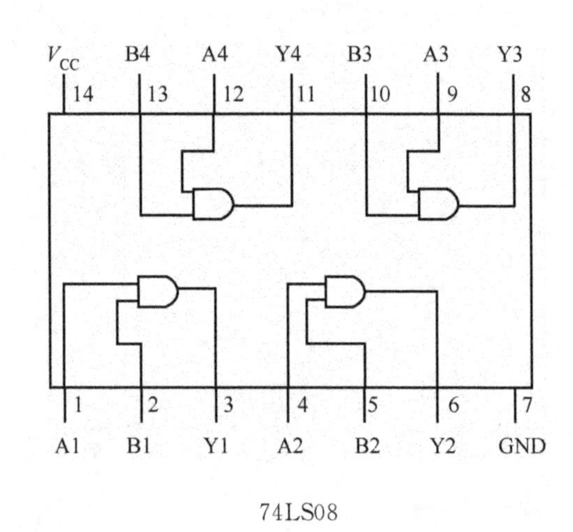

74LS08

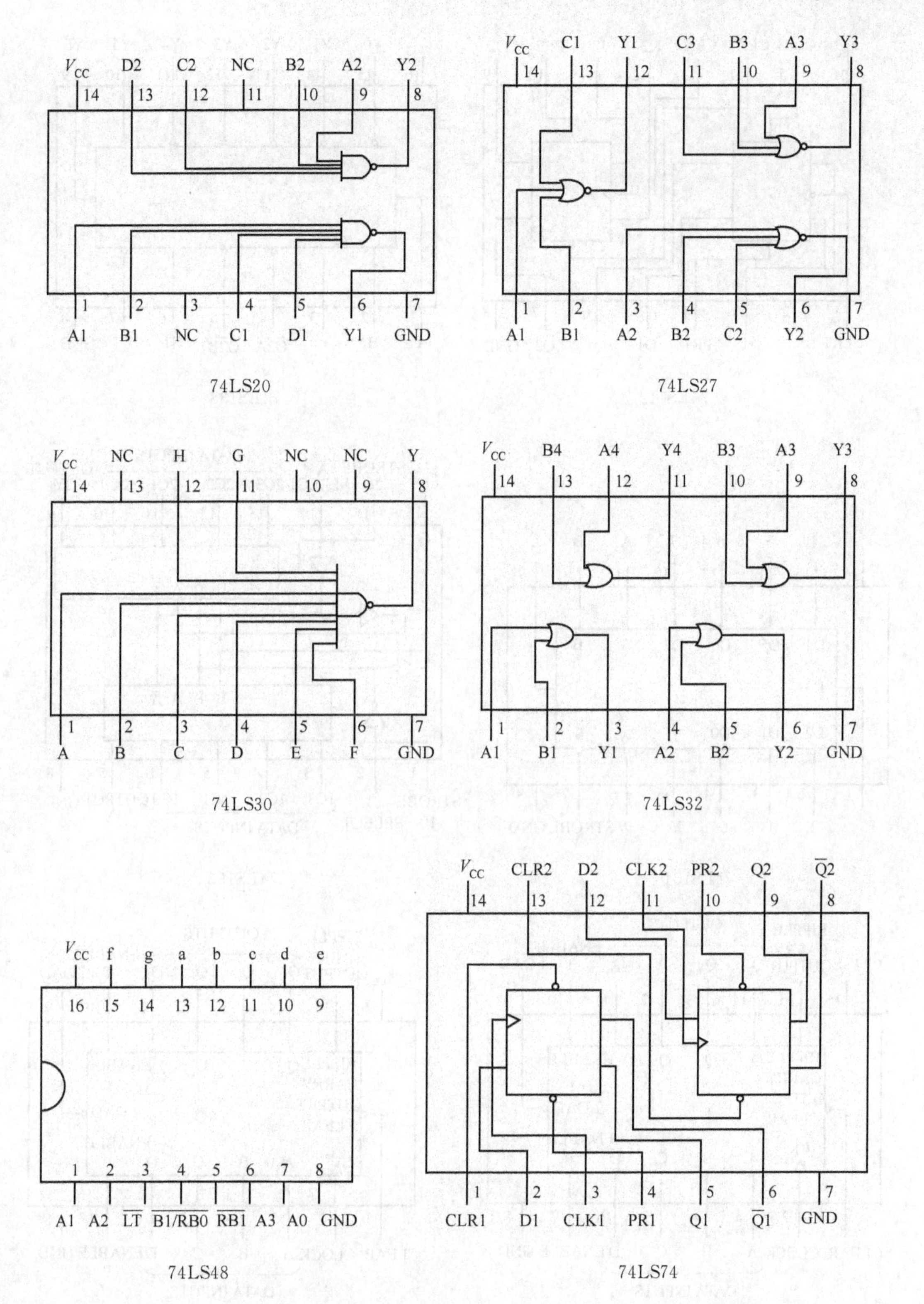

VCC D2 C2 NC B2 A2 Y2
14 13 12 11 10 9 8
1 2 3 4 5 6 7
A1 B1 NC C1 D1 Y1 GND
74LS20
VCC C1 Y1 C3 B3 A3 Y3
14 13 12 11 10 9 8
1 2 3 4 5 6 7
A1 B1 A2 B2 C2 Y2 GND
74LS27
VCC NC H G NC NC Y
14 13 12 11 10 9 8
1 2 3 4 5 6 7
A B C D E F GND
74LS30
VCC B4 A4 Y4 B3 A3 Y3
14 13 12 11 10 9 8
1 2 3 4 5 6 7
A1 B1 Y1 A2 B2 Y2 GND
74LS32
VCC f g a b c d e
16 15 14 13 12 11 10 9
1 2 3 4 5 6 7 8
A1 A2 LT B1/RB0 RB1 A3 A0 GND
74LS48
VCC CLR2 D2 CLK2 PR2 Q2 Q2
14 13 12 11 10 9 8
1 2 3 4 5 6 7
CLR1 D1 CLK1 PR1 Q1 Q1 GND
74LS74

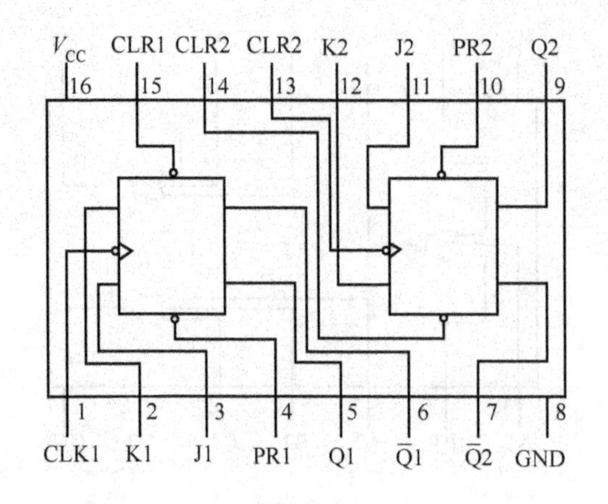

74LS112

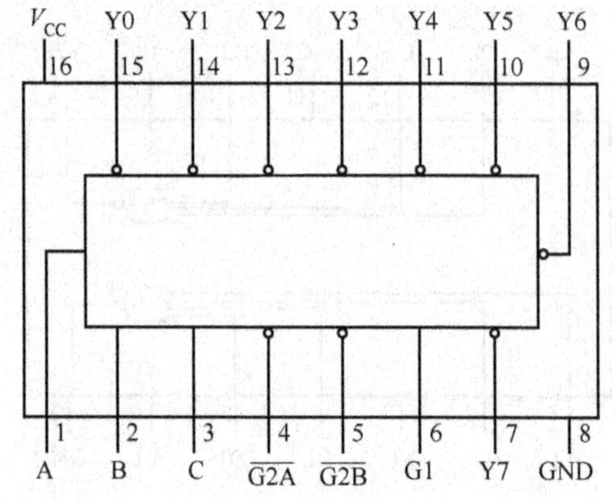

74LS138

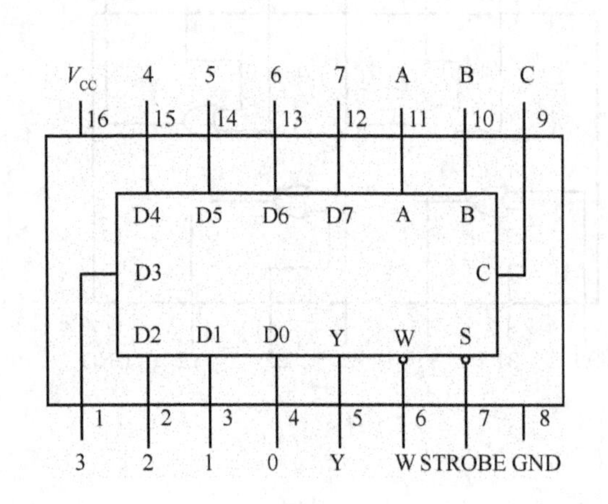

74LS151

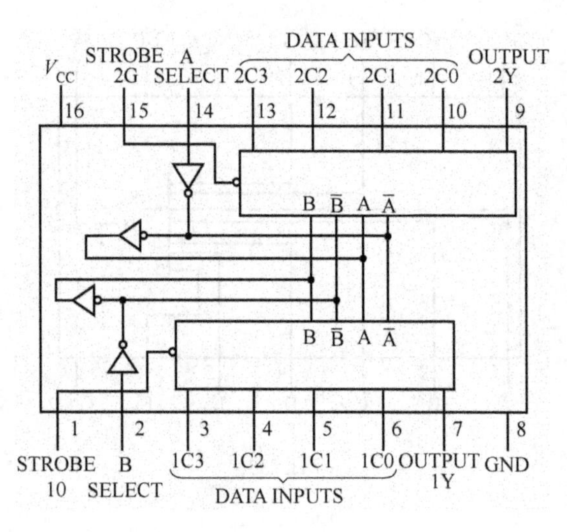

74LS153

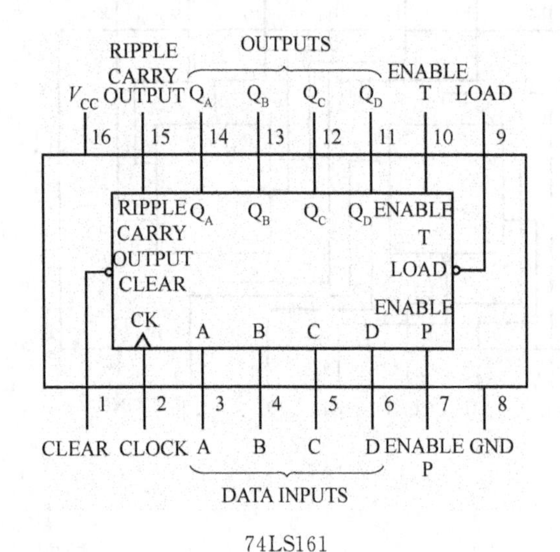

74LS161

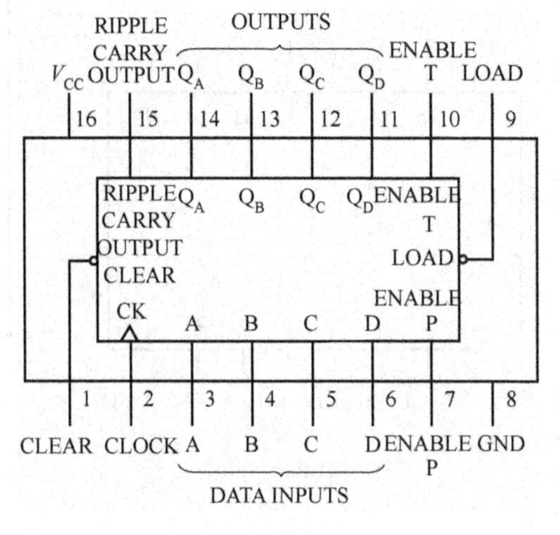

74LS163

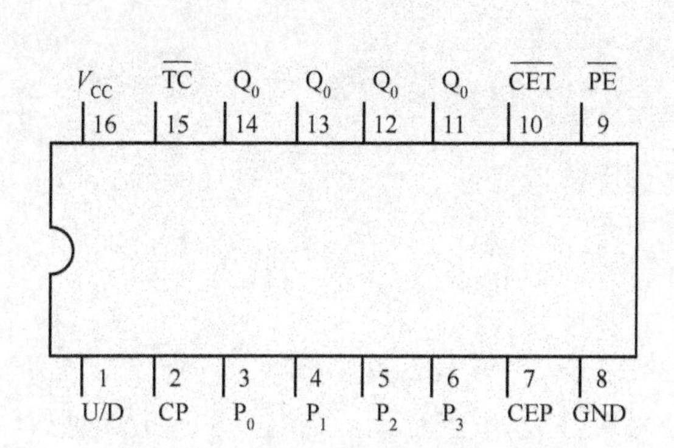

74LS169

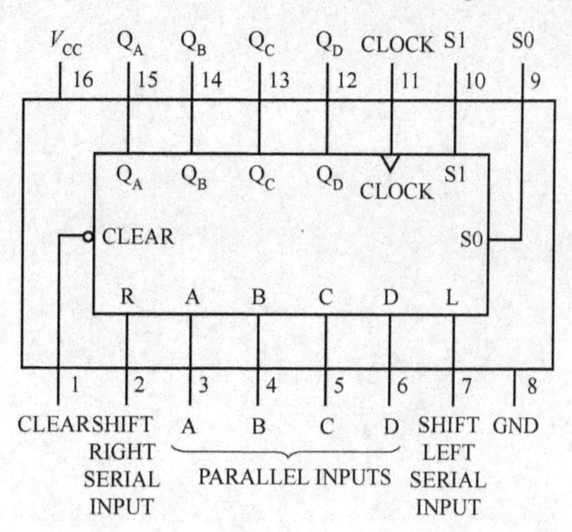

74LS194

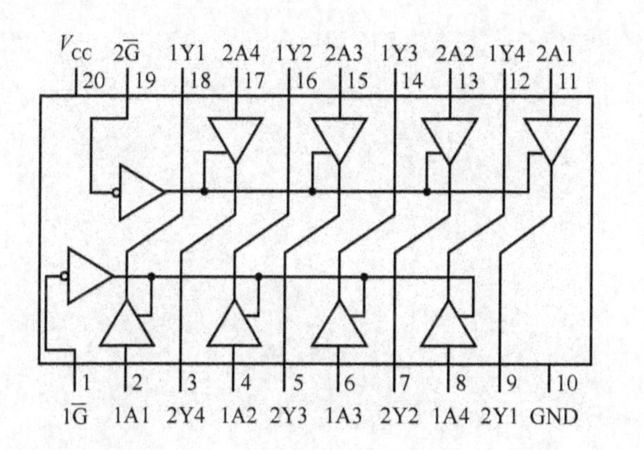

74LS244

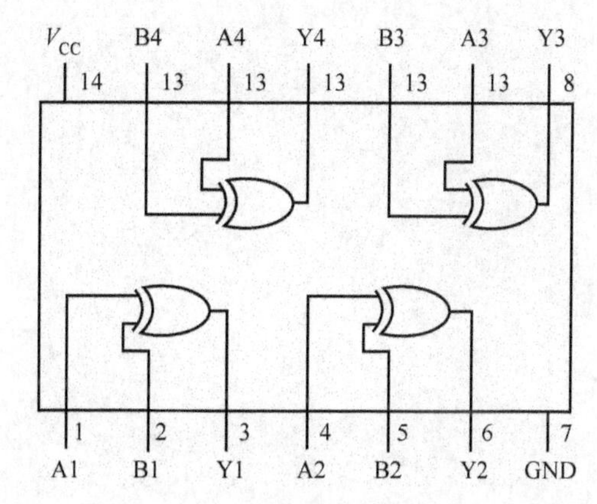

74LS86

V_{CC}

14 13 12 11 10 9 8

1 2 3 4 5 6 7

GND

74LS54